GAOZHI GAOZHUAN

YUANYI ZHUANYE XILIE GUIHUA JIAOCAI 高职高专园艺专业系列规划教材

园艺产品标准化
安全生产技术

YUANYI CHANPIN BIAOZHUNHUA ANQUAN SHENGCHAN JISHU

主　编　张　琰
副主编　张　淼

重庆大学出版社

内 容 提 要

本书以园艺生产标准化和园艺产品安全为主要线索,详尽介绍了我国园艺产品安全生产的背景、生产污染现状、标准体系、监测检验体系、认证体系、生产技术和全程质量控制体系等。本书可作为高职高专园艺技术专业及相关农业种植类专业的农产品安全课程的教材,也可供国内从事无公害食品、绿色食品和有机食品生产、经营、管理、教育和科研的技术人员参考,还可供自学者参考使用。

图书在版编目(CIP)数据

园艺产品标准化安全生产技术/张琰主编.—重庆:
重庆大学出版社,2013.9
高职高专园艺专业系列规划教材
ISBN 978-7-5624-7451-7

Ⅰ.①园… Ⅱ.①张… Ⅲ.①园艺作物—安全生产—
标准化管理—高等职业教育—教材 Ⅳ.①S6

中国版本图书馆 CIP 数据核字(2013)第 120795 号

高职高专园艺专业系列规划教材
园艺产品标准化安全生产技术
主 编 张 琰
副主编 张 淼
策划编辑:屈腾龙
责任编辑:文 鹏 刘 真 版式设计:屈腾龙
责任校对:陈 力 责任印制:赵 晟

*

重庆大学出版社出版发行
出版人:邓晓益
社址:重庆市沙坪坝区大学城西路 21 号
邮编:401331
电话:(023) 88617190 88617185(中小学)
传真:(023) 88617186 88617166
网址:http://www.cqup.com.cn
邮箱:fxk@ cqup.com.cn(营销中心)
全国新华书店经销
自贡兴华印务有限公司印刷

*

开本:787×1092 1/16 印张:13.75 字数:343 千
2013 年 9 月第 1 版 2013 年 9 月第 1 次印刷
印数:1— 3 000
ISBN 978-7-5624-7451-7 定价:29.00 元

GAOZHIGAOZHUAN
YUANYI ZHUANYE XILIE GUIHUA JIAOCAI

高职高专园艺专业系列规划教材
编委会

（排名不分先后，以姓氏拼音为序）

安福全	曹宗波	陈光蓉	程双红
何志华	胡月华	康克功	李淑芬
李卫琼	李自强	罗先湖	秦　涛
尚晓峰	于红茹	于龙凤	张　琰
张瑞华	张馨月	张永福	张志轩
章承林	赵维峰	邹秀华	

近几十年以来，随着农药、化肥、良种等增产要素在农业生产经营活动中的广泛使用，农业生产总量明显增长。但伴随着大量农业投入品的使用和农业生产经营活动的不当，土壤板结、肥力下降、农药污染和重金属超标等食品安全、环保问题日趋严重。随着科学技术的发展和人类文明的进步，人们对化肥、农药等残留的危害认识越来越清楚，保护环境、保障食品安全的呼声不断提高，蔬菜、水果等园艺产品生产的安全性已经成为人们关注的焦点，生产和消费安全食品也已经成为人们的共识。园艺产品生产不仅要追求高的经济效益，更要兼顾社会效益和生态效益，把人们的身体健康和农业的可持续发展放在第一位，将"无公害"的意识贯穿于整个园艺生产过程中，明确无公害食品、绿色食品和有机食品的基本概念及其相关标准，掌握开展园艺作物安全生产的基本思路和基本技能，熟悉这类产品的认证程序及管理办法等，在为更好地从事现代园艺生产和农业的健康、持续发展，建立环境友好型社会方面具有重要意义。

本书是根据教育部《关于"十二五"教材建设的若干意见》(教职成[2012]9号文件)，结合高等职业教育的特点及高职高专园艺技术专业人才培养目标，围绕培养技能型人才要求编写的。

本书的编写采用工学结合模式和项目式结构，基于工作过程导向理念，按照工作过程导向课程开发思路进行课程设计；内容选择密切结合当前我国开展的农产品安全生产实际情况，结合园艺生产岗位职业能力需要，立足园艺产品检验员、园艺产品生产技术员、园艺产品开发工作岗位；总体设计思路是打破以知识传授为主要特征的传统学科课程模式，转变为以工作任务为目标，发展职业能力，突出对学生职业能力的训练；项目的选取紧紧围绕工作任务完成的需要来进行。以园艺生产标准化和园艺产品安全为主要线索，详尽介绍了我国园艺产品安全生产的背景、生产污染现状、标准体系、监测检验体系、认证体系、生产技术体系和全程质量控制体系等，从标准的角度详细阐述了无公害食品、绿色食品和有机食品标准及标准体系的差异性和特殊性，从种植技术角度特别是投入品的控制和生产关键技术的控制，全面阐述了无公害食品、绿色食品和有机食品的环境监测体系、生产技术体系和全程质量控制技术体系。

本书作为高职高专园艺技术专业及相关农业种植类专业的农产品安全课程的教材，也可供国内从事无公害食品、绿色食品和有机食品生产、经营、管理、教育和科研的技术人员参考，还可供自学者使用。

本书共有8个项目，分别为：项目1园艺产品安全生产概述、项目2园艺生产环境污染与防治对策、项目3园艺产品安全生产的标准体系、项目4园艺产品安全生产产地环境质量监测技术、项目5安全园艺产品质量检测技术、项目6园艺产品安全生产的认证与管理、项目7园艺产品安全生产技术、项目8园艺产品安全生产全程质量控制技术体系。项目1、项目7和项目8由张琰（信阳农林学院）编写，项目3、项目4和项目5由张淼（信阳农林学院）编写，项目2由于囡囡（潍坊职业学院）编写，项目6由尚晓峰（杨凌职业技术学院）编写，全书由张琰统稿。

　　由于作者水平有限，编写时间仓促，收集和组织材料有限，错误及不妥之处在所难免。敬请专家和广大读者批评指正。

编　者

2013年5月

目 录

Contents

项目1 园艺产品安全生产概述

项目描述

本项目主要介绍园艺产品安全生产概况,包括园艺产品安全生产的内涵和重要性、园艺产品安全生产的背景、我国园艺产品标准化安全的层次及其联系,我国无公害农产品、绿色食品和有机食品的发展状况等,通过学习使学生认识开展园艺产品标准化安全生产的重要性及发展趋势。

学习目标

- 了解世界农业发展的历史和园艺产品标准化安全生产产生的背景及发展趋势。
- 掌握我国园艺产品标准化安全生产的意义、目标和层次。

能力目标

- 具有识别我国园艺产品标准化安全生产与传统农业在管理方式、生产技术等方面区别的能力。
- 认识在我国开展园艺产品标准化安全生产是社会经济发展的必然选择。

知识点

无公害农产品、绿色食品、有机食品的基本概念;标准化安全生产的内涵;标准化安全生产的任务。

□ 案例导入

什么是园艺产品标准化安全生产?

园艺产品标准化安全生产属于农业标准化生产,是农产品安全生产的组成部分,是通过建立规范的标准化生产技术规程和管理技术标准,控制生产的环境条件和生产过程,保证产品质量的园艺产品生产活动。

任务 1.1　园艺产品安全生产的内涵与任务

1.1.1　园艺产品安全生产的内涵

1)园艺产品安全生产的基本概念

(1)安全农产品

安全农产品是指食用农产品中不应含有可能损害、威胁人体健康的有毒、有害物质或因素,从而导致消费者遭受急性、慢性毒害,感染疾病,或产生危及消费者及其后代健康的隐患;也指生产者所生产的产品符合消费者对食品安全的需要,并经权威部门认定,在合理食用方式和正常食用量的情况下不会导致对健康损害的农产品。

我国推广的安全农产品包括有机食品、绿色食品、无公害农产品。

(2)无公害农产品

无公害农产品是指产地环境、生产过程和产品质量符合国家有关标准和规范的要求,经认证合格获得认证证书并允许使用无公害农产品标志的优质农产品及其加工制品。

无公害园艺产品是指无公害农产品中的园艺类产品。

(3)绿色食品

绿色食品是指遵循可持续发展原则,按照特定生产方式生产,经专门机构认证,许可使用绿色食品标志的无污染的安全、优质、营养类食品。由于与环境保护有关的事物,国际上通常都冠之以"绿色"。为了更加突出这类食品出自良好生态环境,因此定名为绿色食品。

绿色园艺产品是指绿色食品中的园艺类产品。

(4)有机食品

有机食品指来自有机农业生产体系,根据有机农业生产要求和相应标准生产加工,并且通过合法的、独立的有机食品认证机构认证的农副产品及其加工品。

有机园艺产品是指有机食品中的园艺类产品。

(5)农产品质量安全

关于农产品质量安全,通常有三种认识:一是把质量安全作为一个词组,是农产品安全、优质、营养要素的综合,这个概念被现行的国家标准和行业标准所采纳,但与国际通行说法不一致。二是指质量中的安全因素,从广义上讲,质量应当包含安全,之所以叫质量安全,是要在质量的诸因子中突出安全因素,引起人们的关注和重视,这种说法符合目前的工作实际和工作重点。三是指质量和安全的组合,质量是指农产品的外观和内在品质,即农产品的使用价值、商品性能,如营养成分、色香味和口感、加工特性以及包装标识;安全是指农产品的危害因素,如农药残留、重金属污染等对人、动植物以及环境存在的危害与潜在危害。这种说法符合国际通行原则,也是将来管理分类的方向。

从三种定义可以看出,农产品质量安全概念是在不断发展变化的,应该在不同的时期和不同的发展阶段对农产品的质量安全有各自的理解。目的是抓住主要矛盾,解决各个时期和各个阶段面临的突出问题。从发展趋势看,大多是先笼统地抓质量安全,启用第一种概念;进而突出安全,推崇第二种概念;最后在安全问题解决的基础上重点是提高品质,抓好质量,也就是推广第三种概念。总体上讲,生产出既安全又优质的农产品,既是农业生产的根本目的,也是农产品市场消费的基本要求,更是农产品市场竞争的内涵和载体。

(6)园艺产品质量安全

园艺产品是农产品的重要组成部分,园艺产品质量安全指园艺产品中不应含有可能损害或威胁人体健康的有毒、有害物质或因素,从而导致消费者遭受慢性毒害或感染疾病,甚至产生危及消费者及其后代健康的隐患。园艺产品质量安全的内涵极其丰富,主要包括全程质量控制、产品质量安全、生产环境安全、生产资料安全、生产过程安全、包装安全、运输、贮藏安全、销售安全等方面。

要确保生产的最终园艺产品的质量安全,就要求在园艺产品生产的产前、产中和产后的各个阶段,针对影响和制约园艺产品质量安全的关键环节和因素,采取物理、化学和生物等技术措施和管理手段,对在园艺产品生产、储运、加工、包装等全部活动和过程中可能危及园艺产品质量安全的关键点进行有效控制,以解决园艺产品"从农田到餐桌"的质量安全问题,就需要按照标准化组织生产。

(7)园艺产品标准化安全生产

园艺产品标准化安全生产是标准化在园艺产业中的应用,是运用标准化的原理,对园艺生产产前、产中、产后全过程,通过标准的制定、实施和监督,把先进的农业科技和成熟的经验转化为生产力,确保园艺产品的质量和安全,规范园艺产品市场秩序,指导生产,引导消费,从而取得良好的经济、社会和生态效益,以达到提高园艺产品竞争力的目的。

园艺产品标准化安全生产在生产过程中贯彻执行标准和对贯彻执行情况实施监督,生产者依据标准规定组织生产,国家有关部门依据标准对生产过程实施监察和督导,生产产品依据标准进行认证,是农业标准化在园艺生产中的具体实施,体现了"以人为本"的科学发展观,强调园艺产品生产的规范化、标准化、系统化,强化质量管理和过程控制,代表了现代园艺产业的发展方向,是先进安全管理思想与传统园艺产品生产的有机结合,是提高园艺生产技术水平的有效措施,从而推动我国园艺产品安全生产的根本好转,为社会提供安全、优质的园艺产品。

(8)园艺产品质量安全体系

园艺产品质量安全体系是指各个相关部门或系统为完成园艺产品质量安全目标进行分工合作所形成的一体化工作网络。园艺产品质量安全体系,包括质量标准体系、检验检测体系、认证体系、科技支持体系、示范推广体系、法律法规体系、信息服务体系、市场营销体系等。

2)园艺产品标准化安全生产的意义

经济社会的发展,人们对食品的安全性高度关注,安全、无污染、优质营养的园艺产品成为提高园艺产品市场竞争力的核心,建立园艺产品安全生产基地,推广园艺产品标准化安全生产技术,发展无公害园艺产品、绿色园艺产品和有机园艺产品,对园艺生产投入品及生产环境在园艺产品生产的产前、产中、产后按相关标准进行全程质量控制,清洁生产园艺产品,成为社会经济发展的客观必然要求。

(1)有利于保障园艺产品的消费安全

"民以食为天,食以安为先。"保障百姓吃上安全放心的园艺产品,是政府履行监管职责以维护广大人民群众根本利益的基本要求,也是构建和谐社会的集中体现。发展无公害园艺产品、绿色园艺产品和有机园艺产品,是解决园艺产品质量安全问题的根本措施,对维护公众健康和公共安全具有十分重要的意义。

(2)有利于推动农业产业化进程,提高农业综合竞争力

农业综合竞争力的核心是将资源优势、生产优势和产品优势转化为质量优势、品牌优势和效益优势。发展无公害园艺产品、绿色园艺产品和有机园艺产品,是新时期促进农产品生产区域化布局、标准化管理、产业化经营、市场化发展的重要手段,也是实现农业比较优势和提高农业综合竞争力的重要途径。

(3)有利于转变农业增长方式,增加农民收入

坚持科学发展观,用现代工业理念谋划农业发展是实现农业高产、优质、高效、生态、安全的重要手段。发展无公害园艺产品、绿色园艺产品和有机园艺产品,既是解决园艺产品质量安全问题的重要措施,也是推进农业优质化生产、专业化加工、市场化发展的有效途径,更是推动农业生产方式转变、促进农业综合生产能力提高和推进农业增长方式转变的战略选择。农业生产性收入的增加是农民增收的基本途径。适应市场需要,发展无公害园艺产品、绿色园艺产品和有机园艺产品,促进优质优价,是实现农业生产性收入增加的有效措施。

(4)有利于推动农业科技进步

园艺产品标准化安全生产是高科技的物化产品,其生产本身具有承载和促进科技进步的作用。如:运用生物工程,诱导提高植物本身的抗性;采用生物固氮部分或全部替代氮素化肥的施用;施用经工厂化生产的有机肥料;采用生物农药、植物性除草及生物防治病虫害等。通过发展无公害园艺产品、绿色园艺产品和有机园艺产品,不仅可以更新现在的耕作观念和生产技术,而且可以促进农、林、副、渔业的结合及产前、产中、产后服务的协调发展,不断提高农业管理水平,使我国园艺生产走上依靠科技进步和提高劳动者科学文化素质的道路。

(5)有利于应对国际贸易纷争

发展无公害园艺产品、绿色园艺产品和有机园艺产品,是打破国际"绿色壁垒",适应园艺产品国际贸易的形势所迫。园艺产品是我国出口创汇的重要组成部分,但是,出口的障碍也在不断增多,如退货、拒收、索赔、终止合同等现象时有发生。涉及的品种由大蒜、大葱、香菇扩展到西兰花、番茄、脱水蔬菜等。中国加入世界贸易组织,贸易壁垒没有了,"绿色壁垒"却正在加强。最主要的原因就是园艺产品的农药残留过高,达不到标准。因此,加快发展"无公害"园艺产品,有利于提高我国园艺产品质量档次,有利于冲破国际市场中正在形成的非关税贸易壁垒,有利于提高我国园艺产品在国际市场中的竞争能力,促进出口创汇。

(6)有利于保护与改善农业生态环境

发展无公害园艺产品、绿色园艺产品和有机园艺产品,第一是要求产地环境必须符合相关标准质量要求,一旦产地受到污染,就失去了生产的基本条件,因此要创建和保持无公害园艺产品、绿色园艺产品和有机园艺产品生产基地,就必须保护和改善农业环境。第二

是要推广无公害、绿色食品和有机生产技术,合理使用农用化学物质,树立环境保护的观念,形成无公害农业产业体系。所以开发无公害园艺产品、绿色园艺产品和有机园艺产品的同时,可以加大生态环境建设与保护的力度,从而有效地保护和改善生态环境。

(7)有利于农业可持续发展

园艺产品安全生产符合我国农业可持续发展的要求。过去,由于盲目垦耕、滥施化肥农药,造成生态环境的恶化和自然生态的失衡。如施用农药,在杀死害虫的同时也杀死了害虫的天敌,加剧了农业病虫灾害。因此,必须从长远利益出发,实施园艺产品安全生产,合理使用化肥、农药等农业投入品,以保障我国农业的可持续发展。

 **知识链接)))**

绿色壁垒

绿色壁垒是指那些为了保护生态环境而直接或间接采取的限制甚至禁止贸易的措施。通常,绿色壁垒是由进出口国为保护本国生态环境和公众健康而设置的各种环境保护措施、法规标准等,它是对进出口贸易产生影响的一种技术性壁垒。

3)园艺产品标准化安全生产的特点

安全食品的开发不同于一般的园艺产品生产技术的研究与开发,它是综合技术应用与先进管理科学相结合的产业系统的建设,因此它有与一般园艺产品生产不同的特点。

(1)标准化安全生产是一项社会性系统工程

安全园艺产品生产开发是将栽培学、生态学、环境科学、卫生学等多学科的原理运用到园艺产品的生产、加工、贮运、销售以及相关的教育、科研等各个环节,形成一个完整的无公害污染的优质、安全园艺产品的产供销管理系统。以市场为导向,以无污染的生产基地为基础,以环境监测、食品检验为保证,以教育培训、宣传为推广手段,依靠先进的科学技术带动生态条件的优化以及耕作技术的改进,依靠市场信息、优质产品和及时营销获得最大效益,因此,必须加强领导与组织,强化各个环节的密切结合才能保证这项工程的建设有所成效。

(2)标准化安全园艺产品开发以高新技术为手段

标准化安全园艺产品的生产技术与一般园艺产品生产技术有共同点,也有不同之处。其共同点在于都是依据园艺植物的生物学特点,为其创造良好的栽培环境,使其丰产、优质。在一般园艺产品中所注意的产品质量主要是指商品质量,即外观质量兼顾食用品质(质地、风味等),而标准化安全园艺产品生产,除对商品质量有较高的要求外,还必须保证产品内在质量的提高,即无污染和营养丰富。所以说对安全园艺产品的质量要求比一般园艺产品更高更严格。必须不断地进行栽培技术改进,以适应标准化安全园艺产品生产的要求。在技术改进中,既要保证商品产量及质量,又必须防止产品污染,往往在技术选用和掌握上难度较大。必须以高新技术为手段,提高科技含量。

(3)园艺产品标准化安全生产以科学管理和法律监督为保证

园艺产品标准化安全生产注重对园艺产品生产环境的选择,特别强调控制园艺作物生长过程中化肥、农药等的投入,完全按照标准化生产,无公害园艺产品、绿色园艺产品、有机园艺产品都实施从"农田到餐桌"的全程质量监控,为保证生产的顺利进行,必须有相关的标准体系和质量监管体系,因此,园艺产品标准化安全生产是以科学的管理和法律为保证。

(4)园艺产品标准化安全生产以产业为载体

安全园艺产品生产必须有相应的基地和规模,形成区域产业优势。生产单位过小,难以排除周边污染,没有规模,在市场上形成不了气候,也难以实现产供销一体化的市场优势,难以取得消费者的信任。区域性的产业优势,良好产品质量和可靠的市场信誉,是园艺产品安全生产、开发及滚动发展的基本条件。

1.1.2　我国园艺产品安全生产的主要任务

根据我国社会经济发展状况和目前园艺生产现状,我国园艺产品安全生产的任务可以概括为:建立六个体系,抓好四个环节,实现三个目标。

1)建立六个体系

(1)园艺产品质量安全标准体系

逐步制定和完善我国无公害农产品、绿色食品、有机食品相关产地环境质量、生产技术、生产资料投入和产品质量的标准,构成完善的园艺产品安全生产标准体系。

(2)园艺产品质量安全监督检测体系

结合实际,充分利用现有的检测力量,进行科学规划,合理配置资源,以完善检验检测手段、提升检验检测能力和技术水平为重点,健全园艺产品质量安全检验检测体系,满足园艺产品生产全过程监管需要。充分利用现代化、信息化技术手段,逐步提高质检机构信息化水平,实现检测信息共享。

(3)园艺产品质量安全认证体系

形成以无公害农产品认证为基础,绿色食品认证为发展方向,有机食品认证为补充的"三位一体"的认证格局。园艺产品逐步形成生产以 GAP(良好农业规范)认证为主,加工以 HACCP(危害分析和关键控制点)认证为主,生产投入品以强制性认证为主的认证体系。

(4)园艺产品标准化生产技术推广体系

逐步形成多元化的园艺生产技术推广体系,一是通过国家农业技术试验示范基地进行技术推广;二是农业科研单位、有关学校、农业技术推广机构以及科技人员,根据农民和园艺生产经营组织的需要,通过技术转让、技术服务、技术承包、技术入股等形式,开展园艺生产技术推广;三是依托园艺龙头企业、民间专业技术组织、社会团体、中介服务机构、园艺产品行业协会、农村合作经济组织等开展农业技术推广。

(5)园艺产品质量安全执法体系

紧紧围绕《农产品质量安全法》的贯彻实施,通过建立健全园艺产品质量安全法律法规,加快标准、检验检测、认证等保障体系建设步伐,加强园艺产品生产投入品监管和生产环境治理等措施,逐步形成完善的园艺产品质量执法体系。逐步建立健全政府主导、行业协同、公众参与的园艺产品质量安全监督体系。

(6)园艺产品市场信息体系和质量安全追溯体系

立足我国实际,逐步推进我国的园艺产品市场信息体系建设,发挥政府在市场信息体系建设中的主导作用,保证信息提供的公平性、及时性、真实性,完善市场信息服务体系,明确职责,农业部门、统计部门、市场服务部门明确职责、任务,提供有意义的、准确的、客观的信息服务,发挥市场观念实现市场信息服务社会化、多元化。

近年来中央文件多次提出:建立农产品质量可追溯制度,加强农产品质量安全追溯能力建设,强化农产品质量安全追溯管理工作,实现生产记录可存储、产品流向可追踪、储运信息可查询;将农产品从生产到加工直至销售等全过程结合起来,逐步形成产销一体化的农产品质量安全追溯信息网络,严格产地环境、投入品使用、生产过程、产品质量全程监控,切实落实农产品生产、收购、储运、加工、销售各环节的质量安全监管责任,杜绝不合格产品进入市场。

2)抓好四个环节

为完成我国园艺产品标准化安全生产的任务,必须切实抓好以下四个环节:一是加强产地环境保护和治理,加强生态建设和环境治理,不断改善园艺产品生产产地环境条件,实现园艺产业的可持续发展;二是在生产过程中实施推广科学的水肥、植保技术,加强对园艺产品标准化安全生产技术的研究,提高园艺产品标准化安全生产水平;三是加强对园艺产品包装和标识的宣传,防止二次污染,便于消费者识别,监管;四是逐步建立园艺产品的市场准入制,以无公害为基本标准,凡是质量不合格的园艺产品不得进入市场交易。

3)实现三个目标

做好园艺产品标准化安全生产,实现三个重要目标:一是不断加强对园艺产品质量监管,保证普通老百姓的园艺产品消费安全;二是通过加强标准化生产技术研究,使我国的农业生产力水平发生质的变化;三是通过加强对园艺产品安全生产管理,保护环境实现可持续发展。

□ 案例导入

为什么要开展园艺产品安全生产

园艺产品是人们日常生活的必需营养食品,其质量高低直接关系到人们身体健康和国民经济的持续发展。随着我国经济的高速增长和园艺生产的快速发展,城乡居民对园艺产品的消费需求逐步由数量满足型向质量效益型方向发展。特别是面对世界经济一体化的发展,各国之间的贸易往来越来越频繁,组织开展园艺产品安全生产,对园艺产品安全性进行全程质量控制,是提高园艺产品的市场竞争力和占有率,开拓国际国内园艺产品市场的客观需要。

任务 1.2　我国园艺产品安全生产的层次

1.2.1　园艺产品安全生产的背景

1)国际背景

(1)石油农业对资源和环境的破坏,促使农业生产方式的变革

农业经历了由刀耕火种的原始农业到传统农业和石油农业的发展过程。第二次世界大战以后,欧美和日本等发达国家在工业现代化的基础上,先后实现了农业现代化,即石油农业。石油农业是把农业发展建立在以石油、煤和天然气等能源和原料为基础,以高投资、高能耗方式经营的大型农业。石油农业的快速发展提高了农业生产效率和农产品产量,解决了因人口激增而引起的世界粮食需求矛盾等问题,在经济发达国家的农业发展史上发挥了重要作用。另一方面,它也产生了一些负面影响,大量农用化学物质源源不断地、大量地向农田中输入,造成有害化学物质通过土壤和水体在生物体内富集,并且通过食物链进入到农作物和畜禽体内,导致食物污染,最终损害人体健康。并且这种危害具有隐蔽性、累积性和长期性。另外,人类不合理的经济活动造成了自然资源的过度开发利用,引起一系列生态环境破坏和环境污染问题,诸如地球臭气层的破坏、温室效应、酸雨成灾、水体污染、森林破坏、水土流失、土地荒漠化加剧、野生动物物种大量灭绝等,直接对农业生产和人类的食物安全构成威胁。

案例

《寂静的春天》的警示

1961 年,美国密西根河的东兰辛市用 DDT 农药防治榆树害虫,虫子取食树叶后,DDT 残留体内,鸟啄食虫子中毒,使这个城市的知更鸟在一个星期之内几乎死绝,导致当地春天只有花香,而无鸟语。美国生物学家莱切尔·卡逊博士在《寂静的春天》一书中写道:"全世界广泛遭受治虫药物的污染,化学药品已经侵入万物赖以生存的水中,渗入土壤,并且在植物上布成一层有害的薄膜,已经对人体产生严重的危害。除此之外,还有可怕的后遗祸患,可能几年内无法查出,甚至可能对遗传有影响,几个世代都无法察觉。"卡逊女士的论断给全世界敲响了警钟。

案例

有害食物的危害

1955—1972 年,日本富山县神通川流域,两岸铅锌冶炼厂大量排放含镉工业废水,污染了河水。农民用被污染的河水灌溉农田,使稻米中含有大量的有毒元素镉,居民食用这种

含镉稻米和饮用含镉水而发生隔在体内累积性中毒。患者全身神经和骨骼发生疼痛,连续几年后出现呼吸困难,骨骼软化萎缩,自然骨折,最终饮食不进衰弱而死,有的死者骨骼断裂近73处。日本把这种病称之为疼痛病,统计死亡人数达207人。

鉴于石油农业的一些弊端,许多国家一直致力于探索最佳农业发展模式,从而产生了许多改变石油农业生产方式的理论和实践,如生态农业、有机农业、自然农业、生物农业、低投入农业等。20世纪80年代,可持续发展的概念得到各国认同。1992年,世界环境保护与发展大会上明确提出:可持续农业不能只是一种选择,而是一种必然。自此以后,许多国家从农业着手,积极探索农业可持续发展的模式,以减缓石油农业给环境和资源造成的严重压力。

(2)绿色消费的兴起与发展,加快安全食品生产的步伐

20世纪60年代,因环境问题引起食品严重污染而危及人类生命健康的公害事件在发达国家不断发生,逐步由局部环境污染及生态平衡的破坏问题上升到维护全球食品安全、人类生命安全的高度来认识,世界环保组织发出了"还我蓝天""只有一个地球"的呼吁,得到各国民众的支持。保护环境、提高食品安全化、保障健康成为社会发展与进步的头等大事。回归自然,消费无公害食品已经成为人类共同的需求。由此,无污染、无公害的食品生产加工事业应运而生。1972年,由5个国家的代表在法国发起成立有机农业运动国际联盟,该组织极力倡导和推广有机农业生产技术,发展有机农业生产,倡导在食品的原料生产、加工等多个环节贯穿"质量安全"的思想。由此,一场新的农业革命在全球轰轰烈烈地展开。

进入21世纪,世界经济全面发展,衣食住行的健康发展成为人类共同关注的重要焦点,促使人们从自身健康和环保利益着想兴起绿色消费。据报道,80%左右的德国人在购物时考虑环保问题,77%的美国人由于企业的环保形象会影响他们的消费倾向,66%的英国人愿意付高价购买绿色产品。绿色价值观逐步形成,对绿色产品的需求大幅度增加,促使人类社会不断开发绿色安全的食品。

2)国内背景

(1)资源与环境的压力影响我国经济的持续发展

改革开放以来,我国经济全面快速发展。但是在改革开放、发展经济过程中也存在许多盲目过度开发和浪费资源、破坏环境以及威胁人类生命与健康的问题,一些地方甚至重现了发达国家经济发展初期给资源、环境、食品安全、人类健康带来的问题,甚至更加严重。

工业有害废水不经处理大量排放,污染主要河流,加之农业化学投入品的大量使用造成面源污染,使太湖、巢湖、鄱阳湖、滇池等内陆湖泊水质遭到破坏,许多地区地下水源也遭到破坏。用剧毒农药防治韭菜根蛆等导致人中毒;瘦肉精、氯霉素、土霉素等滥用,一度成为威胁人类健康的顽疾;茶叶等产品上使用违禁农药和过量农药引起产品出口退货等问题,给国家经济和政治声誉都带来了严重损失。

案例

环境污染对人们身心健康和农业生产的影响

重金属污染给社会经济发展带来了严重的影响,对我们生活的每一个环节都会产生危害。2008 年以来,中国发生了贵州独山县、湖南辰溪县、广西河池、云南阳宗海、河南大沙河、山东临沂等砷污染事件。贵州中西部地区因燃用氟含量过高的无烟煤,污染了水源和食物,当地 1 650 万群众出现不同程度的氟中毒症状。2009 年,国家疾控中心曾对 1 000 余名 0—6 岁儿童铅中毒情况进行免费筛查、监测。结果显示,23.57% 的儿童血铅水平超标。

2009 年,我国 1/6 的耕地受到重金属污染,重金属污染土壤面积至少有 2 000 万 hm^2。我国每年有 1 200 万 t 粮食遭到重金属污染,直接经济损失超过 200 亿元。

我国食品安全受食品中药物残留和重金属影响巨大,其中,铅和镉污染问题突出,有 36% 的膳食铅摄入量超过安全限量,特别是皮蛋的含量比较高。镉的污染水平也较高,大多数存在于软体类和甲壳类动物身上。

由于农药的大量、大面积使用,不当滥用,以及农药的不可降解性,已对地球造成严重的污染。据统计,中国每年农药使用面积达 1.8 亿 hm^2,土壤中累积的 DDT 总量约为 8 万 t。粮食中有机氯的检出率为 100%,小麦中 666 含量超标率为 95%。资源压力、环境污染问题的客观存在,促使着无公害食品事业的发展势在必行,而且需要快速发展。

(2)标准化安全生产是立足国情的必然选择

随着我国经济的全面发展,人们的消费观念也在发生着不断的变化,不仅要求食品结构的多样化,而且日益注重食品的质量,特别是关注食品的安全保障,因此,必然实行无公害生产。

21 世纪将是一个绿色产品的世纪,随着经济社会的发展和人民生活水平的不断提高以及国际环保技术的快速发展,人们对农产品,特别是食用农产品的质量提出了更高要求。安全、无污染的优质农产品成为市场和消费者必需的第一需要食品,安全性成为农产品质量标准的重要指标要求,提高农产品质量成为广大消费者的迫切愿望和要求。只有在清洁的农业生态环境中用洁净的生产技术和方式,生产出无公害的清洁营养农产品,才具有商品市场和国际竞争力,才能更好地满足消费者需求。建立无公害农产品生产基地,推广无公害农产品生产技术,对农产品生产区域和流通市场领域实施安全性质量控制,发展无公害农产品生产,不断提高农产品质量,逐步缩小与国际国内优质农产品质量标准差距,使农产品质量不仅要符合国内标准,而且要符合国际标准或进口国农产品质量标准,才能参与国际国内农产品市场竞争,扩大农产品市场占有率,促进农业和农村经济快速发展,加快农业产业化进程和农民增收致富步伐,确保人们食用农产品后的身体健康。

1.2.2　我国开展的园艺产品安全生产层次

1)园艺产品安全生产层次

为适应新时期农业发展形势,实现全面提高农产品质量安全水平的战略任务。我国政府提出以无公害农产品为基础,"三位一体、整体推进"的发展战略,以"无公害食品行动计划"为切入点,全面加快农产品质量安全体系建设,建立健全标准体系、检验检测体系和认证体系,进一步加快无公害农产品、绿色食品和有机食品发展,推动农产品质量安全水平全面提高。

我国目前在推广的安全食品有三种:无公害食品、绿色食品和有机食品。前两种食品是为了适应我国消费者对安全食品的基本需求而发展起来的,而且是我国特有的。有机食品则是一种由发达国家首先兴起,近年来在我国迅速发展的,到目前为止要求最为严格的安全健康食品。无公害农产品是保障国民食品安全基准线,绿色食品是中国特色的安全、环保食品,有机食品是国际公认的安全、健康食品。三者能够满足不同消费者的需求。

无公害农产品、绿色食品和有机食品是我国开展的标准化安全生产的不同层次,无公害农产品应达到"优质、卫生"。"优质"指的是品质好、外观美,VC 和可溶性糖含量高,符合商品营养要求。"卫生"指的是 3 个不超标,即农药残留不超标,不含禁用的剧毒农药,其他农药残留不超过标准允许量;硝酸盐含量不超标;工业"三废"和病原菌微生物等有害物质含量不超标。无公害农产品的目标定位是规范农业生产,保障基本安全,满足大众消费;属于农产品安全生产的最低层次。

无污染、安全、优质、营养是绿色食品的特征。无污染是指在绿色食品生产、加工过程中,通过严密监测、控制,防范农药残留、放射性物质、重金属、有害细菌等对食品生产各个环节的污染,以确保绿色食品产品的洁净。绿色食品与普通食品相比有三个显著特征:一是强调产品出自最佳生态环境。绿色食品生产从原料产地的生态环境入手,通过对原料产地及其周围的生态环境因子严格监测,判定其是否具备生产绿色食品的基础条件。二是对产品实行全程质量控制,通过产前环节的环境监测和原料检测;产中环节具体生产、加工操作规程的落实;以及产后环节产品质量、卫生指标、包装、保鲜、运输、储藏、销售控制,确保绿色食品的整体产品质量,并提高整个生产过程的技术含量。三是对产品依法实行标志管理。绿色食品标志是一个质量证明商标,属知识产权范畴,受《中华人民共和国商标法》保护。绿色食品的目标定位是提高生产水平,满足更高需求、增强市场竞争力。

知识链接)))

绿色食品的分类

我国绿色食品分为 AA 级和 A 级。

A 级绿色食品指在生态环境质量符合规定标准的产地,生产过程中允许限量使用限定的化学合成物质,按特定的操作规程生产、加工,产品质量及包装经检测、检验符合特定标准,并经专门机构认定,许可使用 A 级绿色食品标志的产品。

AA 级绿色食品指在环境质量符合规定标准的产地,生产过程中不使用任何有害化学合成物质,按特定的操作规程生产、加工,产品质量及包装经检测、检验符合特定标准,并经专门机构认定,许可使用 AA 级绿色食品标志的产品。AA 级绿色食品标准已经达到甚至超过国际有机农业运动联盟的有机食品的基本要求。

我国有机食品的目标定位是保持良好生态环境,人与自然的和谐共生。

无公害食品注重产品的安全质量,其标准要求不是很高,涉及的内容也不是很多,适合我国当前的农业生产发展水平和国内消费者的需求,对于多数生产者来说,达到这一要求不是很难。当代农产品生产需要由普通农产品发展到无公害农产品,再发展至绿色食品或有机食品。

2)无公害农产品、绿色食品与有机食品的共同点

无公害农产品、绿色食品和有机食品的共同特点有以下四个方面。

(1)都属于安全食品

无公害农产品、绿色食品和有机食品都属于农产品质量安全范畴,都是在为建立和完善国内农产品市场准入,突破国际农产品贸易绿色壁垒,扩大出口创汇、增加农民收入,保障食品消费者安全创造条件。

(2)都需进行认证管理

无公害农产品、绿色食品和有机食品都是农产品质量安全认证体系的组成部分,都有各种认证体系和进行认证管理。

(3)都是标准化生产

无公害农产品、绿色食品和有机食品都是加快农业标准化进程的重要措施和具体手段,都有各自的标准体系,按照标准要求进行生产。

(4)产品都有相应的标志,实施标志管理

无公害农产品、绿色食品和有机食品都有相应的并且经过国家主管部门确认的质量安全标志。标志只允许在批准的企业、批准的基地产品上使用,标志使用法人不能随意扩大使用的产品种类、范围,也不能转让或变卖给其他法人。获得标志使用权的企业由于法人或法人代表变更,应该及时按有关规定向标志管理部门申请办理变更、转让手续后才能在新的企业产品上使用。

知识链接)))

无公害农产品标志

无公害农产品标志图案主要由麦穗、对勾和无公害农产品字样组成。麦穗代表农产品,对勾表示合格,金色寓意成熟和丰收,绿色象征环保和安全。

图1.1　无公害农产品标志

图1.2　A级绿色食品标志

图1.3　AA级绿色食品标志

图1.4　有机食品标志

绿色食品标志

绿色食品标志由三部分构成,即上方的太阳、下方的叶片和中心的蓓蕾,象征自然生态;颜色为绿色,象征着生命、农业、环保;图形为正圆形,意为保护。AA级绿色食品标志图形与字体为绿色,底色为白色,A级绿色食品标志与字体为白色,底色为绿色。整个图形描绘了一幅明媚阳光照耀下的和谐生机,告诉人们绿色食品是出自纯净、良好生态环境的安全、无污染食品,能给人们带来蓬勃的生命力。

有机食品标志

在我国开展有机食品认证的机构有几十家,标志各不相同,中绿华夏有机食品认证中心的有机食品标志采用人手和叶片为创意元素。我们可以感觉到两种景象,其一是一只手向上持着一片绿叶,寓意人类对自然和生命的渴望;其二是两只手一上一下握在一起,将绿叶拟人化为自然的手,寓意人类的生存离不开大自然的呵护,人与自然需要和谐美好的生存关系。

□ **案例导入**

我国开展园艺产品安全生产的现状

我国是幅员辽阔、经济发展不平衡的农业大国。在全面建设小康社会的新阶段,健全农产品质量安全管理体系,提高农产品质量安全水平,增加农产品国际竞争力,是农业和农村经济发展的一个中心任务。为此,农业部经国务院批准,全面启动了"无公害食品行动计划",并确立了"无公害食品、绿色食品、有机食品三位一体,整体推进"的发展战略。因此有机食品、绿色食品、无公害食品都是园艺产品质量安全工作的有机组成部分。

任务1.3 园艺产品安全生产的现状与对策

1.3.1 发展现状

1)我国无公害农产品生产概况

2001年4月,为了从根本上解决农产品污染和安全问题,在大量调查研究的基础上,农业部决定在全国范围内实施"无公害食品行动计划"。该计划核心内容是体现的行动计划要达到三个目的,实施三个方面的管理。

要达到的三个目的是:要建立起一套农产品质量安全管理制度,通过加强生产管理,推行市场准入及质量跟踪,健全农产品质量安全标准、检验检测、认证体系,强化执法监督、技术推广和市场信息工作,尽快建起一套既符合中国国情又与国际接轨的农产品质量管理体系和制度。要保证与广大老百姓日常生活密切相关的食用农产品消费安全,也就是要突出抓好"菜篮子"产品和出口农产品的质量安全问题。要攻克关键的危害因素,抓好主要污染源控制。

要实施的三个管理是:从源头入手,抓好生产过程管理,要通过强化生产基地建设,净化产地环境,严格投入品管理,推行标准化生产,提高生产经营组织化程度,实施全程质量安全控制。从消费入手,抓好市场准入,建立例行监测制度,推广速测技术,创建专销网点,实施认证标志管理,推行产品质量安全追溯承诺制度。从长效机制入手,抓好保障体系建设,突出加强法制建设,健全标准体系,完善检验检测体系,加快认证体系建设,加强技术研究与推广,建立公共信息网络,加大宣传培训力度,增加投入,保证各项推进措施落到实处。

该计划将以全面提高我国农产品质量安全水平为核心,以"菜篮子"产品为突破口,以市场准入为切入点,从产地和市场两个环节入手,通过对农产品实行"从农田到餐桌"全过程质量安全控制,用8~10年的时间,基本实现主要农产品生产和消费无公害。"无公害食品行动计划"实施初期,农业部与国家质检总局联合颁布了《无公害农产品管理办法》与国家认监委联合颁布了《无公害农产品标志管理办法》《无公害农产品产地认定程序》及《无公害农产品认证程序》等,这一系列部门规章使无公害农产品法制管理具备了一定基础。

近年来,《农产品质量安全法》《农产品包装和标识管理办法》和《食品安全法》陆续出台,对无公害农产品产品质量、包装标识等方面进行了明确规定,将无公害农产品监管工作全面纳入法制化轨道。

2002年农业部组建农产品质量安全中心,负责全国无公害产品的管理,于2003年正式启动全国统一标志的无公害农产品认证,以保障基本安全、满足基本消费。至2012年底,农业部发布的现行有效无公害农产品标准有282项,基本涵盖主要农产品及其加工食品,地方发布的标准有235项。截至2011年底,全国共认定产地58 968个,其中种植业产地36 251个,面积5 194万 hm^2,占全国耕地面积的40%;有效无公害农产品56 532个,其中种植业产品39 906个,产品总量达2.76亿 t,认证的无公害农产品约占同类农产品商品总量的30%。

北京、上海、天津、深圳、郑州等城市开始实行无公害农产品市场准入制度。

2)我国绿色食品生产概况

绿色食品是我国最早开展的食品安全生产体系,是我国独创的体现农产品质量安全性的产品品牌。

(1)我国绿色食品发展历程

中国于1989年提出绿色食品的概念,1990年5月15日,正式宣布开始发展绿色食品。中国绿色食品事业经历了以下发展过程:提出绿色食品的科学概念,建立绿色食品生产体系和管理体系,系统组织绿色食品工程建设实施,稳步向社会化、产业化、市场化、国际化方向推进。

 知识链接)))

我国绿色食品发展阶段

第一阶段,从农业部启动的基础建设阶段(1990—1993年),1990年,绿色食品工程在农垦系统正式实施。在绿色食品工程实施后的三年中,完成了一系列基础建设工作,主要包括:在农业部设立绿色食品专门机构——中国绿色食品发展中心,并在全国省级农垦管理部门成立了相应的机构;以农垦系统产品质量监测机构为依托;建立起绿色食品产品质量监测系统;制订了一系列技术标准;制订并颁布了《绿色食品标志管理办法》等有关管理规定;对绿色食品标志进行商标注册;加入了"有机农业运动国际联盟"组织。与此同时,绿色食品开发也在一些农场快速起步,并不断取得进展。第二阶段,向全社会推进的加速发展阶段(1994—1996年),这一阶段绿色食品发展呈现出五个特点:产品数量连续两年高增长,农业种植规模迅速扩大,产量增长超过产品个数增长,产品结构趋向居民日常消费结构,县域开发逐步展开。第三阶段,向社会化、市场化、国际化全面推进阶段(1997至今)。

(2)中国绿色食品发展的现状

30多年来,我国绿色食品从概念到产品,从产品到产业,从产业到品牌,从局部发展向全国推进,从国内走向国际,一步一个脚印,取得了举世瞩目的成就。

①产品总量粗具规模 绿色食品作为我国安全优质农产品的精品品牌,总量规模稳步扩大,近十年年均增长速度超过20%,到2012年,全国绿色食品生产企业和农民专业合作社总数达到6 862个,产品总数达到17 125个;绿色食品粮油、蔬菜、水果、茶叶、畜禽、水产等主要产品产量占全国同类产品总量的比重不断提高,产品结构不断优化。目前,在绿色食品产品结构中,农林及加工产品占65%,主要产量约占全国同类产品总量的5%;产品质量稳定可靠,多年来绿色食品产品质量合格率一直保持在98%以上;品牌影响力不断增强,消费者对绿色食品的认知度超过80%;在绿色食品企业中,国家级农业产业化龙头企业有239家,省级龙头企业有1 194家。另外,还有886家农民专业合作社通过绿色食品认证。2012年,绿色食品产地环境监测面积达到0.16亿 hm^2;全国已创建了610个绿色食品原料标准化生产基地,种植面积0.13亿 hm^2,总产量6 547万t,基地带动农户1 925万个农户,对接龙头企业1 650家,每年直接增加农民收入在10亿元以上。

②标准体系逐步完善 按照"从农田到餐桌"全程质量控制的技术路线,参照发达国家农产品和食品质量安全标准,绿色食品建立起了科学、严格、系统的标准体系,整体达到或超过国际先进水平。绿色食品标准体系主要由四部分组成:产地环境质量标准、生产过程技术标准、产品质量安全标准、包装标识标准。至2012年底,农业部发布的绿色食品标准有178项(现行标准125项),基本涵盖主要农产品及其加工食品,地方配套颁布实施的绿色食品生产技术规程400多项。

③认证规范基本建立 绿色食品以标准化生产为基础,实行产品认证与证明商标管理相结合的基本制度。按照国家认证认可的基本要求,结合农产品认证的特点,绿色食品建立了体系完整、程序规范的认证制度,保证了认证的有效性。绿色食品认证程序主要是依据标准,对产地环境、产品生产加工过程及投入品的使用管理、产品质量检测、产品包装和储运等进行现场检查、审核和评定。依据我国《商标法》,通过认证的企业许可使用绿色食品标志。绿色食品标志是在中国国家商标局注册的证明商标,现已分别在日本、中国香港、美国、俄罗斯、英国注册,在法国、葡萄牙、芬兰、澳大利亚和新加坡的注册也已进入实质性审核阶段。

④监管制度全面推行 为了保证获证产品质量,规范企业使用标志行为,维护市场秩序,绿色食品现已建立并推行了企业年检、产品抽检、市场监察、产品公告四项基本监管制度。企业年检主要是检查督促落实绿色食品标准化生产;产品抽检主要是发现和处理质量不合格产品;市场监察主要是纠正违规使用标志行为,查处假冒产品;产品公告主要是公开获证和退出产品信息。近三年,全国每年有15%以上的绿色食品产品被纳入抽检计划,产品质量抽检合格率稳定保持在98%以上。

3)我国有机食品生产概况

1993年,中国正式加入了"有机农业运动国际联盟",使我国的有机农业迈出了走向世界的重要一步。1994年,经国家环境保护局批准,国家环境保护局南京环境科学研究所的农村生态研究室改组成为"国家环境保护局有机食品发展中心",后改称为"国家环境保护总局有机食品发展中心",简称OFDC,这是中国成立的第一个有机认证机构。1999年中国农业科学研究院茶叶研究所成立了有机茶研究与发展中心(OTRDC),专门从事有机茶园、有机茶叶加工以及有机茶专用肥的检查和认证,是中国建立的第二家有机认证机构。2002年农业部成立了"中绿华夏有机食品认证中心",负责全国的有机食品认证工作。

2005 年,我国颁布了有机食品国家标准《有机产品国家标准(GB/T 19630)》,并于 2011 年进行了修订。

我国有机产品认证总量规模稳步扩大,目前,通过国内有机食品认证的产品数千个,通过认证的企业也有数千个,截至 2011 年 6 月,通过中绿华夏有机食品认证中心认证的企业就已超过 1 397 家,产品 6 757 个,认证面积达到 244.87 万 hm^2。目前有机食品在中国食品市场的占有份额不足 0.2%,我国发展有机产业具有很好的优势,发展潜力十分巨大,前景非常广阔。

1.3.2 保障园艺产品安全的思路与对策

1)影响园艺产品安全生产的因素

(1)产地环境污染

①大气污染 工厂排放的硫化物、氟化物、氯化物、氮化物、粉尘等,大气污染会直接对叶片、果实造成危害,继而影响作物的产量和产品的品质。

②水质污染 污染源主要为生活污水、工业污水、农村污水、酸雨等,生活污水主要来源于生活中的各种洗涤水、氮、磷、硫含量较高,在厌氧细菌的作用下易产生恶臭物质如硫化氢、硫醇等;工业污水具有量大、面广、成分复杂、毒性大、不易净化、处理难的特点;农村污水主要包括人、牲畜粪便、垃圾污水等;酸雨的产生与工业废气有关。

③土壤污染 分为本底性和非本底性污染。主要包括土壤重金属(汞、镉、砷、铅等)氟、硼、城市垃圾和工业塑料废弃物等,六六六、DDT 在土壤中 40 ~ 50 年还不会完全分解,农膜和废弃塑料会使土壤板结,蓄水能力降低,微生物活动受到影响,严重阻碍植物根系的生长发育。农用塑料一般都 40% 以上的邻苯二甲酯类增塑剂,它有明显的富集作用,对人体有较强的毒性、能致癌、致畸。城市垃圾含很多重金属和不易分解的塑料、各种病原菌。

(2)农业投入品污染

主要是长期、过多地使用化肥、农药、农膜等造成污染。化肥特别是氮肥和磷肥能通过各种渠道流入湖泊、水域,从而造成水体的富营养化及地下水的污染;长期使用氮肥、氯化钾易造成土壤板结,理化性质变劣,氯离子还会影响农产品的品质与产量。

随着农药使用量增加,大量的有益生物被杀死,生态失去平衡,更加促进了害虫的繁衍,另一方面昆虫的抗药性不断增强,又加大了农药的使用量,造成恶性循环。农药通过污染农产品而对人类产生影响。

另外,有些由于"催熟"水果、蔬菜等用的植物生长调节剂,为了保持园艺产品良好的清洁卫生,往往会使用清洁剂与消毒剂直接与园艺产品接触而残留其中;在园艺产品的初加工、处理、包装、运输、封存过程中,为了达到某种期望的结果,往往直接或间接加入一些保鲜剂、保水剂、防腐剂,也易造成对园艺产品的污染。

(3)包装、运输、贮存污染

采用非食品材料和包装容器会造成污染,包装、贮存场所、运输工具等都会对园艺产品造成污染。

2)安全园艺产品开发的原则

安全园艺产品开发是一项系统工程,在发展这类产品中必须遵循以下基本原则。

（1）统一完善的系统管理原则

安全园艺产品开发是从生产到市场的全过程控制与管理,涉及生产、管理的每个环节都应纳入控制之中,要建章立制,有章可循,做到生产有规程,产品有标志,认证有程序,市场有监理,过程有记录,确保产品质量控制在严格管理之中,使产品的质量要求和良好的产品信誉有可靠的保证。

（2）严谨规范的生产技术原则

园艺产品安全生产的环境特性是其生产技术特性所决定的,只有严谨规范的生产技术,才能有符合特定标准的园艺产品。安全园艺产品是丰富多样的,具体到每种产品都应有与之相对应的产地、产品环境标准和生产全过程的操作规程配套。

（3）循序渐进的产品开发原则

园艺产品丰富多样,安全园艺产品开发领域非常广泛,但不是什么园艺产品都能同时开发成无公害、绿色食品和有机食品,要按市场规律循序渐进,不能一概而论。市场消费能力、消费观念、消费特点都是有阶段性,有不同档次和层次的要求,现阶段消费市场对无公害园艺产品正处于培育扩大过程,在生产中必须相适应地发展。由于技术进步的渐进性,有些园艺产品生产的无公害技术还受现实技术水平限制,难以达到无公害的质量标准,故此也决定了无公害农产品的渐进性。

3）发展对策

（1）加大宣传培训力度

充分利用新闻媒体,采取多种形式宣传无公害农产品、绿色食品和有机食品生产的理念、意义和生产管理过程,宣传相关法律法规等,通过多视角、全方位的宣传,教育农民,扩大全社会认知面,为无公害农产品、绿色食品和有机食品生产创造良好的社会氛围。同时,加大培训力度,通过举办培训、编印资料、信息交流等各种形式对生产者、管理者进行广泛培训,使他们尽快了解和掌握无公害农产品、绿色食品和有机食品生产管理技术、法律法规和技术标准,提高农民意识,推动基地建设与管理工作的快速、健康发展。

（2）加强认证管理和基地建设

良好的产地环境和严格的质量保障体系是确保园艺产品安全生产的基础,应严格依照国家、农业部相关认定的有关规定,依法加强产品认证和生产基地建设与管理,完善相关管理制度,健全产地监督管理机制,严格按照程序,加快产地认定步伐。同时,加强产地环境监测评价与保护。

（3）加强农业投入品监管

依照国家有关农业投入品管理的法律法规,实行农业投入品市场准入制度,加大执法力度,加强生产和流通监管,规范农药、化肥、农膜的生产、推广、销售行为。加大对农药、化肥掺杂使假的查处力度,特别是对农药第三组分、生长调节剂添加化学农药的现象,要给予严厉打击。要对高毒、高残留农药实行特许经营制度,监控其使用。同时,积极筛选、推广高效、低毒、低残留化学农药、环保型肥料,加大对生产专用生产资料企业的销售网点建设力度,积极发挥引导作用。要不断加强用药、施肥新技术开发研究,为提高效果、降低成本、降低污染提供技术支持。

（4）控制生产过程

从推进生产过程标准化、加强产地管理、建立完善的质量控制措施、健全生产记录档案等方面入手,加强生产过程控制。进一步完善质量标准体系,逐步建成国家标准、行业标准、地方标准相配套完善的质量标准体系。加大质量标准执行力度,全面推广各项生产技术标准和操作规程,加快实现生产标准化。围绕提高园艺产品质量安全水平,加强优质、抗病虫新品种的引进、试验、示范、推广工作力度,加强新技术的开发,提高园艺产品安全生产的科技集成能力,全面提高技术服务水平。同时,全面推广质量追溯制度,规范生产记录档案,完善编码和标识管理,建立和完善产品标识及承诺制约机制。

(5)加快农民合作经济组织建设

按照积极引导,群众自愿和民办、民管、民受益的原则,积极发展农民专业合作经济组织和专业协会,充分发挥其在引导标准化生产、新技术传播、农民自律、质量责任联保、扩大销售、共同发展等方面的积极推动作用,实现其与无公害农产品加工、销售龙头企业的对接。积极探索"公司+合作组织(协会)+基地+农户"等产业化质量控制模式,以质量赢得市场,以市场推动产量、质量的提高,推进产业按市场规律进行有计划的生产。

(6)积极推行市场准入制度

建立市场准入制度,是抓好园艺产品质量安全管理,保障从"农田到餐桌"全过程质量安全的有效途径。结合实际,加快推进无公害农产品的市场准入制度的建立和完善。进一步加强园艺产品质量检验检测体系建设,切实加强对生产基地、龙头企业生产过程及市场全程园艺产品质量安全状况的执法监督检验,确保上市园艺产品安全卫生。

项目小结)))

本项目主要讲解园艺产品安全生产概况,介绍了园艺产品质量安全的基本概念;我国开展的园艺产品标准化安全的层次,即无公害农产品、绿色食品和有机食品生产;安全生产的任务、目标及意义;安全生产的背景及在我国的发展状况等。通过本项目的完成,使学生对目前我国开展的园艺产品标准化安全生产有清晰的认识,为今后的学习、工作打下良好的基础。

案例分析)))

比较我国无公害农产品、绿色食品与有机食品的区别

无公害农产品、绿色食品、有机食品都是指符合一定标准的安全食品,主要是它们的标准水平、认证体系和生产方式的不同。其主要区别表现在以下几个方面。

1)发展定位不同

(1)发展水平定位

无公害农产品作为农产品市场准入的基本条件,目的是满足大众消费需要,保证基本安全;绿色食品作为安全优质农产品的精品品牌,质量安全指标达到发达国家水平,主要是满足人们更高消费层次的需求;有机食品作为一种追求生态安全的产品,主要是满足国际市场需求。

(2)发展方向定位

无公害农产品在产地认定和产品认证的基础上,逐步从阶段性认证走向强制性要求,依法推动标志管理,全面实现农产品的无公害生产和安全消费。绿色食品在坚持证明商标与质量认证管理相结合的前提下,通过政府和市场的双重作用,带动农产品市场竞争力全

面提升;在农产品生产和消费安全目标基本实现以后,绿色食品将成为农产品认证的主体,逐步提高在农产品总量中的比重。有机食品将按照国际通行做法,在政府的指导下,立足国情,发挥农业资源优势和特色,因地制宜地发展。

(3)发展重点定位

无公害农产品发展的重点是迅速扩大总量规模,提高市场占有率;绿色食品发展的重点是在加快发展的基础上,着力打造农业精品品牌,提升农业产业素质;有机食品发展的重点是突出资源优势和市场需求,提升质量和效益。无公害农产品推进重点是"菜篮子"和"米袋子"产品;绿色食品推进重点是优势农产品、加工农产品和出口农产品;有机食品重点发展有国际市场需求的农产品。

2)质量标准水平不同

无公害农产品质量标准等同于国内普通食品卫生质量标准,部分指标略高于国内普通食品卫生标准;绿色食品分为 AA 级和 A 级,其质量标准参照联合国粮农组织和世界卫生组织食品法典委员会标准、欧盟质量安全标准,高于国内同类标准水平;有机食品等效采用欧盟和国际有机运动联盟的有机农业和产品加工基本标准,其质量标准与 AA 级绿色食品标准基本相同。

3)认证体系不同

(1)认证体系

这三类都必须经过专门机构认定,许可使用特定的标志,但是认证体系有所不同。无公害认证体系是我国目前农产品质量安全认证体系中最为系统、全面的体系。其产地认证由各省农业厅的无公害农产品认证机构来检测和认证,然后由农业部备案;产品认证由农业部负责。为了适应无公害农产品的蓬勃发展,在 2005 年年底,全国各省农业厅成立了"农产品质量安全检测中心"。同时,各个市县也相应成立了相关无公害农产品检测和监测部门,专门负责无公害农产品的检测和监督工作。另外,无公害农产品认证是不收费用的,是公益性认证。这也是有别于"绿色食品"和"有机食品"的。

绿色食品是政府推动,市场运作,由中国绿色食品发展中心负责认证。中国绿色食品发展中心在各省、市、自治区及部分计划单列市设立了 42 个委托管理机构,负责本辖区的有关管理工作,有统一商标的标志。有机食品是社会化的经营性行为,由政府管理部门审核、批准的民间或私人认证机构认证,全球范围内无统一标志,标志呈现出多样化。我国有机产品由获得国家认监委认可的认证机构认证,目前具有认证有机产品资质的认证机构共有几十家,有的是代理国外认证机构进行有机认证。

(2)认证方式

绿色食品和有机食品的基地与产品实行一次认证,合格的发给标志许可使用证书,绿色食品认证有效期为三年,到期可以续报;有机食品认证有效期一年,到期可以提出保持认证,有效期仍为一年一次;无公害食品的基地与产品认证可以分段进行,申报的基地经检测合格,发给无公害基地认定合格证书。持有无公害基地认定合格证书的申报主体可以继续申报产品认证,合格的发给无公害产品证书,没有认定基地的不能申报产品认证,非认证产品不得在上市产品包装上使用无公害产品标志。

4)生产方式不同

无公害农产品生产必须在良好的生态环境条件下,遵守无公害农产品技术规程,可以科学、合理地使用化学合成物;绿色食品生产是将传统农业技术与现代常规农业技术相结合,从选择、改善农业生态环境入手,限制或禁止使用化学合成物及其他有毒有害生产资料,并实施"从农田到餐桌"全程质量控制;有机食品生产须采用有机生产方式,即在认证机构监督下,完全按有机生产方式生产1~3年(转化期),被确认为有机农场后,可在其产品上使用有机标志和"有机"字样上市。

案例讨论题)))

1. 我国我国农产品安全生产为什么设定3个不同层次?
2. 开发3种不同类型的安全食品的意义是什么?

复习思考题)))

1. 什么是无公害农产品,其标志含义是什么?
2. 什么是绿色食品,分为几个等级?
3. 我国园艺产品标准化安全生产的意义有哪些?
4. 我国园艺产品安全生产的任务有哪些?
5. 试述我国无公害食品发展概况。
6. 试述我国绿色食品发展概况。

项目2 园艺生产环境污染与防治

项目描述

　　本项目主要介绍园艺生产环境污染对园艺产品的影响及防治对策,包括园艺生产的污染源及主要污染物、我国园艺生产环境污染现状、污染对园艺产品的影响和我国农业污染的防治对策和技术,通过项目完成使学生认识到我国园艺生产环境现状及实现园艺产品安全生产的途径。

学习目标

- 了解园艺生产污染源的种类及其影响。
- 掌握园艺生产环境污染的途径及各种环境污染对园艺产品产量和品质的影响。

能力目标

- 具有分析环境质量与园艺产品质量关系的能力。

知识点

　　污染源、点源污染、面源污染、大气污染、土壤污染、水体污染的概念;水体、土壤的自净及污染过程;土壤污染的特点;环境污染对园艺生产的影响等。

□ 案例导入

什么是农业环境污染?

　　农业环境污染是人类向农业环境排放的物质或能量超过农业生态系统的自净能力,引起农业环境质量下降而不利于人类及农业生物正常生存和发展的现象。

任务2.1 园艺生产污染途径与现状

2.1.1 园艺生产污染途径

1)污染源的概念

污染源是指造成环境污染的污染物发生源,即产生物理的(如声、振动、光、热、电磁辐射、放射性物质等)、化学的(有机、无机等)、生物的(微生物、霉菌、病毒等)有害物质时,这些有害物质在空间分布上和持续时间内足以危害人类和生物的生存与发展,这样的场所、装置和设备称为污染源。

2)污染源的分类

污染源广义上可以分为两类,一类来自自然界,一类来自人类活动。自然界污染,要指自然现象、灾害等,因此它是暂时的、局部的,更重要的是目前我们尚不能控制,所以我们研究的污染源侧重于后者,即人为污染源。

人为污染源的分类方法很多,下面介绍几种常用的分类方法。

(1)按人类的社会活动分

按人类的社会活动污染源可分为四类,即工业污染源、农业污染源、生活污染源、交通污染源。

①工业污染源 是指工业生产中对环境造成有害影响的生产设备或生产场所。它通过排放废气、废水、废渣和废热污染大气、水体和土壤,产生噪声、振动等危害周围环境。各种工业生产过程排放的废物含有不同的污染物,如煤燃烧排出的烟气中含有一氧化碳、二氧化硫、苯并(a)芘和粉尘等;化工生产废气中含有硫化氢、氮氧化物、氟化氢、甲醛、氨等;电镀工业废水中含有重金属(铬、镉、镍、铜等)离子、酸碱、氰化物等;火力发电厂排出烟气和废热等。此外,由于化学工业的迅速发展,越来越多的人工合成物质进入环境;地下矿藏的大量开采,把原来埋在地下的物质带到地上,从而破坏了地球物质循环的平衡。重金属和各种难降解的有机物,在人类生活环境中循环、富集,对人体健康构成长期威胁。工业污染源对环境危害最大。

②农业污染源 是指在农业生产活动中,农田中的泥沙、营养盐、农药及其他污染物,在降水或灌溉过程中,通过农田地表径流、壤中流、农田排水和地下渗漏,进入水体而形成的面源污染。这些污染物主要来源于农田施肥、农药、畜禽及水产养殖和农村居民。农业面源污染是最为重要且分布最为广泛的面源污染。

③生活污染源 是指人类生活产生的污染物发生源。其主要包括生活用煤、生活废水、生活垃圾、生活噪声等污染源,城市生活中使用的各种洗涤剂和污水、垃圾、粪便等,多为无毒的无机盐类。生活污水中含氮、磷、硫多,致病细菌多。生活污染源主要是由于城市规模扩大,人口越来越密集造成的。

④交通运输污染源　这类污染源发出噪声,引起振动,排放废气,泄漏有害液体,排放洗刷废水(包括油轮压舱水),散发粉尘等,都会污染环境。交通运输污染源排放的主要污染物有一氧化碳、氮氧化物、碳氢化合物、二氧化硫、铅化合物、苯并(a)芘、石油和石油制品以及有毒有害的运载物。这类污染源排出的废气是大气污染物的主要来源之一。

(2)按分布特性分

按分布特性可分为两类,即点源污染和面源污染。

①点源污染　是指有固定排放点的污染源,也指工业生产及城市生活过程中产生的污染物。

②面源污染　也称非点源污染,是指溶解和固体的污染物从非特定地点,在降水或融雪的冲刷作用下,通过径流过程而汇入受纳水体(包括河流、湖泊、水库和海湾等),并引起有机污染、水体富营养化或有毒有害等其他形式的污染。

面源污染的时空范围更广,不确定性大,成分、过程复杂,更难以控制。当前,在我国农业活动中,非科学的经管理念和落后的生产方式是造成农业环境面源污染的重要因素,这些污染源对环境的污染,尤其对水环境的污染影响最大。据统计,农业面源污染占河流和湖泊富营养问题的60%~80%。

(3)按时间特点分

按时间特点可分为恒定源、间歇变动源、瞬时污染源等。

(4)根据污染途径分

按污染途径可分为直接污染和间接污染两类。

①直接污染　包括农业生产过程中农药、肥料的污染,大气中有毒有害气体及粉尘的污染等。

②间接污染　包括农业生产过程中通过污水灌溉进行污染等,有的是污染土壤后再污染农作物。

(5)根据农业生产污染源分

根据农业生产污染源可分为空气污染、水质污染、土壤污染、农药污染、其他污染。

①空气污染　工业废气中排出的有毒、有害气体直接排放到空气中,造成空气污染。空气污染面大,污染严重。

②水质污染　由于工业排放大量未加处理的废水和废渣,农业生产中大量施用化肥和农药以及畜禽粪便随着降雨和水土流失进入水域,造成水质污染。我国主要江、河、湖泊及部分地区的地下水都受到了不同程度的污染,有的污染已经相当严重。

③土壤污染　土壤的污染物主要来自两个方面:一是工业"三废";二是在栽培过程中过多施用化学农药或氮素化肥造成的农药及硝酸盐污染。

④农药污染　由于化学农药见效快,使用方便,成本也不太高,因而其使用范围日趋广泛,应用强度不断加大。化学农药含毒性物质较多,容易造成残留,特别在药剂种类选择、应用浓度及时期不当或剂量过大的情况下,污染严重,对消费者健康的威胁很大。

⑤其他污染　在公路附近的园地,除了受铅污染以外,还会受到多环芳烃类物质的严重污染。这些物质可能来自汽车轮胎与沥青路面的磨损,因为用来生产汽车轮胎的炭黑中含有大量的多环芳烃类化合物,沥青中也含有相当高浓度的多环芳烃类。

3)园艺生产环境污染途径

（1）污水灌溉

用未经处理或未达到排放标准的工业污水和生活污水灌溉农田是污染物进入土壤的主要途径,其后果是在灌溉渠系两侧形成污染带,属封闭式局限性污染。

生活污水和工业废水中含有氮、磷、钾等许多植物所需要的养分,所以合理地使用污水灌溉农田,一般有增产效果。但污水中还含有重金属、酚、氰化物等许多有毒有害的物质,如果污水没有经过必要的处理而直接用于农田灌溉,会将污水中有毒有害的物质带至农田,污染土壤。例如冶炼、电镀、燃料、汞化物等工业废水能引起镉、汞、铬、铜等重金属污染;石油化工、肥料、农药等工业废水会引起酚、三氯乙醛、农药等有机物的污染。

（2）酸雨和降尘

工业排放的 SO_2、NO 等有害气体在大气中发生反应而形成酸雨,以自然降水形式进入土壤,引起土壤酸化。冶金工业烟囱排放的金属氧化物粉尘,则在重力作用下以降尘形式进入土壤,形成以排污工厂为中心、半径为 $2 \sim 3$ km 的点状污染。

大气中的有害气体主要是工业中排出的有毒废气,它的污染面大,会对土壤造成严重污染。工业废气的污染物通过沉降或降水进入土壤,造成污染。例如,有色金属冶炼厂排出的废气中含有铬、铅、铜、镉等重金属,对附近的土壤造成污染;生产磷肥、氟化物的工厂会对附近的土壤造成粉尘污染和氟污染。

（3）汽车排气

汽油中添加的防爆剂四乙基铅随废气排出污染土壤,行车频率高的公路两侧常形成明显的铅污染带。

（4）固体废弃物

堆积场所土壤直接受到污染,自然条件下的二次扩散会形成更大范围的污染。工业废物和城市垃圾是土壤的固体污染物。例如,各种农用塑料薄膜作为大棚、地膜覆盖物被广泛使用,如果管理、回收不善,大量残膜碎片散落田间,会造成农田"白色污染"。这样的固体污染物既不易蒸发、挥发,也不易被土壤微生物分解,是一种长期滞留土壤的污染物。

（5）过量施用农药、化肥

施用化肥是农业增产的重要措施,但使用不合理也会引起土壤污染。长期大量使用氮肥,会破坏土壤结构,造成土壤板结,生物学性质恶化,影响农作物的产量和质量。

农药能防治病、虫、草害,如果使用得当,可保证作物的增产,但它是一类危害性很大的土壤污染物,施用不当,会引起土壤污染。喷施于作物上的农药(粉剂、水剂、乳液等),除部分被植物吸收或逸入大气外,约有一半散落于农田,这一部分农药与直接施用于田间的农药(如拌种消毒剂、地下害虫熏蒸剂和杀虫剂等)构成农田土壤中农药的基本来源。农作物从土壤中吸收农药,在根、茎、叶、果实和种子中积累,通过食物危害人体的健康。此外,农药在杀虫、防病的同时,也使有益于农业的微生物、昆虫、鸟类遭到伤害,破坏了生态系统,使农作物遭受间接损失。

2.1.2 我国园艺生产环境污染现状

1)我国大气污染现状

(1)大气污染的概念

大气的组成会因自然灾害或人类活动而发生变化。这主要是由于自然灾害及人类活动向大气中排放各种有毒、有害气体和飘尘所至。当这些排放物超过一定界限,造成对人类和其他生物的危害时,就发生了大气污染。大气污染是指大气中污染物浓度达到有害程度,超过了环境质量标准的现象。

按照国际标准化组织(ISO)的定义,"大气污染通常是指由于人类活动或自然过程引起某些物质进入大气中,呈现出足够的浓度,达到足够的时间,并因此危害了人体的舒适、健康和福利或环境污染的现象"。近年来,虽然我国大气污染防治工作取得了很大的成效,但由于各种原因,我国大气环境面临的形势仍然非常严峻,大气污染物排放总量居高不下。

(2)大气污染物

凡是能使空气质量变坏的物质都是大气污染物,大气污染物目前已知约有100多种。有自然因素(如森林火灾、火山爆发等)和人为因素(如工业废气、生活燃煤、汽车尾气、核爆炸等)两种,且以后者为主,尤其是工业生产和交通运输所造成的。其污染的主要过程由污染源排放、大气传播、人与物受害这三个环节所构成。影响大气污染范围和强度的因素有污染物的性质(物理的和化学的)、污染源的性质(源强、源高、源内温度、排气速率等)、气象条件(风向、风速、温度层结等)、地表性质(地形起伏、粗糙度、地面覆盖物等)。

大气污染物按其存在状态可分为两大类:一种是气溶胶状态污染物,另一种是气体状态污染物。

气溶胶体则是空气中的固体和液体颗粒物质与空气一起结合成的悬浮体,可以悬浮在大气中,主要有粉尘、烟液滴、雾、降尘、飘尘、总悬浮颗粒物(TSP)等。颗粒物质是指大气中粒径不同的固体、液体和气溶胶体。粒径大于 10 μm 的固体颗粒称为降尘,由于重力的作用,能在较短时间内沉降到地面;粒径小于 10 μm 的固体颗粒称为飘尘,飘尘能够长期地漂浮在大气中;粒径小于 1 μm 的称为烟,通常烟是由燃烧过程产生的。雾是液体颗粒,其粒径一般为 0.1 ~ 100 μm。

气体状态污染物主要有以 SO_2 为主的硫氧化合物,以 NO_2 为主的氮氧化合物,以 CO_2 为主的碳氧化合物以及碳、氢结合的 CH_x。这些气态物质对人类的生产生活以及对生物所产生的危害主要因其化学行为造成。

大气中不仅含无机污染物,而且含有机污染物。随着人类不断开发新的物质,大气污染物的种类和数量也在不断变化着。在污染物中,直接排放到大气中的称为一次污染物;有些一次污染物质在大气中通过与其他物质发生反应,化合成新的污染物质,这种污染物质为二次污染物,在气态污染物质中有不少二次污染物质。

(3)我国的空气质量现状

我国大气污染物排放量居高不下,空气质量不容乐观。

案例

我国大气污染物排放

据环保部检测:2011 年,全国工业废气排放量为 519 168 亿 m³(标态),其中 SO₂ 排放量为 2 217.9 万 t,NO$_x$ 排放量为 2 404.3 万 t。烟尘排放量为 829.1 万 t,造成空气质量下降,雾霾天气频繁出现。中国属于世界上大气污染状况严重的国家之一。

 知识链接)))

PM2.5

PM2.5 是指大气中直径小于或等于 2.5 μm 的颗粒物,也称为可入肺颗粒物。虽然 PM2.5 只是地球大气成分中含量很少的组分,但它对空气质量和能见度等有重要的影响。PM2.5 粒径小,富含大量的有毒、有害物质,且在大气中的停留时间长、输送距离远,因而对人体健康和大气环境质量的影响更大。PM2.5 产生的主要来源,是日常发电、工业生产、汽车尾气排放等过程中经过燃烧而排放的残留物,大多含有重金属等有毒物质。

2)我国水体污染现状

(1)水体污染的概念

水体污染是指排入水体的污染物在数量上超过了该物质在水体中的本底含量和自净能力,即水体的环境容量,破坏了水中固有的生态系统,破坏了水体的功能及其在人类生活和生产中的作用,降低了水体的使用价值和功能的现象。

水污染的原因有两种:一是自然的,一是人为的。由于雨水对各种矿石的溶解作用所产生的天然矿毒水,火山爆发和干旱地区的风蚀作用所产生的大量灰尘落到水体而引起的水污染,这属于自然污染。向水体排放大量未经处理的工业废水、生活污水和各种废弃物,造成水质恶化,这属于人为污染。现在人们常说的水体污染是指后一种。

(2)水体污染物

造成水体水质、水中生物群落以及水体底泥质量恶化的各种有害物质(或能量)都可叫作水体污染物。

 知识链接)))

水体污染物

水体污染物从化学角度分为无机有害物、无机有毒物、有机有害物、有机有毒物 4 类。

从环境科学角度则可分为病原体、植物营养物质、需氧化质、石油、放射性物质、有毒化学品、酸碱盐类及热能 8 类。

无机有害物如砂、土等颗粒状的污染物,它们一般和有机颗粒性污染物混合在一起,统称为悬浮物或悬浮固体,使水变浑浊。还有酸、碱、无机盐类物质,氮、磷等营养物质。

无机有毒物主要有非金属无机毒性物质如氰化物(CN)、砷(As),金属毒性物质如汞(Hg)、铬(Cr)、镉(Cd)、铜(Cu)、镍(Ni)等。

有机有害物如生活及食品工业污水中所含的碳水化合物、蛋白质、脂肪等。

有机有毒物,多属人工合成的有机物质如农药DDT、六六六等、有机含氯化合物、醛、酮、酚、多氯联苯和芳香族氨基化合物、高分子聚合物(塑料、合成橡胶、人造纤维)、染料等。有机物污染物因必须通过微生物的生化作用分解和氧化,所以要大量消耗水中的氧气,使水质变黑发臭,影响甚至窒息水中鱼类及其他水生生物。

病原体污染物主要是指病毒、病菌、寄生虫等。危害主要表现为传播疾病。病菌可引起痢疾、伤寒、霍乱等;病毒可引起病毒性肝炎、小儿麻痹等;寄生虫可引起血吸虫病、钩端旋体病等。

含植物营养物质的废水进入天然水体,造成水体富营养化,藻类大量繁殖,耗去水中溶解氧,造成水中鱼类窒息而无法生存、水产资源遭到破坏。水中氮化合物的增加,对人畜健康带来很大危害,亚硝酸根与人体内血红蛋白反应,生成高铁血红蛋白,使血红蛋白丧失输氧能力,使人中毒。硝酸盐和亚硝酸盐等是形成亚硝胺的物质,而亚硝胺是致癌物质,在人体消化系统中可诱发食道癌、胃癌等。

石油污染,指在开发、炼制、储运和使用中,原油或石油制品因泄露、渗透而进入水体。它的危害在于原油或其他油类在水面形成油膜,隔绝氧气与水体的气体交换,在漫长的氧化分解过程中会消耗大量的水中溶解氧,堵塞鱼类等动物的呼吸器官,黏附在水生植物或浮游生物上导致大量水鸟和水生生物的死亡,甚至引发水面火灾等等。

热电厂等的冷却水是热污染,热污染是指现代工业生产和生活中排放的废热所造成的环境污染。热污染可以污染大气和水体。火力发电厂、核电站和钢铁厂的冷却系统排出的热水,以及石油、化工、造纸等工厂排出的生产性废水中均含有大量废热。这些废热直接排入天然水体,可引起水温上升。水温的上升,会造成水中溶解氧的减少,甚至使溶解氧降至零,还会使水体中某些毒物的毒性升高。水温的升高对鱼类的影响最大,甚至引起鱼的死亡或水生物种群的改变。

(3)水的污染过程

水具有自净能力,即自然净化能力,是大自然维持自身平衡的一种趋向。其主要指水体受到污染后,由于其本身的物理、化学性质和生物的作用,可使水体在一定时间内及一定的条件下逐渐恢复到原来的状态。水的自净能力包括稀释扩散、沉淀、氧化还原以及生物对有机物的分解等。以一条河流为例,当污染物质排入河流后,首先被河水混合、稀释和扩散,比水重的粒子即沉降堆积在河床上,接着可氧化的物质则被水中的氧气所氧化,而有机物质通过水中的微生物的作用,进行生物氧化分解,还原成液体或气体的无机物。另外,阳光还可以杀死某些病原菌。与此同时,河流的表面又不断地从大气中获得氧气,使氧化过程和微生物所消耗的氧气得到补充。在这种情况下,经过一段时间,河水流到一定距离时,就恢复到原来清洁的状态。

水体自净氧垂曲线

水的自净按河流的水流方向大体分为四段,第一为污染段,由于大量污染物混入,河流水质恶化,水中溶解氧极少,除了细菌外,其他生物很少,特别是几乎不存在自养性生物。第二为分解段,分解有机物的生物逐渐繁殖,生物分解活动激烈,大量消耗溶解氧,鱼类难以生存,出现藻类和需氧较低的原生动物等,而在生化需氧量逐渐降低后,水中溶解氧又逐渐增加。第三为恢复段,藻类、鱼类和其他大型生物重新又活跃起来,水质逐渐变清。第四为清水段,溶解氧接近饱和,水质清洁,自净过程到此完成。

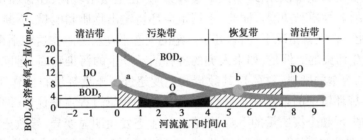

图2.1 BOD曲线

注:BOD(Biochemical Oxygen Demand 的简写):生氏需氧量或生氏耗氧量,表示水中有机物等需氧污染物质含量的一个综合指示。DO(Dissolved Oxygen):溶解于水中的分子态氧,是衡水体自净能力的一个指标。

水的自净能力与水体的水量和流速等因素有关。因此,湖泊、海洋、水库和地下水的自净能力,又分别具有不同的特点。

另外,水对多氯联苯、合成洗涤剂、有机氯农药等难分解的合成有机化合物和重金属类物质、放射性物质等的自净能力非常有限。

(4)我国水体质量

中国是一个干旱缺水严重的国家。淡水资源总量为 28 000 亿 m^3,占全球水资源的6%,但人均只有 2 200 m^3,仅为世界平均水平的1/4、美国的1/5,在世界上名列 121 位,是全球 13 个人均水资源最贫乏的国家之一。

案例

我国主要水体质量现状

据环保部检测:2011 年全国地表水水质总体为轻度污染,湖泊(水库)富营养化问题突出。长江、黄河、珠江、松花江、淮河、海河、辽河、浙闽片河流、西南诸河和内陆诸河这十大水系469个国控断面中,Ⅰ~Ⅲ类、Ⅳ~Ⅴ类和劣Ⅴ类水质的断面比例分别为 61.0%、

25.3%和13.7%。西南诸河水质为优,长江、珠江、浙闽片河流和内陆诸河水质总体良好,黄河、松花江、淮河、辽河总体为轻度污染,海河总体为中度污染。在监测的26个湖泊(水库)中,富营养化状态的湖泊(水库)占53.8%,其中,轻度富营养状态和中度富营养状态的湖泊(水库)比例分别为46.1%和7.7%。在监测的200个城市4 727个地下水监测点位中,优良-良好-较好水质的监测点比例为45.0%,较差-极差水质的监测点比例为55.0%。

据统计,2011年全国废水排放量为652.1亿t,其中化学需氧量排放量为2 499.9万t,氨氮排放量为260.4万t。

3)我国土壤污染现状

(1)土壤污染的概念

土壤污染是指人类活动产生的污染物进入土壤,并积累到一定程度,超过土壤本身的自净能力,使得土壤环境质量已经发生或可能发生恶化,对生物、水体、空气和人体健康产生危害或可能有危害的现象。

环境中的物质和能量,不断地输入土壤体系,并在土壤中转化、迁移和积累,从而影响土壤的组成、结构、性质和功能。同时,土壤也向环境输出物质和能量,不断影响环境的状态、性质和功能。在正常情况下,两者处于一定的动态平衡状态。在这种平衡状态下,土壤环境是不会发生污染的。但是,如果人类的各种活动产生的污染物质,通过各种途径输入土壤(包括施入土壤的肥料、农药),其数量和速度超过了土壤环境自净作用的速度,打破了污染物在土壤环境中的自然动态平衡,使污染物的积累过程占据优势,即可导致土壤环境正常功能的失调和土壤质量的下降;或者土壤生态发生明显变异,导致土壤微生物区系(种类、数量和活性)的变化,土壤酶活性减小;同时,由于土壤环境中污染物的迁移转化,从而引起大气、水体和生物的污染,并通过食物链,最终影响到人类的健康,这种现象属于土壤环境污染。因此,可以说,当土壤环境中所含的污染物的数量超过土壤自净能力或当污染物在土壤环境中的积累量超过土壤环境基准或土壤环境标准时,即为土壤环境污染。

(2)土壤污染物

输入土壤环境中的足以影响土壤环境功能,降低作物产量和生物学质量,有害于人体健康的那些物质,统称为土壤环境污染物质。根据污染物性质大致可分为无机污染物和有机污染物两大类。无机污染物主要包括重金属总汞、总镉、总铅、总铜、总铬、六价铬、总镍、总锌、总砷、总硒、总钴、总钒、总锑、稀土总量、氟化物、氰化物等;有机污染物主要包括有机农药、酚类、氰化物、石油、有机洗涤剂、苯并芘以及有害微生物等。

(3)土壤污染过程

土壤的自净作用指进入土壤的污染物,在土壤矿物质、有机质和土壤微生物的作用下,经过一系列的物理、化学及生物化学反应和生物净化作用过程,降低其浓度或改变其形态,使污染物在土壤环境中的数量、浓度或毒性、活性降低的过程,从而消除污染物毒性的现象。土壤环境自净作用的机理既是土壤环境容量的理论依据,又是选择土壤环境污染调控与防治措施的理论基础。

土壤自净作用是土壤本身通过吸附、分解、迁移、转化而使土壤污染物浓度降低甚至消失的过程。只要污染物浓度不超过土壤的自净容量,就不会造成污染。一般地,增加土壤有机质含量,增加或改善土壤胶体的种类和数量,改善土壤结构,可以增大土壤自净容量(或环境容量);此外,发现、分离和培育新的微生物品种引入土体,以增强生物降解作用,也是提高土壤自净能力的一种重要方法。

污染物进入土壤系统后常因土壤的自净作用而使污染物在数量和形态上发生变化,使毒性降低甚至消失。但是,对相当一部分种类的污染物如重金属、固体废弃物等其毒害很难被土壤自净能力所消除,因而在土壤中不断地被积累最后造成土壤污染。

土壤自净能力一方面与土壤自身理化性质如土壤黏粒、有机物含量、土壤温湿度、pH值、阴阳离子的种类和含量等因素有关;另一方面受土壤系统中微生物的种类和数量制约。

土壤环境对污染(物)的缓冲性在广义上是指土壤因水分、温度、时间等外界因素的变化,抵御其组分浓(活)度变化的性质。土壤缓冲性的主要机理是土壤的吸附与解吸、沉淀与溶解。影响土壤缓冲性的因素,主要为土壤质量、粘粒矿物、铁铝氧化物、碳酸钙、有机质、土壤阳离子交换量、pH和氧化还原电位,土壤水分和温度等。

土壤是供给植物生长发育必不可少的水、肥、气、热的主要源泉,也是营养元素不断更新的场所。它与外界物质不断进行着交换的循环,也在内部不停地进行着生物,化学和物理变化。从外界进入土壤的物质,在一定限度内能通过这些变化而转化,以维持其正常物质的循环和肥沃的特性,这个限度就是土壤的容量。当进入土壤的污染物质数量和强度超过了这个容量,肥沃土壤的特性就会遭到破坏。

土壤环境容量是针对土壤中的有害物质而言的,是指土壤环境单元所允许承纳的污染物质的最大数量或负荷量。由此可知,土壤环境容量实际上是土壤污染起始值和最大负荷值之间的差值。若以土壤环境标准作为土壤环境容量的最大允许极限值,则该土壤环境容量的计算值,便是土壤环境标准值减去背景值(或本底值),即上述土壤环境的基本容量,称之为土壤环境的静容量。土壤环境的静容量虽然反映了污染物生态效应所容许的最大容量,但尚未考虑和顾及土壤环境的自净作用和缓冲性能,即外源污染物进入土壤后的积累过程中,还要受土壤的环境地球化学背景和迁移转化过程的影响和制约。因而,土壤环境容量应是静容量加上这部分土壤的净化量,才是土壤的全部环境容量或土壤的动容量。

(4)我国的土壤污染状况

据不完全统计,目前我国受镉、砷、铬、铅等重金属污染的耕地面积近 2 000 万 hm^2,约占总耕地面积的 1/5;其中工业"三废"污染耕地 1 000 万 hm^2,污水灌溉的农田面积已达 330 多万 hm^2。

□ **案例导入**

环境污染对园艺生产有什么影响?

工业和城市规模的迅速发展,致使工业"三废"和城市垃圾、生活污水对农业环境造成的污染越来越严重,由局部向整体蔓延。加上在农业生产过程中不合理使用农药、化肥、农膜、激素等农业投入品,致使园艺生产产地环境问题较多,耕地、生物资源衰减,江河湖库功能衰退,土地日趋贫瘠,园艺生产环境污染严重,园艺产品质量安全受到威胁,危害了人民身体健康和生命安全,并严重制约了我国农业的可持续发展和危及我们的生存环境。

任务 2.2　环境污染对园艺生产的影响

2.2.1　水污染对园艺生产的影响

1)产品形成对水分的要求

(1)水的生理生态作用

水是园艺作物器官的重要组成成分。大多数园艺作物柔嫩多汁、含水量高。果树枝叶和根部的水分含量约占 50%;蔬菜产品大多含水量在 90% 以上,干物质只占不到 10%;正在生长的幼叶含水量很高,可达 90% 左右;休眠的种子及芽含水量很低,只有 10% 或更低,风干的种子含水量只有 6% ~ 10%。水分的多少直接影响产品的品质和价值,水是园艺产品质量的基本保证。

水也是植物体内发生各种生化反应的介质,参与各种生化反应,如光合反应、呼吸作用等重要途径需要水作介质;水是许多生化反应和物质吸收、运输的介质,植物光合作用产生的有机物和根系通过土壤吸收的无机矿物质都是通过水分输送到植物体的各个部位,供植物生长发育所用;水是矿物质、肥料的溶剂,这些物质只有溶于水中才能被植物吸收利用;水分也是使植物保持固有姿态的主要物质,水分使植物细胞保持膨压,使植物体保持良好状态,缺少水会造成植物萎蔫。

(2)水分对植物生长的影响

水分直接影响土壤的物理特性,从而影响根系的吸收,进一步影响植物地上部的生长发育。

在园艺植物的生长发育过程中,一方面,任何时期缺水都会造成生理障碍,严重时可导致植株死亡;另一方面,如果连续一段时间水分过多,超过植物所能忍受的极限,也会造成植物的死亡。

2)水体污染的危害

水体被污染后,水的质量恶化,不仅降低甚至丧失使用功能,加剧水资源紧缺,还对人体健康和生态环境产生一系列危害。

(1)危害人体健康

被污染的水体中含有农药、重金属、放射性元素、致病细菌等有害物质,它们具有很强的毒性,有的是致癌物质。这些物质可以通过饮用水和食物链等途径进入人体,并在人体内积累,会引起急性和慢性中毒、癌变、传染病及其他一些奇异病症,污染的水引起的感官恶化,会给人的生活造成不便,情绪受到不良影响。

(2)造成水体富营养化

当含有大量氮、磷等植物所需营养物质的生活污水、农田排水连续排入湖泊、水库、河水等处的缓流水体时,造成水中营养物质过剩,便发生富营养化现象,导致藻类大量繁殖,水的透明度降低,失去观赏价值。同时,由于藻类繁殖迅速,生长周期短,不断死亡,可被好氧微生物分解,消耗水中的溶解氧;也可被厌氧微生物分解,产生硫化氢等有害物质。从以上两方面造成水质恶化,鱼类和其他水生生物大量死亡。

(3)破坏水环境生态平衡

良好的水体内,各类水生生物之间及水生生物与其生存环境之间保持着既相互依存又相互制约的密切关系,处于良好的生态平衡状态。当水体受到污染而使水环境条件改变时,由于不同的水生生物对环境的要求和适应能力不同,产生不同的反应,将导致种群发生变化,破坏水环境的生态平衡。

对环境的危害,导致生物的减少或灭绝,造成各类环境资源的价值降低。

(4)对园艺生产的影响

水质污染对园艺生产的危害表现在两个方面,其一为直接危害,即污水中的酸、碱物质或油、沥青以及其他悬浮物及高温水等,均可使园艺作物组织造成灼伤或腐蚀,引起生长不良,产量下降,或者产品本身带毒,不能食用;其二为间接危害,即污水中很多能溶于水的有毒、有害物质被植物根系吸收进入植株体内,或者严重影响植物正常的生理代谢和生长发育,导致减产,或者使产品内有毒物质大量积累,通过食物链转移到人、畜体内,造成危害。

2.2.2　大气污染对园艺生产的影响

1)大气环境对园艺作物生长的影响

(1)大气环境是园艺作物生长必须条件

地球表面大气圈,能维持地球稳定的温度,减弱紫外线对植物的伤害,大气层下部的对流层中的水蒸气、粉尘等在热量的作用下,形成风、雨、霜、雪、露、雾和冰雹等,调节地球环境的水热平衡,影响作物的生长发育。

园艺作物生命活动中需要 O_2,尤其在夜间,光合作用因为黑暗而不再进行,呼吸作用需要足够的 O_2,地上部分的生长需氧来自空气,地下部分根系的形成,特别是侧根和根毛的形成,需要土壤中有足够的氧气,否则根系会因为缺氧而窒息死亡,在种子萌发过程中必须有足够的氧,否则会因酒精发酵毒害种子使其丧失发芽力。

CO_2 是所有绿色植物进行光合作用的碳素来源,空气中 CO_2 不足,植物光合作用制造的营养物质少,产量降低。

(2)大气污染,破坏植物生长

大气中有害气体会损害植物酶的功能组织;影响植物新陈代谢的功能;破坏原生质的完整性和细胞膜;损害根系生长及其功能;减弱输送作用与导致生物产量减少。

2)大气污染对园艺生产的影响

(1)大气污染直接影响园艺生产

大气污染对园艺作物生产造成很大危害,一是空气污染造成酸雨频繁出现,酸雨可以直接影响园艺作物的正常生长,又可以通过渗入土壤及进入水体,引起土壤和水体酸化、有毒成分溶出,从而对园艺作物产生毒害;二是有毒、有害气体积聚,造成对园艺作物生长的危害,特别是在设施栽培中频繁发生,对园艺作物生长危害较大的有毒、有害气体有:农膜污染释放的二异丁酯、乙烯、氯气及施肥不当产生的氨气、亚硝酸气、二氧化硫等,对园艺作物生长造成不同程度的伤害。

(2)大气污染影响地球生物多样性,影响园艺生产

大气污染破坏大气层中的臭氧层,改变太阳辐射的影响,造成植物基因的改变,造成植物种类的消失或种群结构的改变,影响地球生物多样性,从而影响园艺生产。

(3)大气污染影响大气和气候的变化,影响园艺生产

大气污染物质还会影响天气和气候。颗粒物使大气能见度降低,减少到达地面的太阳光辐射量。尤其是在大工业城市中,在烟雾不散的情况下,日光比正常情况减少40%。从工厂、发电站、汽车、家庭小煤炉中排放到大气中的颗粒物,大多具有水蒸气凝结核或冻结核的作用。这些微粒能吸附大气中的水蒸气使之凝成水滴或冰晶,从而改变了该地区原有降水(雨、雪)的情况。人们发现在离大工业城市不远的下风向地区,降水量比四周其他地区要多,这就是所谓"拉波特效应"。如果微粒中央夹带着酸性污染物,那么在下风地区就可能受到酸雨的侵袭。

大气污染除对天气产生不良影响外,对全球气候的影响也逐渐引起人们关注。由大气中 CO_2 浓度升高引发的温室效应,是对全球气候的最主要影响。大气污染通过影响大气或气候的变化,影响园艺生产。

2.2.3 土壤污染对园艺生产的影响

1)土壤污染特性

土壤环境的多介质、多界面、多组分以及非均一性和复杂多变的特点,决定了土壤环境污染具有区别于大气环境污染和水环境污染的特点。

(1)土壤污染具有隐蔽性和滞后性

大气、水和废弃物污染等问题一般都比较直观,通过感官就能发现。而土壤污染则不同,它往往要通过对土壤样品进行分析化验和农作物的残留检测以及对摄食的人或动物的健康检查才能揭示出来。因此,土壤污染从产生污染到产生"恶果"往往需要一个相当长的过程,也就是说,土壤从产生污染到其危害被发现通常会滞后较长的时间。因此土壤污染问题一般都不太容易受到重视。如日本的"痛痛病"经过了 10～20 a 之后才被人们所认识。

(2)土壤污染的累积性

污染物质在大气和水体中,一般都比在土壤中更容易迁移。这使得污染物质在土壤中并不像在大气和水体中那样容易扩散和稀释,因此容易在土壤中不断积累而超标,同时也使土壤污染具有很强的地域性。

(3)土壤污染具有不可逆转性

重金属对土壤的污染基本上是一个不可逆转的过程,许多有机化学物质的污染也需要较长的时间才能降解,主要表现为:第一,难降解污染物进入土壤环境后,很难通过自然过程从土壤环境中稀释或消失;第二,对生物体的危害和对土壤生态系统结构与功能的影响不容易恢复。如被某些重金属污染的土壤可能要 100～200 a 才能够恢复。

（4）土壤污染难治理性

如果大气和水体受到污染,切断污染源之后通过稀释和自净化作用也有可能使污染问题不断逆转,但是积累在污染土壤中的难降解污染物则很难靠稀释作用和自净化作用来消除。土壤污染一旦发生,仅仅依靠切断污染源的方法则往往很难自我修复,有时要靠换土、淋洗土壤等方法才能解决问题,其他治理技术可能见效较慢。因此,治理污染土壤通常成本较高,治理周期较长。必须采取各种有效的治理技术才能消除现实污染。从目前现有的治理方法来看,仍然存在治理成本较高或周期较长的矛盾。

2）污染物在土壤中的去向

进入土壤的污染物,因其类型和性质的不同而主要有固定、挥发、降解、流散和淋溶等不同去向。重金属离子,主要是能使土壤无机和有机胶体发生稳定吸附的离子,包括与氧化物专性吸附和与胡敏素紧密结合的离子,以及土壤溶液化学平衡中产生的难溶性金属氢氧化物、碳酸盐和硫化物等,大部分将被固定在土壤中而难以排除;虽然一些化学反应能缓和其毒害作用,但仍是对土壤环境的潜在威胁。化学农药的归宿,主要是通过气态挥发、化学降解、光化学降解和生物降解而最终从土壤中消失,其挥发作用的强弱主要取决于自身的溶解度和蒸气压,以及土壤的温度、湿度和结构状况。例如,大部分除草剂均能发生光化学降解,一部分农药(有机磷等)能在土壤中产生化学降解;目前使用的农药多为有机化合物,故也可产生生物降解。即土壤微生物在以农药中的碳素作能源的同时,就破坏了农药的化学结构,导致脱烃、脱卤、水解和芳环烃基化等化学反应的发生而使农药降解。土壤中的重金属和农药都可随地面径流或土壤侵蚀而部分流失,引起污染物的扩散;作物收获物中的重金属和农药残留物也会向外环境转移,即通过食物链进入家畜和人体等。施入土壤中过剩的氮肥,在土壤的氧化还原反应中分别形成 NO、NO_2 和 NH_3、N_2。前两者易于淋溶而污染地下水,后两者易于挥发而造成氮素损失并污染大气。

3）土壤污染对园艺生产的影响

（1）土壤污染对植物生长的危害

植物从土壤中选择吸收必需的营养物,同时也被动地、甚至被迫地吸收土壤释放出来的有害物质。土壤对植物生长的影响主要表现为,一是当土壤中的污染物超过植物的忍受限度,就会引起植物的吸收和代谢失调,如土壤盐渍化后,破坏植物根系的正常吸收和代谢功能,多数植物不能生存;二是一些污染物在植物体内残留,会影响植物的生长发育,甚至导致遗传变异。

（2）土壤污染对园艺生产的影响

土壤污染对园艺生产的影响主要表现为:一是土壤中污染物超过植物的承受限度,会引起植物的吸收和代谢失调,一些污染物在植物体内残留,会影响植物的生长发育,引起植物变异,对于园艺植物生产来讲,会使园艺产品减产,质量下降;二是在可食部分有毒物质积累量已超过允许限量,但园艺植物的产量没有明显下降或不受影响,但产品中某种污染物含量超过标准,造成对人畜的危害。

□ **案例导入**

如何加强对农业环境污染的防治?

农业环境遭受污染,制约着农业由数量型向质量效益型转变,对农业可持续发展和人体健康构成了威胁。因此,我们应当采取措施,从立法层面和管理层面积极预防农业环境被污染和破坏,对于已经污染的农田,应当采取技术措施尽快恢复其良好的生态环境,促进农业可持续发展。

任务 2.3 农业环境污染的防治

2.3.1 农业环境污染的防治对策

1)法律层面

(1)加快农业环境保护法规的建设步伐

虽然我国《环境保护法》《农业法》《水污染防治法》等法律、法规,对农业环境保护作了某些原则性的规定,但由于对农业环境保护工作规定不系统、不具体、针对性不强,在实行工作中难以有效实施。因此,尽快制定较为完整、具体、针对性强的农业环境保护法规,对人们的行为进行规范,建立起切实可行的保护制度并以国家强制力作保证,才能逐渐消除污染,有效地保护和改善农业环境。

(2)加强农业产地环境管理执法

在执法方面,我国现行的农业环境资源法律体系中对于农业环境污染与资源破坏的主管部门没有准确的确定,造成了"交叉管理"与"管理真空",形成了执法空当。同时由于农民的法律与环保意识都十分薄弱,当其自身利益受到侵害时不能利用法律武器保护自己。

明确农业污染防治主管部门。中国目前的环境立法和政策措施中农业活动目前排除在环保控制之外。农业部门在促进产业发展和保护环境这两个目标之间,往往倾向于前者。而国家环保部门对于农业污染问题,又起不到直接的控制作用。这就导致农业污染管理处于一种真空状态。立法应明确农业部门为农业面源污染防治的主管部门,负有防治农业污染的法律责任,其他部门有义务配合其履行职责。

(3)加强农业生产标准化体系建设

我国已经制定和颁布了一些环境标准,包括农业环境质量和污染排放标准,主要有《农田灌溉水质标准》《农药安全使用标准》《农用污泥中污染物控制标准》等。对于现有的已经不能适应当前经济技术发展水平和保护农业环境需要的标准,应当及时进行修订。同时,还要根据实际需要,制定一些新的标准。此外,还应根据各地农业环境特点制定地方环境标准。

2)管理层面

(1)开展宣传教育,提高保护农业环境意识

农业环境保护是一项利在当代、功在千秋的事业,是保障农业可持续发展的基础。要树立科学发展观,坚持以人为本的思想,站在可持续发展的战略高度,着眼于提高农产品质量安全水平,为全面建设小康社会创造良好的条件,充分认识加强农业环境保护工作的重

要性和紧迫性,彻底改变以牺牲农业环境、破坏农业资源为代价的粗放型增长方式,努力实现经济发展和农业环境保护相协调的目标。

(2)建立健全农业环境保护机构

依法管理好农业环境,必须建立一支懂政策、熟悉业务的管理队伍。各级政府和有关部门要进一步理顺机构,完善农业执法体系和管理队伍建设,加强保证农业产地环境监督管理。

加强农业产地环境的定位监测。为加强农业产地环境监督管理,净化农产品产地环境,建立农业环境定位监控点网络,及时掌握了解农业环境质量现状及变化趋势,并建立农业生态环境数据库,定期发布农业环境质量状况信息,维护农产品质量安全。

(3)加大投入,依靠科技进步

加大投入,努力增加资金投入。农业环境保护既是一项公益性事业,又是一项社会性工作。要积极开辟资金渠道,鼓励和吸引企业和农民参与投入。

依靠科技进步,加强国际合作。要结合中国农业发展现状和特点,按照农业产地环境质量标准要求,有针对性地发展农业环保高新技术,提高农产品质量,保障食品安全,促进国内农业企业参与国际竞争;积极引导从事农业环保的研究机构和组织,充分利用自身的技术储备,发展咨询业务和技术转让,加强业务沟通和信息交流,引进和吸收国际农业环保方面的先进技术、新工艺、新思路和新成果,大力发展无公害农业,突破国际绿色贸易壁垒,提高中国农产品的国际竞争力。

3)技术层面

(1)大力发展环境友好型农业,实现农业可持续发展

环境友好型农业是农产品安全生产的基础,是实现农业可持续发展的必然选择,要大力保护和建设好生态环境,必须走以生态农业为代表的环境友好型发展之路。加大环境友好型农业模式技术的探索和推广力度,提高生物能源的利用率和农业废弃物的再循环率。开发农村能源,保护自然资源,多施有机肥和生物农药,减少化肥和化学农药的使用,减少外部投入防止污染。逐步扩大环境友好型农业建设规模,特别是要做好国家级生态示范县和省级生态示范村、示范户的创建工作,努力加快环境友好型农业建设步伐。

(2)加强"无公害"农业生产技术的研究和推广

研制开发农业生产废弃物处理和利用新技术、农用污水净化技术与设备、新型的生物可降解的农用地膜、城市垃圾综合处理农用技术、活性污泥农用技术、减少和避免初级污染和次生污染;推广生物防治技术、畜禽粪便、秸秆等农业废弃物的无害化技术、资源化处理技术,无公害食品、绿色食品、有机食品等生产配套技术等,改善农业产地环境质量。

(3)大力发展"无公害"农产品生产基地

要因地制宜,统筹安排,科学规划,以发展无公害农产品和绿色食品为主攻方向,不断培育优势产品产业,通过加强农产品产地环境、农业投入品、农业生产过程等环节的管理,加强农产品质量监控。全面推广普及无公害农产品标准化生产技术,加大无公害农产品示范基地建设力度,建设一批无公害农产品和绿色食品示范基地(县)。

(4)推广污染区的整治技术

对非农业生产用地污染区、耕地轻度污染区、耕地中度污染区和耕地重度污染区通过采取生物、农艺、物理等技术措施进行综合治理,污染严重的要改制,改种蚕桑、苎麻、棉花、

苗木花卉等非食用农产品,力争较短时间内控制并逐步减轻农产品产地及产品中重金属超标问题。

2.3.2 农业源污染的防治技术

1)农药污染防治

(1)合理使用现有农药

首先搞好植物病虫害的预报工作,合理调配农药,改进农药性能,改善施用方法,使用药及时适量,以充分发挥药效和减少环境污染。其次是混合和交替使用不同的农药,以防止产生抗药性并保护好害虫的天敌。再次是对常用的化学农药,特别是高残留、毒性大的农药应严格控制其使用范围、使用量和使用次数等,这既可以达到有效防治作物的病、虫、草害之目的,又可以减少农药对土壤及农产品的污染。

(2)开发高效低毒农药

为了取代剧毒、高残留的现有农药,以减少农药对环境的污染,着力开发在环境及生物体内易降解、对自然生态系统不产生破坏作用的一类新农药。

(3)研究开发生物农药

生物农药是利用生物体本身或由生物体产生的生理活性物质,作为杀虫剂、杀菌剂、除草剂,对特定的病、虫、草害产生作用的安全性高的一类新农药。因生物农药对病、虫、草害具有专一性,对人畜较为安全,对生态无破坏性,并可弥补化学农药的某些缺陷,故其应用前景十分广阔。

(4)研究开发物理农药

研究开发作用机理完全不同于化学农药的物理农药,通过药剂的物理性质对害虫进行杀灭,而对人畜没有毒害。

(5)培育抗病虫害作物

培育抗性强的植物新品种,减少病虫害的发展和蔓延,减少农药的使用。

(6)综合防治病虫草害

采取以生态防治为主的综合防治的方法,防治病虫草害,通过改善生态环境条件,提高生物多样性,减少病虫害的发生,结合生物防治、物理防治、农业防治等措施防治病虫草害。

2)化肥污染防治

(1)科学施用化学肥料

提高化肥利用率、减少化肥损失,是化肥使用过程中防治环境污染的根本原则。要防治化肥对环境的不良影响,既要制定合理的施肥量、讲究科学的施肥方法,又要严格执行化肥的使用规程,尽可能减少化肥在环境中积累和对环境的污染。

(2)开发利用有机肥源

有机肥具有任何一种化肥不能替代的优点,利用城市垃圾堆肥、发展豆科绿肥农作物、推广秸秆还田等措施,对于农业的可持续发展是十分有利的。

(3)推广应用微生物肥料

目前,已在农业生产中开发应用的有根瘤菌、固氮菌、磷细菌、钾细菌、增产菌等微生物肥料,对促进土壤改良、提高作物产量起着重大的作用。

（4）提高作物营养利用率

通过利用固氮菌和改良植物根际的其他共生或非共生微生物,以促进共生微生物的营养吸收或非共生微生物的营养循环,从而提高作物的营养利用率。

3）农业废弃物资源化

（1）生产单细胞蛋白

单细胞蛋白简称 SCP,是指通过培养单细胞生物而获得的菌体蛋白,用于生产 SCP 的单细胞生物有微型藻类、酵母菌类、真菌等,这些单细胞生物可利用各种基质,如碳水化合物、碳氢化合物、石油副产物、氢气及有机废水等,在适当条件下生产单细胞蛋白,菌体中蛋白质的含量随所采用的菌种类别及培养基质而异,一般单细胞蛋白质的质量分数高达40～80。生产单细胞蛋白的原料来源十分广泛,农村的农业废弃物是一类数量很大、而且是可以再生的资源,如秸秆、壳秕、牧场畜类垫草等都是很廉价的原料,这同时也解决了农业废弃物对环境污染的问题。

（2）秸秆的资源化利用

我国的秸秆资源非常丰富,来源广泛,包括麦秆、稻秆、玉米秆、土豆秧、红薯藤、无毒野草以及青绿水生植物等,每年农作物的秸秆产量约 5 亿 t。目前,秸秆利用的方式一是秸秆还田,秸秆的另一利用途径是生产秸秆饲料,我国目前用作饲料的秸秆约占总量的1/2。

（3）植物纤维水解利用

植物纤维是一种可再生的数量巨大的潜在资源,目前世界各国对这一潜在资源的利用大约只占地球上植物纤维总量的50%。常见的农业植物纤维资源有麦草、稻草、稻壳、玉米秆、高粱秆、花生壳、棉籽壳等。20 世纪60 年代以来,纤维素和半纤维素生产酒精的研究取得了重大的突破,纤维素和半纤维素已成为最有潜力的酒精生产原料。

（4）开发可降解塑料

当前使用的化学合成塑料在自然界中很难分解,燃烧处理又会产生有害气体,因此塑料垃圾已对生态环境产生了严重的危害,研究和开发生物可降解塑料已迫在眉睫,目前国内外出现了多种生物可降解塑料,应用于生产中,对减轻农膜的危害将起到极其重要的作用。

项目小结 》》》

农业是以土地、水、气候和生物资源为基础的产业部门,这些资源的数量和质量变化,直接影响着农业的生态环境和农业的发展。生态环境污染是影响农业生产和农产品质量的关键因素,本项目介绍了环境污染源的种类和园艺生产环境污染途径,及环境污染对园艺生产的影响和防治对策等,通过本项目的学习,使大家认识到,保护环境,提高环境质量是提高园艺产品质量的根本,是农业可持续发展的必然要求。

案例分析 》》》

农业面源污染

农业污染源包括农业废弃物和农用化学物质两方面,农业废弃物主要有畜禽粪便和农作物秸秆,农用化学物质包括农药、化肥、农膜残膜等。

禽粪便污染。由于散养和绝大多数养殖场没有污水处理设施直接排入农业环境或水体中,造成了水体富营养化、水质恶化,致使土壤板结和盐渍化。在我国的农业主产区,尤其是多熟种植地区的秸秆利用问题更为突出。随农作物单产提高,秸秆总量迅速增加,而直接作为生活燃料和饲料的比例大幅度减少,多数地区开始出现秸秆焚烧现象,由于秸秆随意焚烧造成的空气污染问题十分突出,每到夏收、秋收时节,大量剩余秸秆堆放在田间地头,最终被付之一炬,烟雾弥漫,造成了严重的空气污染,有时还引起交通事故和飞机航班延误,给人民生活和经济建设带来不良影响。

化肥、农药和农膜是我国用量最大的农用化学物质,对提高作物产量起着重要的作用。改革开放以来,农业得到了迅速发展,农用化学物质用量逐年上升,其污染不断扩大,已直接影响农产品品质和人民生命安全,并威胁生态安全。由于农药的长期大量使用,害虫抗药性越来越强,且大量害虫天敌被杀灭,破坏了农田生态平衡和生物多样性,必然会导致农药的亩均使用量逐年增加,每亩病虫害防治成本逐年提高;喷洒农药时,还会造成大气污染;化学农药残留在作物体内形成一定的累积,造成人畜中毒,也能造成土壤污染和水体污染。生产上超量施肥,尤其是片面、大量使用无机氮肥,导致农产品中硝酸盐含量严重超标,氮富营养化,不但危害人体健康,还严重污染地下水。此外磷肥流失也很严重,这些流失的氮磷大部分进入水体,造成地表水域富营养化和地下水污染。我国农膜年产量达百万吨,随着农膜产量的增加,使用面积也在大幅度扩展,农膜碎片(残膜)进入土壤后,会严重改变土壤物理性质,影响土壤的透气性,阻碍农作物根系吸收水分及根系生长,导致农作物减产。如果不进行残膜回收,土壤中的残膜逐年积累,残膜在自然条件下很难降解,可残存20年以上,农膜污染已成为当前农业生态环境污染的重要问题之一。

案例讨论题)))

1. 农业面源污染的危害有哪些?
2. 简述农业面源污染与农业安全生产的关系。

复习思考题)))

1. 园艺生产环境污染源分为哪些?
2. 园艺生产环境污染的途径有哪些?
3. 试述水的污染过程。
4. 土壤污染的特点是什么?
5. 各种环境污染对园艺产品产量和品质的影响有哪些?
6. 园艺生产防治的措施有哪些?

项目3 园艺产品安全生产的标准体系

 项目描述

本项目主要介绍园艺产品安全生产的标准体系,包括无公害食品标准体系,绿色食品标准体系,有机食品标准体系的概况、作用和主要内容。

学习目标

- 了解我国园艺产品安全生产标准体系的概况。
- 掌握我国园艺产品安全生产标准体系的主要内容。

能力目标

- 具有分析我国各类园艺产品安全生产标准体系差异的能力。

 知识点

标准、标准体系的概念;无公害食品、绿色食品、有机食品标准体系的主要内容。

□ **案例导入**

什么是园艺产品安全生产标准体系? 有什么作用?

标准体系是一定范围内的标准按其内在联系形成的有机整体,是一种由标准组成的系统。园艺产品安全标准体系属于农业标准体系,我国目前建立的涉及园艺产品的标准体系有无公害食品标准体系、绿色食品标准体系和有机食品标准体系。

园艺产品标准化安全生产是一项系统工程,这项工程的基础是标准体系、质量监测体系和产品评价认证体系建设。三大体系中,标准体系是基础中的基础,只有建立健全涵盖园艺生产的产前、产中、产后等各个环节的标准体系,园艺生产经营才有章可循、有标可依。

任务3.1 园艺产品安全生产标准体系概述

3.1.1 标准与标准体系

1)标准

（1）标准的定义

国家标准《标准化工作指南》（GB/T 2001—2002）对标准作如下定义：为在一定的范围内获得最佳秩序，经协商一致制定并经一个公认机构的批准，共同使用和重复使用的一种规范性文件。

（2）标准的分级

根据《中华人民共和国标准化法》的规定，我国标准分为国家标准、行业标准、地方标准和企业标准4类。

①国家标准　对需要在全国范围内统一的技术要求，应当制定国家标准。国家标准由国务院标准化行政主管部门制定。

②行业标准　对没有国家标准而又需要在全国某个行业范围内统一的技术要求，可以制定行业标准。行业标准由国务院有关行政主管部门制定，并报国务院标准化行政主管部门备案，在公布国家标准之后，该项行业标准即行废止。

③地方标准　没有国家标准和行业标准而又需在省、自治区、直辖市范围内统一的技术要求，由省、自治区、直辖市标准化行政主管部门制定并报国务院标准化行政主管部门和国务院有关行业行政主管部门备案的标准，称为地方标准。在公布国家标准或者行业标准之后，该项地方标准即行废止。

④企业标准　企业生产的产品没有国家标准和行业标准的，应当制定企业标准，作为组织生产的依据。企业的产品标准须报当地政府标准化行政主管部门和有关行政主管部门备案。已有国家标准或者行业标准的，国家鼓励企业制定严于国家标准或者行业标准的企业标准，在企业内部适用。

（3）标准的分类

从标准的法律效力上看，可分为强制性标准和推荐性标准。《中华人民共和国标准化法》第七条规定"保障人体健康，人身、财产安全的标准和法律、行政法规规定强制执行的标准是强制性标准，其他标准是推荐性标准"。保障人体健康和人身、财产安全的技术要求，包括产品的安全、卫生要求，生产、储存、运输和使用中的安全、卫生要求，工程建设的安全、卫生要求，环境保护的技术要求等。

强制性标准具有一定的法律属性，是在一定范围内通过法律、行政法规等手段强制执行的标准。例如，《中华人民共和国农业部明令禁止使用的农药和在果树、蔬菜、茶叶、中草药材上不得使用的农药》《农业转基因生物安全管理条例》《农产品安全质量　无公害蔬菜安全要求》等均属强制性标准，制定这类法规的目的是为了保障人体健康和动植物、微生物安全,保护生态环境,因此必须强制执行。

推荐性标准,国家鼓励企业自愿采用。

2)标准化

（1）概念

GB/T 2001—2002 对标准化的定义是"为在一定的范围内获得最佳秩序,对现实问题或潜在的问题制定共同使用和重复使用的条款的活动"。

（2）目的

标准化的目的是"获得最佳秩序和社会效益"。最佳秩序和社会效益可以体现在多方面,如在生产技术管理和各项管理工作中,按照 GB/T 19000 建立质量保证体系,可保证和提高产品质量,保护消费者和社会公共利益;简化设计,完善工艺,提高生产效率;扩大通用化程度,方便使用维修;消除贸易壁垒,扩大国际贸易和交流等。应该说明,定义中"最佳"是从整个国家和整个社会利益来衡量,而不是从一个部门、一个地区、一个单位、一个企业来考虑的,尤其是环境保护标准化和安全卫生标准化主要是从国计民生的长远利益来考虑。在开展标准化工作过程中,可能会遇到贯彻一项具体标准对整个国家会产生很大的经济效益或社会效益,而对某一个具体单位、具体企业在一段时间内可能会受到一定的经济损失,但为了整个国家和社会的长远经济利益或社会效益,我们应该充分理解和正确对待"最佳"的要求。

标准化主要包括制定、发布与实施标准的过程。

标准化的重要意义是改进产品、过程和服务的适用性,防止贸易壁垒,并促进技术合作。

3)标准体系

（1）标准体系的内涵

标准体系指一定范围内的标准按照其内在的联系形成的科学的有机整体。"一定范围"指标准所覆盖的范围,如农业标准体系则是农业范围等。"内在联系"指上下层次联系(共性和个性的联系)和左右之间联系(相互统一协调、衔接配套的联系)。"科学的有机整体"指为实现某一特定目的,根据标准的基本要素和内在联系所组成,具有一定集合程度和水平的整体结构。

（2）标准体系的基本特征

标准体系有三个主要特征:配套性、协调性、比例性。

①配套性　是指标准互相依存、互相补充,共同构成一个完整的有机整体的特性。如果不具备配套性,就会使标准的作用受到限制甚至完全不能发挥。配套性是反映标准体系完整性的特征。

②协调性　是指标准之间在相关质的方面互相一致、互相衔接、互为条件、协调发展。协调性反映的是标准体系的质的统一性与和谐性。

协调性有两种表现形式:相关性协调,指相关因素之间必要的衔接与一致;扩展性协调,指标准向相邻领域的扩散、展开,是标准所包含的技术特性向更大范围的面和三维空间其他领域方面的扩展。扩展性协调是协调的一种高级发展形式。

③比例性　是指不同种类的标准之间和不同行业的标准之间存在着的一种数量比例

关系。

4)园艺产品安全生产标准体系

(1)园艺产品安全生产标准体系的概念

园艺产品安全生产标准是指为了保证园艺产品质量安全,对园艺产品生产经营过程中影响园艺产品安全的各种要素以及各关键环节所规定的统一技术要求。其主要包括对园艺产品安全有关的标签、标识、说明书的要求;园艺产品生产经营过程的卫生要求;与园艺产品安全有关的质量要求;园艺产品检验方法与规程等。

(2)园艺产品安全标准体系的主要构架

园艺产品安全标准体系是农产品质量安全标准体系的重要组成部分,农产品质量安全标准体系是以农产品"从农田到餐桌"全程质量安全管理和提高农产品市场竞争力为目标,由基础标准、技术标准和管理标准三个子系统组成的,以与农产品质量安全标准相配套的产地环境、农业投入品、生产技术规范、物流(如包装、标识、储运等)、检验方法为主体,若干标准按内在联系缔结而成的相互联系、相互依存的有机整体。

(3)园艺产品质量标准体系的范围

园艺产品质量标准体系的范围包括园艺产业所涉及的果树、蔬菜、花卉及茶叶等的质量安全标准。

(4)园艺产品质量标准体系的内容

园艺产品质量标准体系包括园艺产业发展所需技术标准,包括基础标准、资源与生态环境保护标准、生产投入品标准、生产操作规程、产品标准、包装贮运标准和方法标准7个方面。其中,基础标准主要是园艺生产中所涉及的通用技术、术语、符号、代号等方面的标准;资源与生态环境保护标准主要是园艺生产中所涉及的农业资源、产地环境以及生态环境保护方面的标准;生产投入品标准主要是园艺生产中所涉及的园艺生产生产过程中的投入品,如种子种苗、农药、肥料等方面的标准;生产操作规程主要是园艺生产中所涉及的生产、加工技术规范方面的标准;产品标准主要是园艺生产中所涉及的有关产品质量、分等级方面的标准;包装贮运标准主要是园艺生产中所涉及的产品包装、运输、标识方面的标准;方法标准主要是园艺生产中所涉及的鉴定、检验、防疫、检疫、试验方法的标准。

(5)园艺产品质量安全标准体系的层级

园艺产品质量安全标准体系的层级是指其技术标准体系的层次结构。我国现行园艺产品质量安全标准体系由农业国家标准、行业标准、地方标准和企业标准4级组成。国家标准、行业标准和地方标准属于政府标准,企业标准属于自律标准,自律标准又分为园艺产品生产经营企业标准、园艺产品基地标准和园艺产品协会标准。

3.1.2　园艺产品安全生产的标准体系

我国涉及园艺产品安全生产的标准体系主要有无公害食品标准体系、绿色食品标准体系、有机食品标准体系。

1)无公害食品标准体系

无公害食品标准体系是由无公害食品的相关标准构成的。我国无公害食品标准是应用科学技术原理,结合无公害食品生产实践,借鉴国内外相关标准所制定的,在无公害食品生产中必须遵循、在无公害食品质量认证时必须依据的技术性文件。

无公害食品标准是无公害食品生产和产品质量检测的依据,也是产地认定和产品认证的依据,保证消费安全,是食品生产的起码条件和基本要求。安全标准对食品极为重要,安全与否,首先得有标准。

无公害食品标准的制定有其鲜明的时代特征,与中国农业发展阶段相适应,为提高中国食品质量安全水平起到了积极的促进作用。

无公害食品标准主要包括无公害食品国家标准、无公害食品行业标准和无公害食品地方标准。无公害食品国家标准由国家质量技术监督检验检疫总局制定;无公害食品行业标准由农业部制定,是无公害农产品认证的主要依据。无公害食品标准体系为无公害食品全程质量监管提供了重要的技术依据,目前无公害食品标准体系正在根据《食品安全法》相关要求,以全程质量控制为主线,以制定认证类标准、引用检测类标准、细化生产类标准为重点,改革完善无公害食品标准体系,满足新时期无公害农产品生产管理和法制要求。

(1)无公害食品国家标准

无公害食品国家标准主要有无公害食品产地环境质量国家标准和无公害食品产品国家标准,涉及园艺产品的有产地环境标准《农产品安全质量　无公害蔬菜产地环境要求》(GB/T 18407.1—2001)和《农产品安全质量　无公害水果产地环境要求》(GB/T 18407.2—2001);产品标准《农产品安全质量　无公害蔬菜安全要求》(GB 18406.1—2001)和《农产品安全质量　无公害水果安全要求》(GB 18406.2—2001)。

按照国家法律法规规定和食品对人体健康、环境影响的程度,无公害食品的产品标准为强制性标准,无公害食品产地环境标准为推荐性标准。

(2)无公害食品行业标准

建立和完善无公害食品标准体系,是全面推进"无公害食品行动计划"的重要内容,也是开展无公害食品开发、管理工作的前提条件。农业部2001年制定、发布了73项无公害食品标准,2002年制定了126项、修订了11项无公害食品标准,2004年制定了112项无公害标准,2005年又制定了17项、修订23项,2006年制定了37项、修订18项,2008年修订了19项。截至2012年,共制修订无公害食品标准计420个,其中现行有效使用的282个。在现行有效标准中,有产品标准125个,产地环境标准23个,投入品使用准则7个,生产管理技术规范107个,加工技术规程9个,认证管理技术规范11个。无公害食品标准内容包括产地环境标准、产品质量标准、生产技术规范和检验检测方法等,标准涉及1 000多个(类)农产品品种,大多数为蔬菜、水果、茶叶、肉、蛋、奶、鱼等关系城乡居民日常生活的"菜篮子"产品,涵盖主要初级农产品和初加工农产品。

(3)无公害食品地方标准

各地根据无公害食品发展的需要,结合本地实际情况,参照国家有关标准制定的技术要求,制定有许多地方标准,至2011年底,地方发布的无公害标准有235项。如:安徽省地方标准《无公害食品　甜瓜生产技术规程》(DB34/T 919—2009),四川省地方标准《无公害食品　柑橘产地环境条件》(DB 51/T 923—2009),济南市农业地方技术规范《无公害食品　芦笋生产技术规程》(DB 3701/T 82—2007)等。

2)绿色食品标准体系

绿色食品标准体系是由绿色食品相关标准构成的,绿色食品标准是我国从发展经济与保护环境相结合的角度来规范绿色食品生产者的经济行为,在保证食品质量、提高食品质量,维护和改善人类赖以生存和发展的环境的同时,兼顾生产优质、营养、安全的食品,保证生产者和消费者的利益;保证生产地域内环境质量不断提高,有利于水土保持,有利于生物自然循环和生物多样性的保持;有利于节省资源;有利于先进的科学技术的应用,以保证及时利用最新科技成果为发展绿色食品服务。依据欧盟有关有机农业及其有关农产品和食品条例、国际有机农业运动联盟(IFOAM)有机农业和食品加工基本标准、联合国食品法典委员会(CAC)标准、我国相关法律法规、我国国家环境标准、我国食品质量标准、我国绿色食品生产技术研究成果等而制定的。绿色食品标准分为绿色食品行业标准和绿色食品地方标准,目前,没有绿色食品国家标准。

 知识链接)))

绿色食品标准体系的特点

①内容系统性。绿色食品标准体系是由产地环境质量标准、生产过程标准(包括生产资料使用准则、生产操作规程)、产品标准、包装标准等相关标准共同组成的,贯穿绿色食品生产的产前、产中、产后全过程。

②制定科学性。绿色食品标准是中国绿色食品发展中心委托中国农业大学、中国农科院、农业部食品检测中心等国内权威技术机构的上百位专家,经过上千次试验、检测和查阅了国内外现行标准而制定的。

③指标严格性。绿色食品的标准在产品的感观性状、理化性状和生物性状方面都严于或等同于现行的国家标准。如大气质量采用国家一级标准,农残限量仅为有关国家和国际标准的1/2。

④控制项目多样性。例如,绿色食品环境质量标准中包含土壤指标;产品标准增加营养质量批标等项目。这些项目有效控制了有害物质进入,保证了绿色食品的质量。

(1)绿色食品行业标准

自1990年我国开始提出发展绿色食品以来,农业部就通过制定标准来规范绿色食品的发展,历经制定、增订和修订,已形成较为完善的绿色食品标准体系,贯穿了农业产前、产中和产后全过程。截至2012年底,农业部累计发布绿色食品标准178项(现行有效标准125项),其中包括《绿色食品产地环境技术条件》《绿色食品产地环境调查、监测与评价导则》《绿色食品农药使用准则》《绿色食品肥料使用准则》《绿色食品包装通用准则》《绿色食品贮藏运输准则》《绿色食品产地抽样准则》和《绿色食品产品检验规则》等16项通用准则标准(含1项修订准则),其他为产品标准109项,其中园艺产品标准39项,如《绿色食品温带水果》《绿色食品绿叶类蔬菜》等。这些标准为促进绿色食品事业健康快速发展、确保绿色食品质量打下了坚实的基础。

（2）绿色食品地方标准

各地根据绿色食品发展的需要,结合本地实际情况,参照国家有关标准制定的技术要求,制定有许多绿色食品地方标准,主要为绿色食品生产技术规程,一共有 400 多项,如安徽省地方标准《绿色食品（A 级）黄瓜生产技术规程》（DB34/T 709—2007）,广西壮族自治区农业地方标准《绿色食品 沙田柚生产技术规程》（DB45/T 201—2004）等。

3) 有机食品标准体系

我国国内开展有机食品认证的机构较多,标准体系各不同,大致可分为 3 类:有机食品国外标准、有机食品国家标准和认证机构自创标准。

（1）有机食品国外标准

①国际组织的有机食品标准 国际上著名的组织有 IFOAM 等,目前该组织有 110 个国家 700 多个会员。IFOAM 的基本标准,属于非政府组织制定的有机农业/有机食品的标准,由于其标准具有广泛的民主性和代表性,加上每两年修改一次,因此具有权威性和先进性。此外,IFOAM 的授权体系,即监督和控制有机农业检查认证机构的组织和准则（IOAS）和其基本标准一样具有很大的国际影响。

 知识链接)))

IFOAM 的有机食品标准

IFOAM 的基本标准包括了植物生产、动物生产以及加工的各类环节。IFOAM 制定的有机农业/有机食品的国际基本标准有以下 4 个方面。

①前提条件。凡标上"有机"标签的产品,生产者和农场必须属于 IFOAM 成员;不属于 IFOAM 的个体生产者不可声明他们是按 IFOAM 标准进行生产的;不属于 IFOAM 标准包括农场审查和颁证方案的建议。

②基本标准的框架。生产足够数量具有高营养的食品;维持和增加土壤的长期肥力;在当地农业系统中尽可能利用可再生资源;在封闭系统中尽可能进行有机物质和营养元素方面的循环利用;给所有的牲畜提供生活条件,使它们按自然的生活习性生活;避免由于农业技术带来的所有形式的污染;维持农业系统遗传基质的多样性,包括植物和野生物环境的保护;允许农业生产者获得足够的利润;考虑农业系统广泛的社会和生态影响。

③采用的方法和技术。可采用遵循自然生态平衡的某些技术,强调指出禁止使用农用化学品,例如合成肥料,杀虫剂等。

④如何使产品成为有机产品。原来不是有机产品,可进行转换,让其变为有机产品,在一定时期内按标准要求进行转换,由每个有机农业颁证机构确定转换过程的时间,并定期（每年）进行评价,转换计划包括:增强土地肥力的轮作制度;适当的饲料计划（养殖业）;合适的肥料管理方法（种植业）;建立良好环境,以减少病虫害转换周期时间,如果产品在两年之内满足所有标准则第三年可作为有机产品出售。

②CAC 的有机食品标准 1999 年食品法典委员会（CAC）通过了《有机食品的生产、加

工、标签和销售导则》(CAC/LG 32—1999),CAC 有机食品标准的具体内容包括定义、种子与种苗、过渡期、化学品使用、平行生产、收获、贸易和内部质量控制等。此外,标准还对有机农产品的检查、认证和授权体系做了非常具体的说明。

③美国的有机食品标准 2000 年,美国农业部颁布了有机食品国家标准。标准规定,不使用杀虫剂、激素和抗生素;不使用放射线照射;不使用转基因等生物技术;为了提高环境的质量,必须保护土壤,善待家禽。上述规定不仅适用美国国内的食品,也适用从外国进口的食品。

 知识链接)))

美国的有机食品标准

美国国家有机农业标准将有机产品分为四类进行标签。第一类,100% 有机产品。这类产品必须只含采用有机方式生产的原料(水和盐除外),未经加工的有机产品(如水果、蔬菜)亦属此类。在这类产品包装的正面,可注明"100% 有机产品(100% organic)"字样,USDA 有机产品的印章可以出现在这类产品的包装上和广告上。第二类,有机产品。这类产品中采用有机方式生产的原料必须达到 95% 以上(水和盐除外),其余成分必须是国家有机农业标准允许使用的产品,在这类产品包装的正面,可注明"有机产品(organic)"字样和有机成分的百分率,USDA 有机产品的印章可以出现在这类产品的包装上和广告上;第三类,用有机原料制造的产品。这类产品中采用有机方式生产的原料必须达到 70% 以上。在这类产品包装的正面,可注明"用有机原料制造的产品"字样,但包装的任何部位都不得出现 USDA 有机产品的印章;第四类,有机成分含量 70% 以下的加工产品。在这类产品包装的正面,不得出现"有机(organic)"字样,但可在产品原料介绍中写明具体的有机成分及其含量。

根据美国有机农业法的规定,所有在美国市场出售有机产品者应由美国农业部认可的认证机构检查和认证,进口产品也必须遵守此规定。因此,向美国出口有机产品者有两种选择,一是出口国与美国达成等同协议。即出口国的认证机构根据本国法律进行检查和认证的产品可以销售到美国并按有机产品销售。二是非美国认证机构直接被美国农业部认可。

④欧盟的有机食品标准 欧盟于 1991 年 7 月 22 日就已开始实施由欧洲共同体颁布的 NO. 2092/91 农产品有机生产法令,从而统一了有机生产的农产品和食品的生产、加工、标签和认证标准。该法令关于有机食品定义法令涉及范围,主要为"未经加工的农作物"和"由一种或多种植物材料制成,供人类消费用的产品",且用专门的标准。

该法令关于有机食品标准规定,主要包括:只有当某一产品 100% 的配料、农产、非农产和添加剂均符合该法令要求时,该产品才能在销售标签上(产品名称)注明为有机产品。如果 95% 的农产配料为有机的,而剩余的 5% 为普通配料,而且尚未经有机生产,并在附录中列明也可使用有机产品字样;从 1998 年 1 月 1 日起,标明有机农产配料的最低限度为 70%,但并不是说有机配料比重为 70% 至 95% 即可使用有机产品标签,而只允许在成分说明中表明有机农产配料所占的比重;过渡期产品,一般停止使用化肥后第三个收获季节为止,只有为单一农产品配料时,才可标明为有机食品,而且在收获季节前至少12个月必须符合该法令的要求。

该法令制定了从非欧盟成员国进口有机食品的原则,其中最重要的条款是不管有机产品产自何地,都必须符合欧盟规定的要求。

⑤日本的有机食品标准　《日本物资规格化和质量表示标准法规》(JAS)于2000年颁布并开始实施,JAS规定,在日本市场上市的农产品有以下5种标志:有机农产品要求必须3年以上不使用化肥和农药,加工食品中使用95%以上的有机农产品才能标出经过认证的有机农产品标志;无农药栽培的农产品,完全不使用农药;无化肥栽培的农产品,完全不使用化肥;减农药栽培的农产品,农药投放量低于一般投放量一半的农产品;减化肥栽培的农产品,化肥投放量低于一般投放量一半的农产品。新标准开始执行后,遗传基因转换技术生产的食品不被承认是有机食品。如通过基因转换技术栽培的大豆等,即使是3年以上不使用化肥和农药也不被承认为有机食品。有机食品资格认证事务由在农水省注册的日本国内的认证机构批准。

(2)有机食品国家标准

我国的有机产品国家标准主要有《有机产品》(GB/T 19630.1～19630.4—2011),该标准分为生产、加工、标识与销售、管理体系4个部分。

①生产　第1部分,生产。包括:范围、规范性引用文件、术语和定义、通则、植物生产、野生植物采集、食用菌栽培、畜禽养殖、水产养殖、蜜蜂和蜂产品、包装、贮藏和运输及规范性附录等部分。

②加工　第2部分,加工。包括:范围、规范性引用文件、术语和定义、要求及规范性附录部分。

③标识与销售　第3部分,标识与销售。包括:范围、规范性引用文件、术语和定义、标识通则、产品的标识要求、有机配料百分比的计算、中国有机产品认证标志、认证机构标识、销售要求等部分。

④管理体系　第4部分,管理体系。包括:范围、规范性引用文件、术语和定义、要求4部分。

(3)认证机构自创的标准

国内具有有机食品认证资质的认证机构几十家,以中国农业部推动有机农业运动发展中心和中国国家认证认可监督管理委员会(CNCA)批准成立的中绿华夏有机食品认证中心和环境保护部有机食品发展中心南京国环有机产品认证中心最具影响力,另外SGS有机农产品认证中心也广为人知。国内其他认证机构包括:杭州万泰认证有限公司(WIT)、中环联合(北京)认证中心有限公司、北京陆桥质检认证中心有限公司、杭州中农质量认证中心、北京五洲恒通认证有限公司、辽宁方园有机食品认证有限公司、黑龙江绿环有机食品认证有限公司(HLJOFCC)、安徽天园有机产品认证有限公司(TYOC)、北京中创和认证中心有限公司、吉林省农产品认证中心。

在国内开展认证的国外认证机构有:欧盟国际生态认证中心(ECOCERT)、新西兰有机协会VERYTRUST有机认证、国际有机作物改良协会(OCIA)、德国天然有机认证BDIH、瑞士生态市场研究所(IMO)、美国认可的认证机构IBD、荷兰认可的认证机构SKAL等。各机构分别使用各自不同的标准。

3.1.3　园艺产品安全生产标准体系的作用

（1）为中国食品的消费安全提供了有力保障

近年来，通过实施"无公害行动计划"，积极发展绿色食品生产和鼓励有条件的地区开展有机食品生产，完善标准体系，已有超过 1 000 个种类的农产品纳入了《实施无公害农产品认证的产品目录》，全国超过 40% 的耕地进行了无公害认定，产品总量达 2.76 亿 t；绿色食品种植面积 0.13 亿 hm^2，国内年销售额超过 3 500 亿元；有机食品的生产规模也在不断扩大。在农业部和国家有关部分的监督抽查中，无公害食品的抽检合格率达 90% 以上，绿色食品产品质量合格率一直保持在 98% 以上，有力地保障了中国老百姓食用农产品的基本安全。

（2）引导了农业标准化生产模式

按照相关标准体系要求，无公害食品、绿色食品认证实施"从农田到餐桌，全程质量控制"的标准化生产模式，采用"环境有监测、操作有规程、生产有记录、产品有检验、上市有标识"的全程标准化生产方式，有效促进了农业科学技术成果应用，对提高农产品质量安全水平，实现农产品质量可追溯，起到了引导和促进作用，成为农业标准化生产的成功典范。推动了我国农业标准化生产和产业化发展。

（3）为认证管理提供了技术支持

无公害食品、绿色食品、有机食品标准不仅是对产品质量的要求，同时对产地环境、投入品使用、生产操作及认定认证行为等都有严格的规定，为生产、检测、认证、监督、管理等环节提供了有力的技术支持。

（4）打造了中国优质农产品品牌

无公害食品标准体系、绿色食品标准，都是以我国国家标准为基础，参照国际先进标准制定的，既符合我国国情，又具有国际先进水平的标准。企业通过实施相关标准，能够有效地促使技术改造，加强生产过程的质量控制，改善经营管理，提高员工素质。标准体系为我国农业，特别是生态农业、可持续发展农业在对外开放过程中提高自我保护、自我发展能力创造了条件。生产者通过执行相关标准，提高了产品质量，增强了市场竞争力，大量产品从农贸市场转向批发市场和超市，部分打入了国际市场，带动了农业品牌的升级和农产品的优质优价，有力促进了农业增效、农民增收。

（5）规范了生产管理行为

标准体系不仅是对产品质量、产地环境质量、生产资料投入的指标规定，更重要的是对生产者、管理者的行为的规范，是评定、监督和纠正生产者、管理者技术行为的尺度，具有规范生产活动的功能。

（6）提高了农业生产技术水平

由于无公害食品、绿色食品产品、有机食品标准制定的质量安全项目和指标比较严格，对企业的生产提出了更高要求，企业必须采用先进的生产方式、生产工艺和技术，才有可能通过认证，对促进我国农业发展方式转变和提高现代农业生产技术起到了积极的作用，提高了农业产业化水平。

（7）促进了农产品质量安全市场准入制度的建立

无公害食品已经在我国许多城市作为市场准入的基本条件，予以免检入市，在条件成熟的情况下，必将在全国实施。

□ **案例导入**

园艺产品安全生产标准体系的内容有哪些？

园艺产品安全生产标准体系不同，其主要内容有差异，一般都包括产地环境质量标准、生产技术标准、产品标准等内容。

任务 3.2　园艺产品安全生产标准体系的主要内容

3.2.1　无公害园艺产品标准体系的主要内容

无公害园艺产品标准体系是由无公害食品标准体系中涉及园艺产品的标准构成的，主要内容包括：产地环境质量标准、生产技术标准、产品标准、认证管理标准等。

1）产地环境质量标准

无公园艺产品产地环境质量标准包括无公害园艺产品产地环境质量国家标准和行业标准。

（1）产地环境质量标准概况

无公害园艺产品产地环境要求的国家标准有《农产品安全质量　无公害蔬菜产地环境要求》和《农产品安全质量　无公害水果产地环境要求》，规定了无公害蔬菜、水果产地环境要求、试验方法及监测规则等。

无公害园艺产品产地环境质量行业标准包括产地环境质量调查规范、产地环境评价准则、种植业产地环境质量技术条件 3 个方面。

①产地环境质量调查规范　《无公害食品　产地环境质量调查规范》（NY/T 5335—2006），适用于无公害产地环境质量现状调查，规定了无公害食品产地环境质量调查的原则、方法、内容、总结与评价、报告编制等内容。

②产地环境评价准则　《无公害食品　产地环境评价准则》（NY/T 5295—2004），规定了无公害食品产地环境质量评价程序、评价方法和报告编制。

③种植业产地环境质量技术条件 园艺产品产地环境质量技术条件包括：《无公害食品蔬菜产地环境条件》（NY 5010—2002）、《无公害食品　热带水果产地环境条件》（NY 5023—2002）、《无公害食品　鲜食葡萄产地环境条件》（NY 5087—2002）、《无公害食品草莓产地环境条件》（NY 5104—2002）、《无公害食品　猕猴桃产地环境条件》（NY 5107—2002）、《无公害食品　西瓜产地环境条件》（NY 5110—2002）、《无公害食品　设施蔬菜产地环境条件》（NY 5294—2004）、《无公害食品　林果类产品产地环境技术条件》（NY

5013—2006）、《无公害食品　水生蔬菜产地环境条件》（NY 5331—2006）等，无公害农产品产地环境质量行业标准指标等同于国家标准。

（2）产地环境质量标准的主要内容

产地环境质量标准规范了无公害食品产地空气质量、灌溉水质量和土壤质量应符合的规定。

 知识链接)))

无公害食品空气质量标准

无公害园艺产品产地环境质量应符合表 3.1 的规定。

表 3.1　无公害园艺产品空气质量标准

项　目	林果类		蔬　菜	
	浓度限值		浓度限值	
	日平均	1 h 平均	日平均	1 h 平均
总悬浮颗粒物（标准状态）/（mg·m^{-3}）≤	0.30	—	0.30	—
二氧化硫（标准状态）/（mg·m^{-3}）≤	0.15	0.50	0.15[a]	0.50
二氧化氮（标准状态）/（mg·m^{-3}）≤	0.12	0.24	1.5[b]	7
氟化物（标准状态）/（mg·m^{-3}）≤	7	20	0.30	—

注：日平均指任何一日的平均浓度；1 h 平均指任何 1 h 的平均浓度。

　a. 菠菜、青菜、白菜、黄瓜、莴苣、南瓜、西葫芦的产地应满足此要求；

　b. 甘蓝、菜豆的产地应满足此要求

无公害食品灌溉水质量标准

无公害园艺产品产地灌溉水质应符合表 3.2、表 3.3 的规定。

表 3.2　无公害蔬菜 灌溉水质量标准

项　目	浓度限值	
pH 值	5.5 ~ 8.5	
化学需氧量/（mg·L^{-1}）	40[a]	150
总汞/（mg·L^{-1}）≤	0.001	
总镉/（mg·L^{-1}）≤	0.005[b]	0.01
总砷/（mg·L^{-1}）≤	0.05	
总铅/（mg·L^{-1}）≤	0.05[c]	0.10

续表

项　目	浓度限值
铬(六价)/(mg·L^{-1})≤	0.10
氰化物/(mg·L^{-1})≤	0.50
石油类/(mg·L^{-1})≤	1.0
粪大肠菌群(个每升)≤	40 000^d

注:a. 采用喷灌方式灌溉的菜地应满足此要求;

b. 白菜、莴苣、茄子、雍菜、芥菜、苋菜、芜菁、菠菜的产地应满足此要求;

c. 萝卜、水芹的产地应满足此要求;

d. 采用喷灌方式灌溉的菜地以及浇灌、沟灌方式灌溉的叶菜类菜地应满足此要求。

表3.3　无公害林果类 灌溉水质量标准

项　目	浓度限值	项　目	浓度限值
pH 值	5.5~8.5	铬(六价)/(mg·L^{-1})≤	0.10
总汞/(mg·L^{-1})≤	0.001	氟化物/(mg·L^{-1})≤	3.0
总镉/(mg·L^{-1})≤	0.005	氰化物/(mg·L^{-1})≤	0.50
总砷/(mg·L^{-1})≤	0.1	石油类/(mg·L^{-1})≤	10
总铅/(mg·L^{-1})≤	0.10		

土壤质量标准

无公害园艺产品土壤环境质量应符合表3.4、表3.5的规定。

表3.4　无公害蔬菜土壤环境质量标准　　　　　单位:mg/kg

项　目	含量限值					
	pH 值<6.5		pH 值6.5~7.5		pH 值>7.5	
镉≤	0.30		0.30		0.4^a	0.60
汞≤	0.25^b	0.30	0.30^b	0.50	0.35^b	1.0
砷≤	30^c	40	25^c	30	20^c	25
铅≤	50^d	250	50^d	300	50^d	350
铬	150		200		250	

注:以上项目均按元素量计,适用于阳离子交换量>5 cmol(+)·kg^{-1}的土壤,若≤5 cmol(+)·kg^{-1},其标准值为表内数值的半数。

a. 白菜、莴苣、茄子、雍菜、芥菜、苋菜、芜菁、菠菜的产地应满足此要求。

b. 菠菜、韭菜、胡萝卜、白菜、菜豆、青椒的产地应满足此要求。

c. 菠菜、胡萝卜的产地应满足此要求。

d. 萝卜、水芹的产地应满足此要求。

表3.5　无公害食品　林果类土壤环境质量标准

项　目	含量限值		
	pH 值 <6.5	pH 值 6.5～7.5	pH 值 >7.5
镉≤	0.30	0.30	0.60
汞≤	0.30	0.50	1.0
砷≤	40	30	25
铅≤	250	300	350
铬	150	200	250

注:以上项目均按元素量计,适用于阳离子交换量 >5 cmol(+) · kg^{-1}的土壤,若 ≤5 cmol (+) · kg^{-1},其标准值为表内数值的半数。

2)生产技术标准

无公害园艺产品生产过程的控制是无公害园艺产品质量控制的关键环节,无公害园艺产品生产技术操作规程的制定,用于指导无公害园艺产品的生产活动,规范了无公害园艺产品的生产技术操作规程。

(1)生产技术标准概述

无公害园艺产品生产技术标准包括园艺产品生产投入品准则和生产技术规范。生产投入品准则包括农药使用准则。生产技术规范包括各类蔬菜、水果的生产技术规程。

(2)生产技术标准的主要内容

①无公害农药使用准则　无公害园艺产品生产过程中对病虫草害的防治,必须坚持"预防为主,综合防治"的原则,提倡生物防治。严格控制使用化学农药和植物生长调节剂;严格禁止使用剧毒、高毒、高残留农药(主要指《无公害农产品生产技术规范》中禁用农药);应该使用高效、低毒、低残留农药;使用的农药应"三证"(农药登记证、农药生产批准证、农药标准)齐全;每种农药在一种作物的生产期内,避免重复使用;农药的合理使用必须按照有关国家规定执行;严禁在水果上使用有机氯农药。

目前,可用于无公害农产品生产的农药种类有多种,包括杀虫(螨)剂、杀菌剂、杀线虫剂、除草剂、杀鼠剂、植物生长调节剂等几大类,每一大类又可分为若干类,每一类含有不同的品种。具体品种可参见农业部颁布的《农药合理使用准则》。农业部颁布的《绿色食品农药使用准则》中列出的农药品种也完全符合无公害园艺产品生产的需求。无公害农药使用准则标准,目前尚没有发布。

②无公害园艺产品生产技术规范　农业部共发布了53项园艺植物方面的生产技术规范行业标准,内容包括"范围""规范性引用文件""产地环境要求""生产技术""病虫害防治""采收""生产档案"等几部分;另发布有《无公害食品　蔬菜生产管理规范》(NY/T 5363—2010)和《蔬菜安全生产关键控制技术规程》(NY/T 1654—2008)行业标准,对蔬菜生产管理和关键控制技术进行了规范。各地也发布了许多无公害园艺产品生产技术规范的地方标准。

3）产品标准

无公害园艺产品产品标准是衡量无公害园艺产品产品质量的指标尺度。它虽然跟普通食品的国家标准一样，规定了食品的外观品质和卫生品质等内容，但其卫生指标不高于国家标准，重点突出了安全指标，安全指标的制定与当前生产实际紧密结合。无公害园艺产品产品标准反映了无公害园艺产品生产、管理和控制的水平，突出了无公害园艺产品无污染、食用安全的特性。

（1）农产品安全质量国家标准

《农产品安全质量　无公害蔬菜安全要求》：对无公害蔬菜中重金属、硝酸盐、亚硝酸盐和农药残留给出了限量要求和试验方法，这些限量要求和试验方法采用了现行的国家标准，同时也对各地开展农药残留监督管理而开发的农药残留量简易测定给出了方法原理，旨在推动农药残留简易测定法的探索与完善。

《农产品安全质量　无公害水果安全要求》：对无公害水果中重金属、硝酸盐、亚硝酸盐和农药残留给出了限量要求和试验方法，这些限量要求和试验方法采用了现行的国家标准。

（2）无公害园艺产品产品技术规范

农业部共发布了64项园艺产品产品质量的行业标准，内容包括："范围""规范性引用文件""要求""试验方法""检验规则""标志和标签""包装""运输"和"贮存"等几部分。各地也颁布了许多无公害园艺产品产品质量的地方标准。

4）认证管理标准

认证管理标准包括：《无公害食品　认定认证现场检查规范》（NY/T 5341—2006）、《无公害食品　产品认证准则》（NY/T 5342—2006）、《无公害食品　产地认定规范》（NY/T 5343—2006）、《无公害食品　产品抽样规范》（NY/T 53442006）等，对产品认证和产地认定的管理进行了规范。

3.2.2　绿色园艺产品标准体系的主要内容

绿色园艺产品标准体系是由绿色食品标准体系中涉及园艺产品的标准构成的，主要内容包括：产地环境质量标准、生产技术标准、产品标准、包装与标签标准等。

1）产地环境质量标准

（1）产地环境质量标准概述

适用于绿色园艺产品产地环境质量的标准即《绿色食品产地环境技术条件》（NY/T 391），是根据农业生态的特点和绿色食品生产对生态环境的要求，充分依据现有国家环保标准，对控制项目进行优选，分别对空气、农田灌溉水和土壤质量等基本环境条件做出了严格规定，规定了环境空气质量标准，农田灌溉水质标准，土壤环境质量的各项指标和浓度限值、监测和评价方法，提出了绿色食品产地土壤肥力分级和土壤质量综合评价方法，制定这项标准的目的，一是强调绿色食品必须产自良好的生态环境地域，以保证绿色食品最终产品的无污染、安全性；二是促进对绿色食品产地环境的保护和改善，绿色食品产地环境质量标准严于现行国家标准。

（2）绿色园艺产品产地环境质量标准的主要内容

产地环境质量标准规范了绿色食品产地空气质量、灌溉水质量和土壤质量应符合的规定。

知识链接)))

绿色食品空气质量标准

空气质量标准应符合表3.6的规定。

表3.6　绿色食品　空气质量标准

项　目	浓度限值	
	日平均	1 h平均
总悬浮颗粒物(TSP)(标准状态)(mg·m^{-3})≤	0.30	—
二氧化硫(标准状态)/(mg·m^{-3})≤	0.15	—
二氧化氮(标准状态)/(mg·m^{-3})≤	0.10	0.50
氟化物(标准状态)≤	7(μg·m^{-3})	20(μg·m^{-3})
	1.8[ug·(dm^2·d)$^{-1}$]	—

注：日平均指任何一日的平均浓度；1 h平均指任何1 h的平均浓度。

绿色食品农田灌溉水质标准

农田灌溉水质标准应符合表3.7的规定。

表3.7　绿色食品　灌溉水质量标准

项　目	浓度限值	项　目	浓度限值
pH值	5.5~8.5	铬(六价)/(mg·L^{-1})≤	0.10
总汞/(mg·L^{-1})≤	0.001	氟化物/(mg·L^{-1})≤	2.0
总镉/(mg·L^{-1})≤	0.005	氯化物/(mg·L^{-1})≤	250
总砷/(mg·L^{-1})≤	0.1	粪大肠菌群(个每升)≤	10 000
总铅/(mg·L^{-1})≤	0.10		

绿色食品土壤标准

绿色食品土壤标准包括土壤环境质量标准和土壤肥力标准两部分。

土壤环境质量标准应符合表3.8的规定。

表3.8　绿色食品土壤环境质量标准(含量限值 mg·kg^{-1})

耕作条件	旱　　田			水　　田		
pH	<6.5	6.5~7.5	>7.5	<6.5	6.5~7.5	>7.5
镉≤	0.30	0.30	0.40	0.30	0.30	0.40
汞≤	0.25	0.30	0.35	0.30	0.40	0.40
砷≤	25	20	20	20	20	15
铅≤	50	50	50	50	50	50
铬	120	120	120	120	120	120
铜	50	60	60	50	60	60

注:果园土壤中的铜限量比旱田中的限量高一倍。

土壤肥力标准。为了促进生产者增施有机肥,提高土壤肥力,生产 AA 级绿色食品时,转化后的耕地土壤肥力要达到土壤肥力分级Ⅰ~Ⅱ级指标(表3.9),生产 A 级绿色食品时,土壤肥力作物参考指标应为Ⅲ级。

表3.9　绿色食品土壤肥力标准

项　目	级　别	旱　地	水　田	菜　地	园　地
有机质/ (g·kg^{-1})	Ⅰ	>16	>25	>30	>20
	Ⅱ	10~15	20~25	20~30	15~20
	Ⅲ	<10	<20	<20	<15
全氮/ (g·kg^{-1})	Ⅰ	>1.0	>1.2	>1.2	>1.0
	Ⅱ	0.8~1	1.0~1.2	1.0~1.2	0.8~1
	Ⅲ	<0.8	<1.0	<1.0	<0.8
有效磷/ (mg·kg^{-1})	Ⅰ	>10	>15	>40	>10
	Ⅱ	5~10	10~15	20~40	5~10
	Ⅲ	<5	<10	<20	<5
有效钾/ (mg·kg^{-1})	Ⅰ	>120	>100	>150	>100
	Ⅱ	80~120	50~100	100~150	50~100
	Ⅲ	<80	<50	<100	<50

续表

项　目	级　别	旱　地	水　田	菜　地	园　地
阳离子交换量 /(cmol · kg^{-1})	I	>20	>20	>20	>20
	II	15~20	15~20	15~20	15~20
	III	<15	<15	<15	<15
质地	I	轻壤、中壤	中壤、重壤	轻壤	轻壤
	II	砂壤、重壤	砂壤、轻黏土	砂壤、中壤	砂壤、中壤
	III	砂土、黏土	砂土、黏土	砂土、黏土	砂土、黏土

2)生产技术标准

(1)生产技术标准概述

绿色食品生产技术标准指绿色食品生产、加工各个环节必须遵循的技术规范。绿色食品生产过程的控制是绿色食品质量控制的关键环节,绿色食品生产技术标准是绿色食品标准体系的核心,是根据国内外相关法律法规、标准,结合我国现实生产水平和绿色食品的安全优质理念而制定的。适用于园艺产品生产的标准包括《绿色食品肥料使用准则》(NY/T 394—2000)和《绿色食品农药使用准则》(NY/T 393—2000)和具体种植的生产技术规程。

(2)生产技术标准的主要内容

①绿色食品肥料使用准则　规定了 AA 级绿色食品和 A 级绿色食品生产中允许使用的肥料种类、组成及使用准则和施肥要求。

②绿色食品农药使用准则　规定了 AA 级绿色食品及 A 级绿色食品生产中允许使用的农药种类、毒性分级和使用准则。

③绿色食品生产技术操作规程　操作规程系指园艺作物的整地播种、施肥、浇水、喷药及收获五个环节必须遵守的规定,目前农业部没有发布绿色食品生产技术操作规程行业标准,各地根据当地情况制定有较多地方标准。

3)产品标准

(1)产品标准概述

绿色食品产品标准是绿色食品标准体系的重要组成部分,是衡量绿色食品最终产品质量的指标尺度,反映了绿色食品生产、管理及质量控制水平,是树立绿色食品形象的主要标志。根据国内外相关产品标准要求,坚持安全与优质并重,先进性与实用性相结合的原则,针对具体产品制定相应的品质和安全性项目和指标要求,是绿色食品产品认证检验和年度抽检的重要依据,反映出绿色食品生产、管理及质量控制的水平,其卫生指标要求高于国家现行标准。

每种绿色食品产品质量标准内容通常分为"范围""规范性引用文件""要求""试验方法""检验规则""标志和标签""包装、运输和贮存"等几部分。

适用于园艺产品的标准有:《绿色食品　柑橘》(NY/T 426—2000)、《绿色食品　西甜瓜》(NY/T 427—2007)等 39 项行业标准,这些标准在检测项目和指标上,一般严于国家标准,达到或接近同类产品的国外先进标准或国际标准。

（2）产品标准的主要内容

园艺产品一般要求包括：环境及生产过程、感官和卫生指标几部分，园艺产品加工品一般包括：原辅料、净含量、理化指标和卫生指标几项。

①原料要求　绿色食品的主要原料来自绿色食品产地，即经过绿色食品环境监测证明符合绿色食品环境质量标准，按照绿色食品生产操作规程生产出来的产品。

②感官要求　包括外形、色泽、气味、口感、质地等。绿色食品标准中感官要求有定性、半定量、定量指标。

③理化要求　是绿色食品的内含要求，包括应有的成份指标，如蛋白质、脂肪、糖类、维生素等指标；同时它还包括不应有的成分指标，如汞、铬、砷、铅、镉等重金属和六六六、DDT等国家禁用的农药残留，要求与国外先进标准或国际标准接轨。

4）包装与标签标准

为确保绿色食品在生产后期包装和运输过程中不受外界污染而制定一系列标准，主要包括包装通用准则和贮藏运输准则两项标准。

（1）绿色食品包装通用准则（NY/T 658—2002）

绿色食品产品包装指包装材料选用的范围、种类，包装上的标识内容等。要求按照《中国绿色食品商标标志设计使用规范手册》规定，对绿色食品的标准图形、标准字形、图形和字体的规范组合、标准色、编号、广告用语等规范应用均作了具体规定。

规定了绿色食品的包装必须遵循的原则，包括绿色食品包装的要求、包装材料的选择、包装尺寸、包装检验、抽样、标志与标签、贮存与运输等内容。

要求根据不同的绿色食品选择适当的包装材料、容器、形式和方法，以满足食品包装的基本要求；包装的体积和质量应限制在最低水平，包装实行减量化；在技术条件许可与商品有关规定一致的情况下，应选择可重复使用的包装；若不能重复使用，包装材料应可回收利用；若不能回收利用，则包装废弃物应可降解。

①纸类包装　纸类包装要求可重复使用回收利用或可降解；表面不允许涂蜡、上油；不允许涂塑料等防潮材料；纸箱连接应采取黏合方式，不允许用扁丝钉钉合；纸箱上所作标记必须用水溶性油墨，不允许用油溶性油墨。

②金属类包装　金属类包装应可重复使用或回收利用，不应使用对人体和环境造成危害的密封材料和内涂料。玻璃制品应可重复使用或回收利用。

③塑料包装　塑料制品要求使用的包装材料应可重复使用、可回收利用、可降解。在保护内装物完好无损的前提下，尽量采用单一材质的材料。使用的聚氯乙烯制品，其单体含量应符合食品包装用聚氯乙烯成型品卫生国家标准要求。使用的聚苯乙烯树脂或成型品应符合相应国家标准要求。不允许使用含氟氯烃的发泡聚苯乙烯、聚氨酯等产品。

④外包装标志　外包装上印刷标志的油墨或贴标签的黏着剂应无毒，且不应直接接触食品。绿色食品外包装上应印有绿色食品标志，并应有明示使用说明及重复使用、回收利用说明。标志的设计和标识方法按有关规定执行；绿色食品标签除应符合《预包装食品标签通则》国家标准的规定外，若是特殊营养食品，还应符合《预包装特殊膳食用食品标签通则》国家标准的规定。

（2）绿色食品贮藏运输准则（NY/T 1056—2006）

绿色食品贮藏运输准则规定了绿色食品贮藏运输的要求。

①贮藏　用于贮藏绿色食品的设施结构和质量应符合相应食品类别的贮藏设施设计规范的规定；对食品产生污染或潜在污染的建筑材料与物品不应使用；贮藏设施应具有防虫、防鼠、防鸟的功能。贮藏设施周围环境应清洁和卫生，并远离污染源；经检验合格的绿色食品才能出入库。产品堆放要求按绿色食品的种类要求选择相应的贮藏设施存放，存放产品应整齐；堆放方式应保证绿色食品的质量不受影响；不应与非绿色食品混放；不应和有毒、有害、有异味、易污染物品同库存放；保证产品批次清楚，不应超期积压，并及时剔除不符合质量和卫生标准的产品；贮藏条件应符合相应食品的温度、湿度和通风等贮藏要求；应设专人管理，定期检查质量和卫生情况，定期清理、消毒和通风换气，保持洁净卫生。建立贮藏设施管理记录程序。

②运输　应根据绿色食品的类型、特性、运输季节、距离以及产品保质贮藏的要求选择不同的运输工具；运输应专车专用，不应使用装载过化肥、农药、粪土及其他可能污染食品的物品而未经清污处理的运输工具运载绿色食品；运输工具在装入绿色食品之前应清理干净，必要时进行灭菌消毒，防止害虫感染；运输工具的铺垫物、遮盖物等应清洁、无毒、无害。

运输过程中采取控温措施，定期检查车（船、箱）内温度以满足保持绿色食品品质所需的适宜温度。

不同种类的绿色食品运输时应严格分开，性质相反和互相串味的食品不应混装在一个车（箱）中。不应与化肥、农药等化学物品及其他任何有害、有毒、有气味的物品一起运输；运输过程中应轻装、轻卸，防止挤压和剧烈震动；运输过程应有完整的档案记录，并保留相应的单据。

另外绿色食品还有"绿色食品生产资料"认定标准、"绿色食品生产基地"认定标准等。

3.2.3　有机食品质量标准体系的主要内容

国内开展有机食品认证机构较多，标准各不统一，这里主要介绍我国有机食品国家标准的主要内容。

1）产地环境标准

基地的环境质量符合《有机产品》（GB/T 19630）第1部分生产中规定：有机生产需要在适宜的环境条件下进行。有机生产基地应远离城区、工矿区、交通主干线、工业污染源、生活垃圾场等。

 知识链接)))

有机食品空气质量标准

有机食品生产中环境空气质量符合 GB 3095—2012 中二级标准的规定，监测污染物浓度极限如表3.10。

表 3.10 环境空气质量二级标准

污染物	平均时间	浓度限值	单 位
空气污染物基本项目			
二氧化硫 SO$_2$	年平均	60	$\mu g \cdot m^{-3}$
	24 小时平均	150	
	1 小时平均	500	
二氧化氮 NO$_2$	年平均	40	
	24 小时平均	80	
	1 小时平均	200	
一氧化碳 CO	24 小时平均	4	$mg \cdot m^{-3}$
	1 小时平均	10	
臭氧 O$_3$	日最大 8 小时平均	160	$\mu g \cdot m^{-3}$
	1 小时平均	200	
颗粒物(半径小于等于 10 μm)	年平均	70	
	24 小时平均	150	
颗粒物(半径小于等于 2.5 μm)	年平均	35	
	24 小时平均	75	
空气污染物其他项目			
总悬浮颗粒物	年平均	200	$\mu g \cdot m^{-3}$
	24 小时平均	300	
氮氧化物	年平均	50	
	24 小时平均	100	
	1 小时平均	250	
铅	年平均	0.5	
	季平均	1.0	
苯并芘	年平均	0.001	
	24 小时平均	0.002 5	

有机食品土壤质量标准

有机食品生产中土壤环境质量符合国家土壤环境质量标准中的二级标准,监测污染物浓度极限如表3.11。

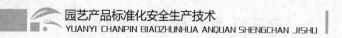
表 3.11　土壤环境质量二级标准值　　　　单位:mg·kg^{-1}

土壤 pH 值	<6.5	6.5~7.5	>7.5
重金属污染物			
砷	30	25	20
镉(水田、旱地、果园)	0.30	0.30	0.60
镉(菜地)	0.30	0.30	0.40
铬(水田、旱地、果园)	150	200	250
铬(水田)	250	300	350
铜(菜地、水田、旱地、柑橘等)	50	100	100
铜(果园)	150	200	200
铅	280	600	600
汞(水田、旱地、果园)	0.30	0.50	1.0
汞(菜地)	0.25	0.30	0.35
镍	70	80	90
锌	200	250	300
硼	3		
钴	40		
锑	10		
钒	130		
氯化物(水溶性)chloride	5		
半挥发性有机物			
萘 Naphthalene	0.1		
菲 Phenanthrene	0.5		
苊 Acenaphthene	0.5		
蒽 Anthracene	0.5		
荧蒽 Fluoranthene	0.5		
芘 Pyrene	0.5		
䓛 Chrysene	0.1		
苊稀 Acenaphthylene	0.5		
芴 Fluorene	0.5		
苯并(a)蒽 Benzo(a)anthracene	0.1		
苯并(b)荧蒽 Benzo(b)flouranthene	0.1		
苯并(k)荧蒽 Benzo(k)flouranthene	0.2		

茚(1,2,3-cd)芘 Indeno(1,2,3-cd)perylene	0.1
二苯并(a,h)蒽 Dibenzo(a,h)anthracene	0.1
苯并(g,hi)芘 Benzo(g,hi)perylene	0.5
苯并(a)芘 Benzo(a)pyrene	0.1
持久性污染物与化学农药	
氯丹 Chlordane	0.01
七氯 Heptachlor	0.01
灭蚁灵 Mirex	0.01
多氯联苯 PCBs	0.1
二噁英类 PCDDs/PCDFs	4
六六六 BHC(sum)	0.05
阿特拉津 atrazine	0.1
DDT(sum)	0.1
其他	
总石油烃 TPH	500
邻苯二甲酸盐类 Phthalates	10

有机食品农田灌溉水质量标准

有机食品生产中农田灌溉用水水质符合 GB 5084 的规定,监测污染物浓度极限如表3.12。

表3.12　农田灌溉用水质量标准

项目类别	作物种类		
	水作	旱作	蔬菜
五日生化需氧量/(mg·L⁻¹) ≤	60	100	40[a],15[b]
化学需氧量/(mg·L⁻¹) ≤	150	200	100[a],60[b]
悬浮物/(mg·L⁻¹) ≤	80	100	60[a],15[b]
阴离子表面活性剂/(mg·L⁻¹) ≤	5	8	5
水温/℃ ≤	25		
pH	5.5~8.5		
全盐量/(mg·L⁻¹) ≤	1 000[c](非盐碱土地区),2 000[c](盐碱土地区)		
氯化物/(mg·L⁻¹) ≤	350		
硫化物/(mg·L⁻¹) ≤	1		

续表

项目类别	作物种类		
	水作	旱作	蔬菜
总汞/$(mg \cdot L^{-1})$ ≤	0.001		
镉/$(mg \cdot L^{-1})$ ≤	0.01		
总砷/$(mg \cdot L^{-1})$ ≤	0.05	0.1	0.05
铬(六价)/$(mg \cdot L^{-1})$ ≤	0.1		
铅/$(mg \cdot L^{-1})$ ≤	0.2		
粪大肠菌群数/(个每100毫升) ≤	4 000	4 000	2 000[a],1 000[b]
蛔虫卵数/(个每升) ≤	2		2[a],1[b]

注:a.加工、烹调及去皮蔬菜。

　　b.生食类蔬菜、瓜类和草本水果。

　　c.具有一定的水利灌排设施,能保证一定的排水和地下水径流条件的地区,或有一定淡水资源能满足冲洗土体中盐分的地区,农田灌溉水质全盐量指标可以适当放宽。

2)生产技术标准

（1）生产要求

对农场范围、缓冲带和栖息地、转换期、平行生产、转基因等方面进行了规定。

（2）生产管理

对种子和种苗选择、作物栽培、土肥管理、病虫草害防治、污染控制、水土保持和生物多样性保护技术进行了规定。

3)包装和标志标准

（1）包装

提倡使用由木、竹、植物茎叶和纸制成的包装材料,允许使用符合卫生要求的其他包装材料。包装应简单、实用,避免过度包装,并应考虑包装材料的回收利用。允许使用二氧化碳和氮作为包装填充剂。禁止使用含有合成杀菌剂、防腐剂和熏蒸剂的包装材料。禁止使用接触过禁用物质的包装袋或容器盛装有机产品。

（2）储藏

经过认证的产品在贮存过程中不得受到其他物质的污染。储藏产品的仓库必须干净、无虫害,无有害物质残留,在最近5 d内未经任何禁用物质处理过。除常温储藏外,允许以下储藏方法:储藏室空气调控;温度控制;干燥;湿度调节有机产品应单独存放。如果不得不与常规产品共同存放,必须在仓库内划出特定区域,采取必要的包装、标签等措施确保有机产品不与非认证产品混放。产品出入库和库存量必须有完整的档案记录,并保留相应的单据。

（3）运输

运输工具在装载有机产品前应清洗干净。有机产品在运输过程中应避免与常规产品混杂或受到污染。在运输和装卸过程中,外包装上的有机认证标志及有关说明不得被玷污或损毁。运输和装卸过程必须有完整的档案记录,并保留相应的单据。

（4）环境影响

废弃物的净化和排放设施或贮存设施应远离生产区,且不得位于生产区上风向。贮存设施应密闭或封盖,便于清洗、消毒。排放的废弃物必须达到相应标准。

4）生产管理体系

（1）基本要求

①有机产品生产、加工、经营者应有合法的土地使用权和合法的经营证明文件　有机产品生产、加工、经营者应建立和保持有机生产、加工、经营管理体系,有机生产、加工、经营管理体系的文件应包括:生产基地或加工、经营等场所的位置图;有机生产、加工、经营的质量管理手册;有机生产、加工经营的操作规程;有机生产、加工、经营的系统记录。

②生产基地或加工、经营等场所的位置图　应按比例绘制生产基地或加工、经营等场所的位置图。应及时更新图件,以反映单位的变化情况。图件中应相应标明但不限于以下的内容:种植区域的地块分布,野生采集/水产捕捞区域的地理分布,加工、经营区的分布,水产养殖场、蜂场分布,畜禽养殖场及其牧草场、自由活动区、自由放牧区的分布;河流、水井和其他水源;相邻土地及边界土地的利用情况;加工、包装车间;原料、成品仓库及相关设备的分布;生产基地内能够表明该基地特征的主要标示物。

③有机产品生产、加工、经营质量管理手册　应编制和保持有机产品生产、加工、经营质量管理手册,该手册应包括以下内容:有机产品生产、加工、经营者的简介;有机产品生产、加工、经营者的经营方针和目标;管理组织机构图及其相关人员的责任和权限;有机生产、加工、经营实施计划;内部检查;跟踪审查;记录管理;客户申、投诉的处理。

④生产、加工、经营操作规程　应制定并实施生产、加工、经营操作规程,操作规程中至少应包括:作物栽培、野生采集等有机生产、经营的操作规程;禁止有机产品与转换期产品及非有机产品相互混合,以及防止有机生产、加工和经营过程中受禁用物质污染的规程;作物收获规程及收获后运输、加工、储藏等各道工序的管理规程;机械设备的维修、清扫规程;员工福利和劳动保护规程。

⑤文件的控制　有机生产、加工管理体系所要求的文件应是最新有效的,应确保在使用时可获得适用文件的有效版本。

⑥记录的控制　有机产品生产、加工、经营者应建立并保护记录。记录应清晰准确,并为有机生产、加工活动提供有效证据。记录至少保存 5 年并应包括但不限于以下内容:土地、作物种植和畜禽、蜜蜂、水产养殖历史记录及最后一次使用禁用物质的时间及其使用量;种子、种苗、种畜禽等繁殖材料的种类、来源、数量等信息;施用堆肥的原材料来源、比例、类型、堆制方法和使用量;控制病、虫、草害而施用的物质的名称、成分、来源、使用方法和使用量;加工记录,包括原料购买、加工过程、包装、标识、储藏、运输记录;加工厂有害生物防治记录和加工、贮存、运输设施清洁记录;原料和产品的出入库记录,所有购货发票和销售发票;标签及批次号的管理。

（2）资源管理

有机产品生产、加工者不仅应具备与有机生产、加工规模和技术相适应的资源,而且应具备符合运作要求的人力资源并进行培训和保持相关的记录。

应配备有机产品生产、加工的管理者并具备以下条件:本单位的主要负责人之一;了解国家相关的法律、法规及相关要求;了解 GB/T 19630.1～GB/T 19630.4 的要求;具备 5 年以上农业生产和(或)加工的技术知识或经验;熟悉本单位的有机生产、加工管理体系及生产和(或)加工过程。

应配备内部检查员并具备以下条件:了解国家相关的法律、法规及相关要求;相对独立于被检查对象;熟悉并掌握 GB/T 19630.1～GB/T 19630.4 的要求;具备 3 年以上农业生产和(或)加工的技术知识或经验;熟悉本单位的有机生产、加工和经营管理体系及生产和/或加工过程。

(3)内部检查

应建立内部检查制度,以保证有机生产、加工管理体系及生产过程符合有机食品标准的要求。

(4)追踪体系

为保证有机生产完整性,有机产品生产、加工者应建立完善的追踪系统,保存能追溯实际生产全过程的详细记录(如地块图、农事活动记录、加工记录、仓储记录、出入库记录、销售记录等)以及可跟踪的生产批号系统。

(5)持续改进

应利用纠正和预防措施,持续改进其有机生产和加工管理体系的有效性,促进有机生产和加工的健康发展,以消除不符合或潜在不符合有机生产、加工的因素。有机生产和加工者应:确定不符合因素的原因;评价确保不符合因素不再发生的措施的需求;确定和实施所需的措施;记录所采取措施的结果;评审所采取的纠正或预防措施。

项目小结 》》

园艺产品安全生产标准体系包括:无公害食品标准体系、绿色食品标准体系、有机食品标准体系,本项目介绍了园艺产品安全生产标准体系的构成、基本情况、作用和主要内容,重点介绍了园艺产品安全生产标准体系的主要内容,本项目的学习为园艺产品安全生产的产地管理、生产管理和产品质量管理打下坚实的基础。

案例分析 》》

绿色食品按什么标准生产

绿色食品从 1995 年开始就按照绿色食品标准生产,比全国农产品标准化生产提前了10 年,从农业生产环境、农业投入品使用、生产操作规程和产品质量标准等各个环节进行规范。绿色食品生产是我国标准化农业生产的先河。目前绿色食品有效标准有 125 项,包括生产环境准则、各种农业生产资料使用准则、食品添加剂使用准则、农产品标准、加工食品标准、抽样检验准则以及包装、运输和贮存准则等。绿色食品是按照一整套绿色食品标准生产的,绿色食品标准比相应的食品国家标准或行业标准更严,这反映在两个方面。第一,它规定了更多的食品安全项目,如农药残留、污染物(包括重金属)、食品添加剂、微生物及其代谢毒素、掺假物质以及生产过程中产生的有害物质等。第二,标准中规定的指标值更为严格,质量品质指标都达到优质产品要求,卫生安全指标的限量规定更低,许多项目规定为"不得检出",保证了绿色食品的优质、安全特点。

绿色食品标准是我国最早的质量认证食品的标准,它归属于农业行业标准。绿色食品标准的水平已达到世界发达国家标准的水平,且超过了联合国食品法典委员会规定的标准。绿色食品就是按照这种比普通食品更严的标准生产的。

在农业生态环境方面,绿色食品要求的环境质量是很严的。表现为以下几方面:①大气方面,产地周围5 km内或上风向20 km内有工业废气排放,或3 km内有燃煤烟气排放的,就须着重监测,不得污染农作物;②灌溉用水只允许用地表水或地下水,而且有水质要求,不允许污水灌溉;③农田如在生活垃圾或工业、医疗废弃物填埋场附近,农田附近有污水排放,或邻近有害元素的矿区,如铅矿、汞矿、镉矿、砷矿以及放射矿等,都要着重监测,看是否影响环境质量,进而污染农作物,一旦不符合绿色食品环境标准,不允许生产绿色食品。

在农业投入品方面,国家规定:①一些剧毒高毒农药禁止用于蔬菜、水果、茶叶,而绿色食品标准规定禁用于所有农作物,如甲拌磷、克百威、涕灭威等;②任何准用的化学合成农药在作物生长期内只准使用一次,不准重复多次使用;这就指导农业生产中农药的禁用和限用,即使允许使用的农药,也要保证安全间隔期,才能达到绿色食品产品标准中农残要求,该要求比国家标准要严得多。

肥料使用方面,除国家规定外,绿色食品标准还规定:①禁用硝态氮肥,最常用又便宜的是硝酸铵,还有硝酸钾、硝酸钠等,防止作物硝酸盐和亚硝酸盐积累,尤其在开花期和结果期;②同时使用有机肥和化肥的,有机氮含量应高于无机氮,由于有机肥中含氮量远低于化肥中的含氮量,因此有机肥用量远大于化肥用量。之所以有这要求,是为了防止土壤板结,利于土壤的团粒结构和水分、养分的渗透,利于土地的合理利用;③要求农家肥应发酵腐熟,防止病菌、虫卵滋生,以免过多使用农药,污染农作物,这些要求均保证作物的安全,保证了农业生产的可持续发展。

绿色食品标准除了规定以上生产环境、生产投入品、生产过程外,还规定了最终产品标准。食品中的安全项目主要是农业残留、重金属、微生物及其代谢毒素,绿色食品标准对这些安全项目作了比国家标准更为严格的要求。特别是加工食品的微生物,它是引起急性中毒的主要因素。生产中加热杀菌,最先杀死的是大肠杆菌,如杀菌后包装应密封,加工食品中不会检出大肠杆菌。否则,环境中大肠杆菌进入食品的同时,环境中其他细菌也有可能进入,包括致病菌。因此,绿色食品标准要求检验大肠杆菌都为阴性,大肠杆菌作为指示性微生物,表明杀菌后食品没有受到环境污染。为此,生产车间消毒,人员穿戴消毒服装,双层密封窗,灭菌空气交换,无菌包装等措施,以及贮存和运输不发生破袋等,要求规范生产,来保证食品不受环境污染。

绿色食品按照一整套绿色食品标准进行生产,规范了每个操作要求。这种绿色食品标准的定位严于国家标准,与世界发达国家标准的水平相当。依据绿色食品标准,从农田到餐桌全过程进行标准化生产和管理,同时配合一系列行政文件,保证了绿色食品的质量安全,维护了绿色食品安全、优质的本色。

案例讨论题)))

1. 绿色食品标准与我国农产品质量标准比较有什么不同?
2. 我国绿色食品标准有什么特点?

复习思考题)))

1. 园艺产品安全生产的标准体系有哪些?

2. 无公害食品国家标准主要有哪些?

3. 绿色食品标准制定的依据有哪些?

4. 国内有机食品标准体系有哪些?

5. 无公害食品环境质量标准的主要内容有哪些?

6. 绿色食品对包装和标签有哪些要求?

7. 有机食品生产管理体系包括哪些方面?

园艺产品安全生产产地环境质量监测技术

项目4

 项目描述

本项目主要介绍园艺产品安全生产产地环境质量监测技术,包括无公害食品、绿色食品、有机食品生产中产地环境质量监测的目的、监测机构,产地环境中空气质量、灌溉水质量、土壤质量监测的取样、监测项目及分析方法,产地环境质量的评价方法等。

学习目标

- 了解无公害食品、绿色食品和有机食品产地环境质量监测的要求。
- 掌握我国园艺产品安全生产产地环境质量监测的内容和方法。

能力目标

- 具有园艺产品安全生产产地环境空气、土壤、灌溉水质量监测的能力。

 知识点

产地环境质量监测的基本概念;产地环境质量现状调查的方法和内容;无公害食品、绿色食品和有机食品产地环境空气、灌溉水、土壤监测的方法和要求;产地环境质量评价的方法和程序。

□ 案例导入

什么是产地环境质量监测?

产地环境质量监测,就是用科学方法监视和检测代表产地环境质量及发展变化趋势的各种数据的全过程,对产地环境质量是否符合生产要求做出评判。

产地环境监测是产地环境信息捕获—传送—解析—综合的过程。

环境质量是园艺产品质量的基础因素之一。研究环境质量变化规律,评价环境质量的水平,探讨改善环境质量的途径和措施,是产地环境监测工作的最终目的。

环境质量是指环境素质的优劣。环境质量现状评价是根据环境(包括污染源)的调查与监测资料,应用环境质量指数系统进行综合处理,然后对这一区域的环境质量现状作出定量描述,并提出该区域环境污染综合防治措施。

任务 4.1　产地环境质量监测概述

4.1.1　监测目的、原则和分类

1)产地环境质量监测的目的

产地环境质量监测最直接的意义是提供代表环境质量的信息数据,为生产者、管理者提供丰富的第一手资料。调查研究和现场考查能较全面地了解产地的环境现状,但环境中的许多问题,如土壤中元素的丰度、农药的残留、大气中 SO_2 的含量等只有经采样分析才能确定其含量。产地环境监测可以提供环境中各种污染因素在一定范围内的时空分布信息,从而为判断产地环境质量是否符合相关产品生产产地环境质量标准提供可靠的量值,这是保证产品质量的基本措施。基础性环境监测捕获了整个产地在产品开发之初的环境质量基础数据,为监视性监测提供了可靠的对比数据,便于对产品在标志使用期内的监督管理,这对保护和改善产地的生态环境质量有重要的意义。此外,产地环境质量现状评价的基础数据也来自环境监测。

研究环境质量变化规律,评价环境质量的水平,探讨改善环境质量的途径和措施,是园艺产品安全生产产地环境监测的最终目的。

2)产地环境监测原则

产地环境质量监测坚持质量优先和经济合理的原则,注重监测质量,项目选择充分考虑现实经济条件和技术条件,经济合理;重视现场调查,抓准环境问题,通过现场调查,抓准影响环境质量的关键因子,进行重点监测;充分利用现有环境监测资料,监测数据的选择原则是有可靠的分析方法和测定手段,有环境质量标准或质量基准,对污染物,优先选择毒性大,扩散性强、生物可降解性差的进行监测。

3)产地环境监测分类

按监测对象分为:大气监测、水环境监测和土壤监测。

按监测手段可分为:物理监测、化学监测和生物监测等。

按监测目的和性质可分为:基础性监测,即在园艺产品开发之初,选择产地时进行,为判断产地是否符合环境质量标准提供基础数据;监视性监测,即在产品的标志使用期内,为保证产地的环境质量而作出的监督性抽检;仲裁监测,主要解决基础性监测和监视性监测中所发生的矛盾。

4.1.2　监测机构

为了保证监测数据结果具有科学性、公正性、权威性和可比性,我国无公害食品、绿色食品和有机食品的产地环境监测机构均采取委托制。

1）无公害农产品产地环境的监测机构

无公害农产品产地环境检测机构是指受无公害农产品省级工作机构委托,经农业部农产品质量安全中心备案,承担无公害农产品产地环境检测和现状评价工作的检测机构。按照《无公害农产品认证产地环境检测管理办法》要求,结合产地认定工作需要,各省无公害农产品产地环境检测机构到期需进行重新考核委托和报部中心备案编号、公布,以确保产地环境检测工作的合法、有效和统一。

至2012年年底,已备案无公害农产品产地环境监测机构134家。

2）绿色食品的检测机构

各地绿色食品管理机构根据本地区的实际情况,委托具有省级以上计量认证资格的环境监测机构,并报农业部批准备案后,负责当地绿色食品产地环境监测与评价工作。产地环境监测与评价机构的主要职能是:根据绿色食品委托管理机构的委托,按《绿色食品产地环境现状评价技术导则》及有关规定对申报产品或产品原料产地进行环境监测与评价;根据中国绿色食品发展中心的抽检计划,对获得绿色食品标志的产品或产品原料产地进行抽检;根据中国绿色食品发展中心的安排,对提出仲裁监测申请的企业进行复检;根据中国绿色食品发展中心的布置,专题研究绿色食品环境监测与评价工作中的技术问题等。

至2012年年底,被委托绿色食品产地环境质量定点检测的机构有74家。

3）有机食品的检测机构

有机食品产地环境质量检测机构,由中绿华夏有机认证中心委托具有资质的有机食品产地环境质量监测机构,对产地环境质量进行监测,并出具监测报告,土壤和水的检测报告委托方应为认证委托人。

至2012年年底,中绿华夏有机认证中心委托有机食品产地环境质量定点检测机构有15家。

□ **案例导入**

什么是无公害食品产地环境质量监测?

无公害食品产地环境质量监测是在产地环境质量现状调查的基础之上,通过对产地空气质量、灌溉水质量、土壤质量进行监测、评价,判定产地是否符合无公害食品生产的过程。

任务4.2　无公害食品产地环境质量监测与评价

4.2.1　产地环境质量现状调查

1）调查原则

根据无公害食品产地环境条件的要求,从产地自然环境、社会经济及工农业生产对产地环境质量的影响入手,重点调查产地及周边环境质量现状、发展趋势及区域污染控制措施。

2)调查的方法

产地环境质量现状调查采用资料收集、现场调查和召开座谈会等形式相结合的方法。

(1)资料收集

收集近3年来农业生产部门、环境监测部门与被调查区产地环境质量状况相关的监测数据和报告资料。要求资料中出现的数据应是通过计量认证的检测机构出具的数据。当资料收集不能满足需要时应进行现场调查和实地考察。

(2)现场调查

在申报部门的配合下,由当地无公害农产品认证省级工作机构组织有关人员对产地环境进行实地考察,实地调查产地周围5 km以内工矿企业污染源分布情况(包括企业名称、产品、生产规模、方位、距离),并在1:50 000比例尺的地图上标明;调查产地周围3 km范围内生活垃圾填埋场、工业固体废弃物和危险废弃物堆放和填埋场、电厂灰场等情况;调查产地自身农业生产活动对产地环境的影响。

(3)座谈

要求由产地认证省级工作机构、产地认定检测机构、产地负责人及污染源单位有关人员参加。确认收集的各项资料和现场调查的内容准确无误。

3)调查内容

(1)自然环境特征

自然环境特征包括产地所在地理位置(经度、纬度)、距公路的距离、产地面积、产地所在区域地形地貌特征;产地所在地主要气候特征,如主导风向、年均气温、年均相对湿度、年均降水量等;产地所在地河流、水系、地面、地下水源特征及利用情况;产地所在地土壤成土母质、土壤类型、质地、客土情况、pH、土壤肥力;植被情况、动植物病虫害、自然灾害情况等。

(2)社会经济环境概况

社会经济环境概况包括行政区划、主要道路、人口状况,工业布局和农田水利,农、林、牧、渔业发展情况,土地利用状况(农作物种类、布局、面积、产量、耕作制度),农村能源结构情况等。

(3)土壤环境

已进行土壤环境背景值调查或近3年来已进行土壤环境质量监测,且背景值或监测结果(提供监测结果单位资质)符合无公害食品环境质量标准的区域可以免调查土壤环境;土壤环境污染状况调查包括工业污染源种类及分布、污染物种类及排放途径和排放量、农业固体废弃物投入、农用化学品投入情况、自然污染源情况、农灌水污染状况、大气污染状况;土壤生态环境状况调查包括水土流失现状、土壤侵蚀类型、分布面积、侵蚀模数、沼泽化、潜育化、盐渍化、酸化;土壤环境背景资料包括区域土壤元素背景值、农业土壤元素背景值。

(4)水环境

对于以天然降雨为灌溉水的地区,不需要调查;灌溉水源调查包括水系分布、水资源丰富程度(地面水源和地下水源)、水质稳定程度、利用措施和变化情况;灌溉水污染调查包括污染源种类、分布及影响、水源污染情况。

（5）环境空气

产地周围 5 km 以内没有工矿企业污染源的区域可不进行以下步骤调查：按产地环境质量评价准则的规定执行；工矿企业大气污染源调查，重点调查收集工矿企业分布、类型、大气污染物种类、排放方式、排放量、排放时间，以及废气处理情况。

4.2.2 产地环境监测

1）水环境监测

（1）布点原则

坚持从水污染对农业生产的危害出发，突出重点，兼顾一般；按照污染分布和水系流向布点，"入水处多布，出水少布，重污染多布，轻污染少布"，把监控重点放在农业环境污染问题突出和对国家农业经济发展有重要意义的地方，同时在广大农区进行一些面上的定点监测，以发现新的污染问题。

（2）布点方法

①灌溉渠系水源监测布点方法　对于面积仅几公顷至几十公顷直接引用污水灌溉的小灌区，可在灌区进水口布设监测点；在具备干、支、斗、毛渠的农田灌溉系统中，除干渠取水口设监测点，以便了解进入灌区水中污染物的初始浓度外，在适当的支渠起点处和干渠渠末处，以及农田退水处设置辅助监测点，以便了解污染物在干渠中的自净情况和农田退水时对地表水污染的可能性，但注意尾水或退水监测必须设在其他水源进入该水流上游处。

②用于灌溉的地下水源监测布点方法　在地下水取水井处设置监测点，隔年取样监测。

③影响农区的河流、湖（库）等水质监测布点方法　大江大河的水源监测已由国家水利和环保部门承担，一般可引用已有监测资料，当河水被引用灌溉农田时，为了监测河水水质情况，至少应在灌溉渠首附近的河流断面设置一个监测点，进行常年定期监测；以农灌利用为主的小型河流，应根据利用情况，分段设置监测断面。在有污水流入的上游、清污混合处及其下游设置监测断面和在污水入口上方渠道设置污水水质监测点，以了解进入灌溉渠的水质及污水对河流水质的影响。

监测断面设置方法。对于常年宽度大于 30 m，水深大于 5 m 的河流，在所定监测断面上分左、中、右三处设置采样点，采样时应在水面下 0.3~0.5 m 处和距河底 2 m 处各采分样一个分别测定；对于小于以上水深的河流，一般可在确定的采样断面中点处，在水面下 0.3~0.5 m 采一个样即可；0.67 hm² 以下的小型水面，如果没有污水沟渠流入，一般在水面中心设置一个取样断面，在水面下 0.3~0.5 m 处取样即可代表该水源水质，如果有污水流入，还应在污水沟渠入口上方和污水流线消失处增设监测点；对于大于 0.67 hm² 的中型和大型水面，可以根据水面污染实际情况，划分若干片，按上述方法设点，对于各个污水入口及取水灌溉的渠首附近也按上述方法增设监测点；为了了解底泥对农田环境的影响，可以在水质监测点布设底泥采样点。

④污（废）水排放沟渠的监测布点　连续向农区排放污（废）水的沟渠，应在排放单位的总排污口、污水沟渠的上、中、下游各布设监测取样点，定期监测。

布点注意事项:选择河流断面位置应避开死水区,尽量在顺直河段、河床稳定、水流平稳、无急流湍滩处,并注意河岸情况变化;在任何情况下,都应在水体混匀处设点,应避免因河渠水流急剧变化搅动底部沉淀物,引起水质显著变化而失去样品代表性;在确定的采样点和岸边,选定或专门设置样点标志物,以保证各次水样取自同一位置。

（3）布点数量

对于水资源丰富,水质相对稳定的同一水源(系),布设 1~3 个采样点;若不同源(系)则依次叠加;水资源相对贫乏,水质稳定性较差的水源,则应根据实际情况适当增设采样点数;对水质要求较高的作物产地,应适当增加采样点数;对水质要求较低的作物产地,可适当减少采样点数,同一水源(系)一般布设 1~2 个采样点;对于以天然降雨为灌溉水的地区,可以不采灌溉水样。

（4）采样时间与频率

无公害园艺产品在作物生长过程中的主要灌期采样一次。

（5）样品采集技术

①采样前的准备　采样计划的制订,确定采样点位、时间和路线,人员分工,采样器材和交通工具等。

采样器材包括采样容器、采样器、水文参数测量设备、样品保存剂及玻璃量器、各种表格、标签、记录纸、铅笔等小型用品、安全防护用品等。

各种器材应使用符合要求的仪器、设备,并按照要求进行处理,确保仪器、设备运行正常,不对样品产生影响或污染。

②采样方法　水样一般采瞬时样,采集水样前,应先用水样洗涤取样瓶和塞 2~3 次。

用于灌溉的地下水源采集方法,一般灌渠采样可在渠边向渠中心采集,较浅的渠道和小河以及靠近岸边水浅的采样点也可涉水采样。采样时,采样者应站在下游向上游用聚乙烯桶采集,避免搅动沉积物,防止水样污染。

河流、湖泊、水库(塘)水源采集方法。在河流、湖泊、水库(塘)可以直接汲水的场地,可用适当的容器如聚乙烯桶采样。从桥上采集样品时,可将系着绳子的聚乙烯桶(或采样瓶)投入水中汲水,注意不能混入漂流于水面上的物质。在河流、湖泊、水库(塘)不能直接汲水的场地,可乘坐船只采样。采样船定于采样点下游方向,避免船体污染水样和搅起水底沉积物。采样人应在船舷前部尽量使采样器远离船体采样。

污(废)水排放沟渠水源采集方法。连续向农区排放污(废)水的沟渠首先在排放口用聚乙烯桶采样,其次在水路中用聚乙烯桶采样。

③采样要求　采样前应尽量在现场测定水体的水文参数、物理化学参数和环境气象参数。水文参数主要有水宽、水深、流向、流速、流量、含沙量等。水文参数在工作要求严格时(如计算污水量)应按国家标准《河流流量测验规范》测量,要求不严格时,可目测估计;物理化学参数主要有水温、pH、溶解氧、电导率和一些感观指标;气象参数主要有天气状况(雨、雪等)、气温、气压、湿度、风向、风速等。

采集水样后,在现场根据所测定项目要求添加不同种类的保存剂,并使容器留 1/10 顶空(测 DO 者除外),保证样品不外溢,然后盖好内外盖;多次采样时,断面横向和垂向点位的数目位置应完全准确,每次要尽量保持一致;采样人员应穿工作服,不应使用化妆品,现场分样和密封样品时不应吸烟;汽车应放在采样断面下风向 50 m 以外处。

特殊监测项目的采样要求如下。

pH、电导率:pH应现场测定,如条件有限,可实验室测定。测定的样品应使用密封性好的容器,由于水样不稳定,且不宜保存,所以采样器采集样品后,应立即灌装。另外,在样品灌装时,应从采样瓶底部慢慢将样品容器完全充满并且密封,以隔绝空气的作用。

溶解氧、生化需氧量:溶解氧应现场测定,如条件有限,可实验室测定。应用碘量法测定水中溶解氧,水样需直接采集到样品瓶中。在采集水样时,要注意不使水样暴气或有气泡残存在采样瓶中。特别的采样器如直立式采水器和专用的溶解氧瓶可防止暴气和残存气体对样品的干扰。如果使用有机玻璃采水器、球盖式采水器、颠倒采水器等则必须防止搅动水体,入水应缓慢小心;当样品不是用溶解氧瓶直接采集,而需要从采样器(或采样瓶)分装时,溶解氧样品必须最先采集,而且应在采样器从水中提出后立即进行。用乳胶管一端连接采水器放入嘴或用虹吸法与采样瓶连接,乳胶管的另一端插入溶解氧瓶底。注入水样时,先慢速注至小半瓶,然后迅速充满,至溢流出瓶的水样达溶解氧瓶1/3 ~ 1/2 容积时,在保持溢流状态下,缓慢地撤出管子。按顺序加入锰盐溶液和碱性碘化钾溶液。加入时需将移液管的尖端缓慢插入样品表面稍下处,慢慢注入试剂。小心盖好瓶塞,将样品瓶倒转5 ~ 10次以上,并尽快送实验室分析。

悬浮物:悬浮物测定用的水样,在采集后,应尽快从采样器中放出样品,在装瓶的同时摇动采样器,防止悬浮物在采样器内沉降。非代表性的杂质,如树叶、杆状物等应从样品中除去。灌装前,样品容器和瓶盖用水样彻底冲洗,该类项目分析用样品都难于保存,所以采集后应尽快分析。

重金属污染物、化学耗氧量:水体中的重金属污染物和部分有机污染物都易被悬浮物质吸附。特别在水体中悬浮物含量较高时,样品采集后,采样器的样品中所含的污染物随着悬浮物的下沉而沉降。因此,必须边摇动采样器(或采样瓶)边向样品容器灌装样品,以减少被测定物质的沉降,保证样品的代表性。

油类:测定水中溶解的或乳化的油含量时,应该用单层采水器固定样品瓶在水体中直接灌装,采样后迅速提出水面,保持一定的顶空体积,在现场用石油醚萃取。测定油类的样品容器禁止预先用水样冲洗。

④质控样品采样要求　现场空白样,现场空白样是指在现场以纯水作样品,按测定项目的采集方法和要求,与样品同等条件下瓶装、保存、运输、送交实验室分析的样品;现场平行样品,现场平行样品是指同等采样条件下,采集平行双样,密封,尽快送实验室分析;现场空白样和现场平行样品采样数量各控制在采样总数的10%左右,或在每批采2个样品。

⑤采样深度　用于农田灌溉的渠系采集表层水;用于农田灌溉的小型河流采集表层水,对宽度大于30 m,水较深的河流,在水面下0.3 ~ 0.5 m处和距河底2 m处分别采集样品。对于水深小于5 m的河流,在水面下0.3 ~ 0.5 m处采集样品,湖泊、水库(塘)在水面下0.3 ~ 0.5 m处采集样品。

⑥采样量　水样的采集量,由监测项目决定,实际采水量为实际用量的3 ~ 5倍。一般采集50 ~ 2 000 mL即可达到要求。

⑦采样现场记录　认真填写好水样采样现场记录,样品标签、样品登记表等,用硬质铅笔或圆珠笔书写,样品登记表应一式3份。

采样时保证采样点位置准确,不搅动底部沉积物;洁净的容器在装入水样之前,应先用该采样点水样冲洗 2~3 次,然后装入水样;待测溶解氧的水样应严格不接触空气,其他水样也应尽量少接触空气;采样结束前,应仔细检查采样记录和水样,若漏采或不符合规定者,应立即补采或重采。经检查确定准确无误方可离开现场。

⑧样品编号 农用水源样品编号是由类别代号、顺序号组成。

类别代号,用农用水源关键字中文拼音的 1~2 个大写字母表示,即"SH"表示农用水源样品;顺序号;用阿拉伯数字表示不同地点采集的样品,样品编号从 SH001 号开始,一个顺序号为 1 个采样点采集的样品;对照点和背景点样,在编号后加"CK"。

样品登记的编号、样品运转的编号均与采集样品的编号一致,以防混淆。

(6)样品的运输

水样运输前必须逐个与采样记录和样品标签核对,核对无误后应将样品容器内、外盖盖紧,装箱时应用泡沫塑料或波纹纸间隔,防止样品在运输中因震动、碰撞而导致破损或沾污;需冷藏的样品应配备专门的隔热容器,放入制冷剂,样品瓶置于其中保存;样品运输时必须由专人押送,水样交实验分析时,接收者与运送者,首先要核对样品,验明标志,确认无误后双方在样品登记表上签字。

(7)样品的保存

水样采样后,尽快进行分析;如不能及时分析水样,应根据不同的监测项目要求,采取不同的保存方法。

(8)监测项目和方法

灌溉水质量应定期进行监测和评价;采样点应选在灌溉进水口上。氰化物的标准数值为一次测定的最高值,其他各项标准数值均指灌溉期多次测定平均值,监测项目及分析方法见表 4.1。

表 4.1 农田灌溉水质监测项目与分析方法

项 目	分析方法	项 目	分析方法
pH 值	玻璃电极法	铬(六价)	二苯碳酰二肼比色法
化学需氧量	重铬酸盐法	氰化物	吡啶-巴比妥酸比色法
总汞	冷原子吸收法;原子荧光光度法	氟化物	离子选择电极法
总镉	无火焰-原子吸收法	石油类	红外光度法
总砷	二乙基二硫代氨基甲酸银法;原子荧光光度法	粪大肠杆菌群	多管发酵法
总铅	无火焰-原子吸收法		

2)土壤环境监测

(1)布点原则与方法

①区域土壤背景点布点原则 区域土壤背景点布点是指在调查区域内或附近,相对未受污染,而母质、土壤类型及农作历史与调查区域土壤相似的土壤样点;代表性强、分布面积大的几种主要土壤类型分别布设同类土壤的背景点;采用随机布点法,每种土壤类型不得低于 3 个背景点。

②农田土壤监测点布点原则 农田土壤监测点是指人类活动产生的污染物进入土壤

并累积到一定程度引起或怀疑引起土壤环境质量恶化的土壤样点。布点原则应坚持哪里有污染就在哪里布点,监测点布设在怀疑或已证实有污染的地方,根据技术力量和财政条件,优先布设在哪些污染严重、影响农业生产活动的地方。

大气污染型土壤监测点,以大气污染源为中心,采用放射状布点法。布点密度由中心起由密渐稀,在同一密度圈内均匀布点,此外,在大气污染源主导风下风方向应适当增加监测距离和布点数量。

灌溉水污染型土壤监测点,在纳污灌溉水体两侧,按水流方向采用带状布点法。布点密度自灌溉水体纳污口起由密渐稀,各引灌段相对均匀。

固体废物堆污染型土壤监测点,地表固体废物堆可结合地表径流和当地常年主导风向,采用放射布点法和带状布点法;地下填埋废物堆根据填埋位置可采用多种形式的布点法。

农用固体废弃物污染型土壤监测点,在施用种类、施用量、施用时间等基本一致的情况下采用均匀布点法。

农用化学物质污染型土壤监测点,采用均匀布点法。

综合污染型土壤监测点,以主要污染物排放途径为主,综合采用放射布点法、带状布点法及均匀布点法。

(2)布点数量

蔬菜栽培区域,产地面积在300 hm² 以内,一般布设3~5个采样点;面积在300 hm² 以上,面积每增加300 hm²,增加1~2个采样点。如果栽培品种较多,管理措施和水平差异较大,应适当增加采样点数。其他作物产地,面积在1 000 hm² 以内,布设5~6个采样点;面积在1 000 hm² 以上,面积每增加500 hm²,增加1~2个采样点。如果种植区相对分散,则应适当增加采样点数。

野生产品生产区域,地形变化不大、土质均一、面积在2 000 hm² 以内的产区,一般布设3个采样点。面积在2 000 hm² 以上的,面积每增加1 000 hm²,增设1~2个采样点。土壤本底元素含量较高、土壤差异大、特殊地质的区域可适当增加采样点。

(3)采样时间

土壤样品一般应安排在作物生长期内或播种前采集。

采样时间及频率,一般土壤样品在作物收获后与作物同步采集。必测污染项目一年一次,其他项目3~5 a 一次。

污染事故监测时,应在接到申请报告后立即采样。

(4)样品采集

①采样准备　采样物质准备,包括采样工具、器材、文具及安全防护用品等,组织准备。组织具有一定野外调查经验、熟悉土壤采样技术规程、工作负责的专业人员组成采样组织,学习有关业务技术工作方案。

技术准备。样点位置(或工作图)图;样点分布一览表,内容包括编号、位置、土类、母质母岩等;各种图件如交通图、地质图、土壤图、大比例的地形图(标有居民点、村庄等标记);采样记录表,土壤标签等。

现场踏勘,野外定点,确定采样地块;样点位置图上确定的样点受现场情况干扰时,要作适当的修正;采样点应距离铁路或主要公路300 m 以上;不能在住宅、路旁、沟渠、粪堆、废物堆及坟堆附近设采样点;不能在坡地、洼地等具有从属景观特征地方设采样点;采样点应设在土壤自然状态良好,地面平坦,各种因素都相对稳定并具有代表性的面积为 1 ~ 2 hm² 的地块;采样点一经选定,应作标记,并建立样点档案供长期监控用。

②采集阶段 土壤污染监测、土壤污染事故调查及土壤污染纠纷的法律仲裁的土壤采样一般要按以下三个阶段进行。

前期采样,对于潜在污染和存在污染的土壤,可根据背景资料与现场考察结果,在正式采样前采集一定数量的样品进行分析测试,用于初步验证污染物扩散方式和判断土壤污染程度,并为选择布点方法和确定测试项目等提供依据。前期采样可与现场调查同时进行。

正式采样,在正式采样前应首先制订采样计划,采样计划应包括布点方法、样品类型、样点数量、采样工具、质量保证措施、样品保存及测试项目等内容。按照采样计划实施现场采样。

补充采样,正式采样测试后,发现布设的样点未满足调查的需要,则要进行补充采样。例如在污染物高浓度区域适当增加点位。

土壤环境质量现状调查、面积较小的土壤污染调查和时间紧急的污染事故调查可采取一次采样方式。

③样品采集 农田土壤剖面样品采集,土壤剖面点位不得选在土类和母质交错分布的边缘地带或土壤剖面受破坏地方;土壤剖面规格为宽 1 m,深 1 ~ 2 m,视土壤情况而定,久耕地取样至 1 m,新垦地取样至 2 m,果林地取样至 1.5 ~ 2 m;盐碱地地下水位较高,取样至地下水位层;山地土层薄,取样至母岩风化层;用剖面刀将观察面修整好,自上至下削去 5 cm 厚,10 cm 宽呈新鲜剖面。准确划分土层,分层按梅花法,自下而上逐层采集中部位置土壤。分层土壤混合均匀各取 1 kg 样品,分层装袋记卡;采样时注意挖掘土壤剖面,要使观察面向阳,表土与底土分放土坑两侧,取样后按原层回填。

农田土壤混合样品采集,每个土壤单元至少有 3 个采样点组成,每个采样点的样品为农田土壤混合样,混合样采集方法包括对角线法、梅花点法、棋盘式法、蛇形法。对角线法适用于污水灌溉的农田土壤,由田块进水口向出水口引一对角线,至少分五等分,以等分点为采样分点,土壤差异性大,可再等分,增加分点数;梅花点法适于面积较小,地势平坦,土壤物质和受污染程度均匀的地块,设分点 5 个左右;棋盘式法适宜中等面积,地势平坦,土壤不够均匀的地块,设分点 10 个左右,但受污泥、垃圾等固体废弃物污染的土壤,分点应在 20 个以上;蛇形法适宜面积较大、土壤不够均匀且地势不平坦的地块,设分点 15 个左右,多用于农业污染型土壤。

④采样深度及采样量 种植一般园艺作物每个分点处采 0 ~ 20 cm 耕作层土壤,种植果林类作物每个分点处采 0 ~ 60 cm 耕作层土壤;了解污染物在土壤中垂直分布时,按土壤发生层次采土壤剖面样。各分点混匀后取 1 kg,多余部分用四分法弃去。

⑤采样现场记录 采样同时,专人填写土壤标签、采样记录、样品登记表,并汇总存档。填写人员根据明显地物点的距离和方位,将采样点标记在野外实际使用地形图上,并与记录卡和标签的编号统一。

⑥采样注意事项 测定重金属的样品,尽量用竹铲、竹片直接采取样品,或用铁铲、土钻挖掘后,用竹片刮去与金属采样器接触的部分,再用竹片采取样品;所采土样装入塑料袋内,外套布袋,填写土壤标签一式两份,1 份放入袋内,1 份扎在袋口,采样结束应在现场逐

项逐个检查,如采样记录表、样品登记表、样袋标签、土壤样品、采样点位图标记等有缺项、漏项和错误处,应及时补齐和修正后方可撤离现场。

⑦样品编号　农田土坡样品编号是由类别代号、顺序号组成。类别代号,用环境要素关键字中文拼音的大写字母表示,即"T"表示土壤。顺序号用阿拉伯数字表示不同地点采集的样品,样品编号从 T001 号开始,一个顺序号为一个采集点的样品;对照点和背景点样,在编号后加"CK";样品登记的编号、样品运转的编号均与采集样品的编号一致,以防混淆。

(5)样品运输

样品装运前必须逐件与样品登记表、样品标签和采样记录进行核对,核对无误后分类装箱。样品在运输中严防样品的损失、混淆或沾污,并由专人押运,按时送至实验室。接受者与送样者双方确认无误后,在样品登记表上签字,样品记录由双方各存一份备查。

(6)样品制备

①制样工作场地　应设风干室、磨样室。房间向阳(严防阳光直射土样),通风、整洁、无扬尘、无易挥发化学物质。

②制样工具与容器　晾干用白色搪瓷盘及木盘;磨样用玛瑙研磨机、玛瑙研钵、白色瓷研钵、木滚、木棒、木锤、有机玻璃棒、有机玻璃板、硬质木板、无色聚乙烯薄膜等;过筛用尼龙筛,规格为 20~100 目;分装用具塞磨口玻璃瓶、具塞无色聚乙烯塑料瓶、无色聚乙烯塑料袋或特制牛皮纸袋,规格视量而定。

③制样程序　土样交接:采样组填写送样单一式三份,交样品管理人员、加工人员各一份,采样组自存一份,三方人员核对无误签字后开始磨样。湿样晾干:在晾干室将湿样放置晾样盘,摊成 2 cm 厚的薄层,并间断地压碎、翻拌、拣出碎石、砂砾及植物残体等杂质。样品粗磨:在磨样室将风干样倒在有机玻璃板上,用木锤、木滚、木棒再次压碎,拣出杂质并用四分法分取压碎样,全部过 20 目尼龙筛。过筛后的样品全部置于无色聚乙烯薄膜上,充分混合直至均匀。经粗磨后的样品用四分法分成两份,一份交样品库存放,另一份作样品的细磨用。粗磨样可直接用于土壤 pH、土壤代换量、土壤速测养分含量、元素有效性含量分析。样品细磨:用于细磨的样品用四分法进行第二次缩分成两份,一份留备用,一份研磨至全部过 60 目或 100 目尼龙筛,过 60 目(孔径 0.25 mm)土样,用于农药或土壤有机质、土壤全氮量等分析;过 100 目土样,用于土壤元素全量分析。样品分装:经研磨混匀后的样品,分装于样品袋或样品瓶。填写土样标签一式两份,瓶内或袋内放 1 份,外贴 1 份。

④制样注意事项　制样中,采样时的土壤标签与土壤样始终放在一起,严禁混错;每个样品经风干、磨碎、分装后送到实验室的整个过程中,使用的工具与盛样容器的编码始终一致;制样所用工具每处理一份样品后擦洗一次,严防交叉污染;分析挥发性、半挥发有机污染物或可萃取有机物无需制样,新鲜样测定。

(7)样品保存

风干土样按不同编号、不同粒径分类存放于样品库,保存半年至 1 年,或分析任务全部结束,检查无误后,如无需保留可弃去。新鲜土样用于挥发性、半挥发有机污染物或可萃取有机物分析,新鲜土样选用玻璃瓶置于冰箱,小于 4 ℃,保存半个月。土壤样品库经常保持干燥、通风、无阳光直射、无污染;要定期检查样品,防止霉变、鼠害及土壤标签脱落等。

(8)监测项目和方法

土壤必测项目共 7 个,分析方法见表 4.2。

表4.2　农田土壤监测项目与分析方法

项　目	分析方法	项　目	分析方法
pH	电位法、比色法	总汞	冷原子吸收法
铅	石墨炉原子吸收分光光度法	总铬	火焰原子吸收分光光度法
镉	石墨炉原子吸收分光光度法	铜、锌	火焰－原子吸收法
总砷	二乙基二硫代氨基甲酸银比色法		

3) 空气质量监测

种植业产地周围5 km,主导风向20 km以内没有工矿企业污染源的区域可免测空气。

(1)监测点布设原则

监测点的布设应具有较好的代表性,所设置的监测点应反映一定范围地区的大气环境污染的水平和规律;监测点的设置应考虑各监测点的设置条件,尽可能的一致或标准化,使各个监测点所取得的数据具有可比性;监测点的设置应充分满足国家农业环境监测网络的要求,特殊点位应达到该点位设置特殊性的要求;监测点的设置应充分满足国家农业环境监测网络的要求,特殊点位应达到该点位设置特殊性农区大气环境监测点布设要考虑区域内的污染源可能对农区环境空气造成的影响,考虑自然地理、气象等自然环境要素,以掌握污染源状况、反映该区域环境污染水平为目的。监测点的位置一经确定不宜轻易变动,以保证监测数据的连续性和可比性;污染事故应急监测布点原则为哪里有污染就监测哪里,监测点应布设在怀疑或已证实有污染的地方,同时考虑设置参照点。在交叉型多途径大气环境污染和随时间变化污染程度变化明显的特殊情况,要特殊考虑(如增设监测点、增加监测项目或采样频次等)。

(2)监测点布设方法

监测点位置的确定应先进行周密的调查研究,采用间断性监测等方法对监测区域内环境空气污染状况有粗略的了解后,再选择确定监测点的位置。

监测点的周围应开阔,采样口水平线与周围建筑物高度的夹角应不大于30°,测点周围无局部污染源并避开树木及吸附能力较强的建筑物。距装置5~15 m范围内不应有炉灶、烟囱等,远离公路以消除局部污染源对监测结果代表性的影响。采样口周围(水平面)应有270°以上的自由空间。

监测点的数据一般应满足方差、变异系数较小的条件,对所测污染物的污染特征和规律较明显,数据受周围环境因素干扰较小。同时也要求选择一个方差较大、影响因素主要来源于大区域污染源,非局部地影响的点。

监测农区环境空气污染的时空分布特征及状况,用网格布点法。对于空旷地带和边远地区应适当降低布点的空间密度,在污染源主导风向下风方位应适当加大布点的空间密度。

点位设置。地势平坦区域,空气监测点设置在沿主导风走向45°~90°夹角内,各测点间距一般不超过5 km。山沟地貌区域,空气监测点设置在沿山沟走向45°~90°夹角内。

采样高度。二氧化硫、氮氧化物、总悬浮颗粒物的采样高度一般为3~15 m,以5~10 m为宜,氟化物采样高度一般为3.5~4 m,采样口与基础面应有1.5 m以上的相对高度,以减少扬尘的影响。农业生产基地大气采样高度基本与植物高度相同;特殊地形地区可视情况选择适当的采样高度。

在例行监测的固定监测点处应安置配套的监测亭(室),并考虑有稳定可靠的电源供应。

(3)监测点数量

产地布局相对集中,面积较小,无工矿污染源的区域,布设 1～3 个采样点。

产地布局较为分散,面积较大,无工矿污染源的区域,布设 3～4 个采样点;对有工矿污染源的区域,应适当增加采样点数。

样点的设置数量可根据空气质量稳定性以及污染物的影响程度适当增减。

(4)采样周期与频率

采样时间:在采样时间安排上,应选择在空气污染对产品质量影响较大时期进行,一般安排在作物生长期进行。在正常天气条件下采样,每天 4 次,上下午各 2 次,连采 2 d。

上午时间为:8:00—9:00,11:00—12:00;

下午时间为:14:00—15:00,17:00—18:00。

遇异常天气(如雨、雪、风雹等)应当顺延,待天气转好后重新安排采样。

(5)样品采集

①采集前的准备　采样计划的制订,根据现场调查结果和布点要求提出采样计划,确定采样点位、时间和路线,做好人员分工,准备好必要的仪器设备、采样器具等。

②采样方法　见各相关的环境空气监测分析方法中样品采集部分。

③采样要求　到达采样地点后,安装好采样装置。试启动采样器 2～3 次,检查气密性,观察仪器是否正常,吸收管与仪器之间的连接是否正确,校准仪器时间,确保时间无误。

按时开机、关机。采样过程中应经常检查采样流量,及时调节流量偏差。对采用直流供电的采样器应经常检查电池电压,保证采样流量稳定。

用滤膜采样时,安放滤膜前应用清洁布擦去采样夹和滤膜支架网表面的尘土,滤膜毛面朝上,用镊子夹入采样夹内,严禁用手直接接触滤膜。用螺丝固定和密封滤膜时拧力要适当,以不漏气为准。采样后取滤膜时,应小心将滤膜毛面朝内对折。将折压好的滤膜放在表面光滑的纸袋或塑料袋中,并储于盒内。要特别注意有无滤膜屑留在采样夹内,应取出与滤膜一起称重或测量。

采样的滤膜应注意是否出现物理性扭伤及采样过程中是否有穿孔漏气现象,一经发现,此样品滤膜作废。

用于采集氟化物的滤膜或石灰滤纸,在运输保存过程中要隔绝空气。

用吸收液采气时,温度过高、过低对结果均有影响。温度过低时吸收率下降,过高时样品不稳定。故在冬季、夏季采样吸收管应置于适当的恒温装置内,一般使温度保持在 15～25 ℃ 为宜,而二氧化硫采集温度则要求在 23～29 ℃。氮氧化物采样时要避光。

采样过程中采样人员不能离开现场,注意避免路人围观,不能在采样装置附近吸烟,应经常观察仪器的运转状况,随时注意周围环境和气象条件的变化,并认真作好记录。

采样记录填写要与工作程序同步,完成一项填写一项,不得超前或后补。填写记录要翔实。内容包括样品名称、采样地点、样品编号、采样日期、采样开始与结束的时间、采样数量,采样时的温度、压力、风向、风速、采样仪器、吸收液情况说明等,并有采样人签字。

④质控样的采集　室内空白,空气中氮氧化物、二氧化硫的样品系由采样泵采自于环境空气。制作校准曲线的标准溶液系由相当的化学试剂所配制,二者存有显著的差异,实验室的空白只相当于校准曲线的零浓度值。因此该两项目在实验室分析时不必另做实验室空白实验;现场空白,采集二氧化硫和氮氧化物样品时,应加带一个现场空白吸收管,和其他采样吸收管同时带到现场,该管不采样,采样结束后和其他采样吸收管一并送交实验室。此管即为该采样点当天该项目的静态现场空白管。

样品分析时测定现场空白值,并与校准曲线的零浓度值进行比较。如现场空白值高于或低于零浓度值,且无解释依据时,应以该现场空白值为准,对该采样点当天的实测数据加以校正。当现场空白值高于零浓度值时,分析结果应减去两者的差值,现场空白低于零浓度值时,分析结果应加上两者差值的绝对。采用上法可消除某些样品测定值低于校准曲线空白值的不合理现象。

采集氟化物使用的滤膜(或石灰滤纸)现场空白:将浸好的滤膜(或石灰滤纸)带到采样现场,不采集样品。采样结束后,和样品滤膜(或石灰滤纸)一并带回实验室,即为氟化物的现场空白。

现场空白样采集的数量:二氧化硫和氮氧化物每天采集一个;氟化物滤膜每批样品需采 4~6 个。

现场平行样的采集:用两台型号相同的采样器,以同样的采样条件(包括时间、地点、吸收液、滤膜、流量、朝向等)采集的气样为平行样。采集二氧化硫、氮氧化物的平行样时两台仪器相距 1~2 m,采集氟化物和总悬浮颗粒物时相距 2~4 m。

采样现场记录,采样工作人员应及时准确地填写好采样记录、样品标签、样品登记表等。用硬质铅笔或钢笔书写,样品登记表应一式三份。

农区大气样品编号由类别代号、顺序号组成。类别代号,用农区环境空气关键字中文拼音的 1~2 个大写字母表示,即"Q"表示农区环境空气样品。顺序号,用阿拉伯数字表示不同地点采集的样品,样品编号从 Q001 号开始,一个顺序号为一个采样点采集的样品。对照点和背景点样品,在编号后加"CK"。

样品登记的编号、样品运转的编号均与采集样品的编号一致,以防混淆。

(6)样品运输与保存

SO_2、NO_x 样品采集后,迅速将吸收液转移至 10 mL 比色管中,避光、冷藏保存,详细核对编号,检查比色管的编号是否与采样瓶、采样记录上的编号相对应。样品应在当天运回实验室进行测定。氮氧化物吸收液存放时间不能超过 3 d。样品在保存和运输过程中,谨防洒漏与混淆。

采集 TSP 和氟化物的滤膜每张(氟化物两张)装在一个小纸袋或塑料袋中,然后装入密封盒中保存。勿折、勿揉搓。运回实验室后,放在空干燥器中保存。

样品送交实验室时应进行交接验收,交、接人均应签名。如发现有编号错乱、标签缺损、字迹不清、数量不对等,要报告有关负责人,及时采取补救措施。采样记录应与样品一并交实验室统一管理。

(7)空气监测项目与采样分析方法

空气监测项目共 4 个,分析方法见表4.3。

表4.3　空气监测项目与分析方法

监测项目	采样方法	分析方法	备　注
氮氧化物	盐酸萘乙二胺吸收法	盐酸萘乙二胺吸收法	动力采样
二氧化硫	甲醛吸收法	甲醛副玫瑰苯胺光度法	动力采样
总悬浮物	滤膜法	重量法	动力采样
氟化物	滤膜法，石灰滤纸挂片法	氟离子电极法 氟离子电极法	动力采样 非动力采样(7 d 采样)

根据《环境监测技术规范》的有关规定,结合产地空气监测的实际,建议每次采集时间、采集流量、采样量见表4.4。

表4.4　空气采样量

监测项目	采集流量/(L·min^{-1})	采集时间/min	采样量/L
氮氧化物	0.3	60	18
二氧化硫	0.5	60	30
总悬浮物	120	60	7 200
氟化物	120	60	7 200

4.2.3　产地环境质量评价

环境质量现状评价是根据环境调查与监测资料,应用环境质量指数系统进行综合处理,然后对这一区域的环境质量作出定量描述,并提出该区域环境污染综合防治措施。产地环境质量现状评价最直接的意义,是为生产安全园艺产品选择优良的生态环境,为有关管理部门的科学决策提供依据。

1)评价方法

(1)评价指标分类

根据污染因子的毒理学特征和生物吸收、富集能力,将无公害食品产地环境条件标准中的项目分为严格控制指标和一般控制指标两类,表4.5 所列项目为严格控制指标,其他项目为一般控制指标。

表4.5　评价指标分类表

类　别		第一类	第二类
水质	农田灌溉水	铅、镉、总汞、总砷、六价铬	pH、氟化物、粪大肠菌群
	土壤	镉、总汞、总砷、总铬	铅、铜、pH
	空气	二氧化硫、氮氧化物、氟化物	总悬浮颗粒物(TSP)

产地环境质量评价中,一般应以单项评价指数为主,以综合评价指数为辅。若一般控制的环境污染指标一项或多项超标,则还需进行综合污染指数评价。

(2)评价依据

根据申报产品种类选择对应的产地环境条件标准作为评价依据。

(3)评价步骤

评价采用单项污染指数与综合污染指数相结合的方法,分三步进行。

①严格控制指标评价　严格控制指标的评价采用单项污染指数法,按式(4.1)计算。

$$P_i = \frac{C_i}{S_i} \tag{4.1}$$

式中　P_i——环境中污染物 i 的单项污染指数;

C_i——环境中污染物 i 的实测值;

S_i——污染物 i 的评价标准。

$P_i > 1$,严格控制指标有超标,判定为不合格,不再进行一般控制指标评价;

$P_i \leqslant 1$,严格控制指标未超标,继续进行一般控制指标评价。

②一般控制指标评价　一般控制指标评价采用单项污染指数法,按上述公式计算。

$P_i \leqslant 1$,一般控制指标未超标,判定为合格,不再进行综合污染指数法评价;

$P_i > 1$,一般控制指标有超标,则需进行综合污染指数法评价。

③综合污染指数法评价　在没有严格控制指标超标,而只有一般控制指标超标的情况下,采用单项污染指数平均值和单项污染指数最大值相结合的综合污染指数法,土壤(水)综合污染指数按式(4.2)计算,空气综合污染指数按式(4.3)计算。

$$P = \sqrt{\frac{\left[\left(\dfrac{C_i}{S_i} \right)_{\max}^2 + \left(\dfrac{C_i}{S_i} \right)_{\mathrm{avr}}^2 \right]}{2}} \tag{4.2}$$

式中　P——土壤(水)综合污染指数;

$\left(\dfrac{C_i}{S_i} \right)_{\max}$——单项污染指数最大值;

$\left(\dfrac{C_i}{S_i} \right)_{\mathrm{avr}}$——单项污染指数平均值。

$$I = \sqrt{\left(\max \left| \frac{C_1}{S_1} \cdot \frac{C_2}{S_2} \cdot \dots \cdot \frac{C_k}{S_k} \right| \right) \cdot \frac{1}{n} \cdot \sum_{i=1}^{n} \frac{C_i}{S_i}} \tag{4.3}$$

式中　I——空气综合污染指数;

$\dfrac{C_i}{S_i}$——单项污染指数。

$P(I) \leqslant 1$,判定为合格;

$P(I) > 1$,判定为不合格。

2)评价报告编制

评价报告应全面、概括地反映环境质量评价的全部工作,文字应简洁、准确,并尽量采用图表。原始数据、全部计算过程等不必在报告书中列出,必要时可编入附录。所参考的主要文献应按其发表的时间次序由近至远列出目录。

评价报告应根据实际情况选择下列全部或部分内容进行编制。编写内容及格式如下：

（1）前言

评价任务来源、产品种类和生产规模。

（2）现状调查

产地位置、区域范围（应附平面图）、自然环境状况、主要工业污染源、生产过程中质量控制措施和产地环境现状初步分析。

（3）环境监测

布点原则与方法、采样方法、监测项目与方法和监测结果。

（4）现状评价

评价所采用的方法及评价依据，评价结果与结论。

（5）对策与建议

评价报告应同时附采样点位图和监测结果报告。

□ 案例导入

什么是绿色食品产地环境质量监测？

绿色食品产地环境质量监测是在产地环境质量现状调查的基础之上，通过对产地空气质量、灌溉水质量、土壤质量进行监测、评价，判定产地是否符合绿色食品生产的过程。

任务4.3 绿色食品产地环境质量监测与评价

4.3.1 产地环境质量现状调查

1）调查的目的和原则

产地环境质量现状调查的目的是科学、准确地了解产地环境质量现状，为优化监测布点提供科学依据。根据绿色食品产地环境特点，重点调查产地环境质量现状、发展趋势及区域污染控制措施，兼顾产地自然环境、社会经济及工农业生产对产地环境质量的影响。

2）调查的方法

由省（市）绿色食品委托管理机构负责组织对申报绿色食品及其加工品原料生产基地的农业自然环境概况、社会经济概况和环境质量状况进行综合现状调查，并确定布点采样方案。

综合现状调查采取搜集资料和现场调查两种方法。首先应搜集有关资料，当这些资料不能满足要求时，再进行现场调查。如果监测对象能提供一年内有效的环境监测报告或续展产品的产地环境质量无变化，经省（市）绿色食品委托管理机构确认，可以免去现场环境监测。

3)调查内容

(1)自然环境与资源概况

自然地理包括地理位置、地形地貌、地质等;气候与气象包括所在区域的主要气候特性,年平均风速和主导风向、年平均气温、年极端气温、月平均气温、年平均相对湿度、年平均降水量、降水天数、降水量极值、日照时数、主要天气特性等;水文状况包括该区域地表水(河流、湖泊等)、水系、流域面积、水文特征、地下水资源总量及开发利用情况等;土地资源包括土壤类型、土壤肥力、土壤背景值、土地利用情况(耕地面积等);植被及生物资源包括林木植被覆盖率、植物资源、动物资源、鱼类资源等;自然灾害包括旱、涝、风灾、冰雹、低温、病虫草鼠害等。

(2)社会经济概况

社会经济概况包括行政区划、人口状况,工业布局和农田水利,农、林、牧、渔业发展情况和工农业产值,农村能源结构情况。

(3)工业"三废"及农业污染物对产地环境的影响

工业污染源及"三废"排放情况主要包括工矿乡镇村办企业污染源分布及废水、废气、废渣排放情况,地表水、地下水、农田土壤、大气质量现状。农业污染物,主要包括农药、化肥、地膜等农用生产资料的使用情况及对农业环境的影响和危害。

(4)农业生态环境保护措施

农业生态环境保护措施主要包括污水处理、生态农业试点情况、农业自然资源合理利用等情况。

4)产地环境质量现状调查报告内容

产地环境质量现状调查报告主要包括以下内容:产地基本情况;产地灌溉用水环境质量分析;区域环境空气质量分析;产地土壤环境质量分析;综合分析产地环境质量现状,确定优化布点监测方案;根据调查、了解、掌握的资料情况,对申报产品及其原料生产基地的环境质量状况进行初步分析,出具调查分析报告,注明调查单位、调查时间,调查人应签名。

4.3.2　产地环境监测

1)水环境监测

(1)布点原则

水质监测点的布设要坚持样点的代表性、准确性、合理性和科学性的原则。

坚持从水污染对产地环境质量的影响和危害出发,突出重点,照顾一般的原则。即优先布点监测代表性强,最有可能对产地环境造成污染的方位、水源(系)或产品生产过程中对其质量有直接影响的水源。

对于水资源丰富,水质相对稳定的同一水源(系),样点布设1~3个,若不同水源(系)则依次叠加。

水资源相对贫乏,水质稳定性较差的水源,则根据实际情况适当增设采样点数。

生产过程中对水质要求较高或直接食用的产品(如生食蔬菜),采样点数适当增加。

对于农业灌溉水系天然降雨的地区,可不采农田灌溉水样。

（2）布点方法

用地表水进行灌溉的，根据不同情况采用不同的布点方法。

直接引用大江大河进行灌溉的，应在灌溉水进入农田前的灌溉渠道附近水流断面设置采样点。

以小型河流为灌溉水源的，应根据用水情况分段设置监测断面。

灌溉水系监测断面的设置，对于常年宽度大于 30 m 和（或）水深大于 5 m 的河流，应在所定监测断面上分左、中、右三处设置采样点，采样时应在水面 0.3～0.5 m 处各采分样一个，分样混匀后作为一个水样；对于其他河流，一般可在确定的采样断面的中点处，在水面下 0.3～0.5 m 处采一个水样即可。

湖、库、塘、洼的布点，0.67 hm² 以下的小型水体，一般在水体中心处设置一个取水断面，在水面下 0.3～0.5 m 处采样即可；0.67 hm² 以上的大中型水体，可根据水体功能实际情况，划分为若干片，按上述方法设置采样点。

引有地下水进行灌溉的，在地下水取井处设置采样点。

（3）采样时间与频率

在作物生长过程中灌溉用水的主要灌溉期采样 1 次。

（4）采样技术

同无公害农产品水质采样技术。

（5）监测项目和分析方法

监测项目和分析方法同无公害农产品。

2）土壤环境质量监测

（1）布点原则

绿色食品产地土壤监测点布设，以能代表整个产地监测区域为原则。

不同的功能区采取不同的布点原则。

宜选择代表性强、可能造成污染的最不利的方位、地块。

（2）布点方法

在环境因素分布比较均匀的监测区域，采取网格法或梅花法布点；在环境因素分布比较复杂的监测区域，采取随机布点法布点；在可能受污染的监测区域，可采用放射法布点。

（3）样点数量

①大田种植区　对集中连片的大田种植区，产地面积在 2 000 hm² 以内，布设 3～5 个采样点；面积在 2 000 hm² 以上，面积每增加 1 000 hm²，增加 1 个采样点。如果大田种植区相对分散，则适当增加采样点数。

②设施种植业区　产地面积在 300 hm² 以内，布设 3～5 个采样点；面积在 300 hm² 以上，面积每增加 300 hm²，增加 1～2 个采样点。如果栽培品种较多，管理措施和水平差异较大，应适当增加采样点数。

③野生产品生产区　对地貌地形变化不大、面积在 2 000 hm² 以内的产区，一般布设 3 个采样点。面积在 2 000 hm² 以上的，根据增加的面积，适当的增加采样点数；对于土壤本底元素含量较高、土壤差异较大、特殊地质的区域可因地制宜地酌情布点。

（4）采样时间和层次

①采样时间　原则上土壤样品要求安排在作物生长期内采样。

②采样层次　一年生作物,土壤采取深度为 0～20 cm;多年生植物(如果树),土壤采取深度为 0～40 cm。

(5)采样技术

同无公害农产品土壤采样技术。

(6)监测项目及分析方法

土壤监测项目和分析方法同无公害农产品。

申报 AA 级绿色食品时,一般应加测土壤肥力;但对一些不需要人工耕作和施肥的产品,可不测土壤肥力,如山野菜等。

土壤肥力评价,土壤肥力的各个指标,Ⅰ级为优良,Ⅱ级为尚可,Ⅲ级为较差。供评价者和生产者在评价和生产时参考。生产者应增施有机肥,使土壤肥力逐年提高。

土壤肥力测定方法见表4.6。

表4.6　土壤肥力测定方法

项　目	测定方法	项　目	测定方法
全氮	半微量开氏法	速效钾	火焰光度法
土壤颗粒组成	GB 7845—87	阳离子交换量	中性乙酸铵法
有效磷	$NaHCO_3$ 浸提-钼锑抗比色法		

3)空气环境质量监测

(1)监测点分布原则

依据产地环境现状调查分析结论和产品工艺特点,确定是否进行空气质量监测。进行产地环境空气质量监测的地区,可根据当地生物生长期内的主导风向,重点监测可能对产地环境造成污染的污染源的下风向。

(2)点位设置

空气监测点设置在沿主导风向 45°～90°夹角内,各监测点间距一般不超过 5 km。监测点应选择在远离树木、建筑物及公路、铁路的开阔地带。各监测点之间的设置条件相对一致,保证各监测点所获数据具有可比性。

(3)免测空气的地域

免测空气的地域指产地周围 5 km,主导风向的上风向 20 km 内没有工矿企业污染源的地域。保护地栽培只测保护地——温室大棚外空气。

(4)采样地点

产地布局相对集中,面积较小,无工矿污染源的区域,布设 1～3 个采样点;产地布局较为分散,面积较大,无工矿污染源的区域,布设 3～4 个采样点;样点的设置数量还应根据空气质量稳定性以及污染物对原料生长的影响程度适当增减。

(5)采样时间及频率

①采样时间　应选择在空气污染对原料生产质量影响较大的时期进行,一般安排在作物生长期进行。

②采样频率　每天 4 次,上下午各 2 次,连采 2 d。上午时间为:8:00—9:00,11:00—12:00;下午时间为:14:00—15:00,17:00—18:00。遇雨雪等降水天气停采,时间顺延。

（6）采样技术

同无公害农产品空气采样技术。

（7）监测项目及分析方法

空气监测项目为氮氧化物、二氧化硫、总悬浮物和氟化物等4项,分析方法同无公害农产品。

4.3.3　产地环境质量评价

1）评价指标选择

评价指标选择同无公害指标,严控指标如有一项超标,就应视为该产地环境质量不符合要求,不适宜发展绿色食品;一般控制的环境指标,如有一项或一项以上超标,则该基地不适宜发展 AA 级绿色食品,可根据超标物质的性质、程度等具体情况及综合污染指数全面衡量,然后确定是否符合发展 A 级绿色食品要求,但综合污染指数不得超过 1。

产地环境质量评价中,一般应以单项评价指数为主,以综合评价指数为辅。若一般控制的环境污染指标一项或多项超标,则还需进行综合污染指数评价。

2）评价程序

产地环境质量现状评价的工作程序随目的、要求不同而不同,最基本的工作程序如图 4.1。

图 4.1　绿色食品产地环境质量现状评价工作程序图

在区域性环境初步优化的基础上进行评价,同时不应忽视农业生产过程中的自身污染。

各项环境质量标准(空气、水质、土壤)是评价产地环境质量合格与否的依据,要从严掌握。

在全面反映产地环境质量现状的前提下,突出对产品生产危害较大的环境因素(严格指标)和高浓度污染物对环境质量的影响。

调查产地环境质量现状、发展趋势及区域污染控制措施,兼顾产地自然环境、社会经济及工农业生产对产地环境质量的影响。

3)评价方法

AA 级绿色食品产地大气、水、土壤的各项检测数据均不得超过绿色食品产地环境质量标准。评价方法采用单项污染指数法。

单项污染指数法公式为:

$$P_i = \frac{C_i}{S_i}$$

式中　P_i——环境中污染物 i 的单项污染指数;

C_i——环境中污染物 i 的实测数据;

S_i——污染物 i 的评价标准。

$P_i < 1$,未污染,判定为合格,适宜发展 AA 级绿色食品。

$P_i > 1$,污染,判定为不合格,不适宜发展 AA 级绿色食品。

A 级绿色食品产地环境质量现状评价采用单项污染指数法与综合污染指数法相结合的方法,评价方法同无公害食品评价方法。

□ 案例导入

有机食品与无公害食品、绿色食品产地环境质量监测有何不同?

有机食品产地环境质量监测在监测种类、取样方法方面与无公害食品和绿色食品相同,但在水环境、土壤环境方面监测的项目要多得多,在空气质量方面监测项目相同。

任务4.4　有机食品产地环境质量监测与评价

4.4.1　产地环境质量监测

1)水环境监测

灌溉水取样方法同无公害农产品。

(1)监测

农田灌溉用水水质选择性控制项目,由地方主管部门根据当地农业水源的来源和可能的污染物种类选择相应的控制项目,所选择的控制项目监测布点和频率同无公害食品的要求。

（2）分析方法

控制项目及分析方法见表4.7。

表4.7 农田灌溉水质控制项目分析方法

分析项目	测定方法	分析项目	测定方法
生化需氧量（BOD）	稀释与接种法	铜	原子吸收分光光度法
化学需氧量	重铬酸盐法	锌	原子吸收分光光度法
悬浮物	重量法	硒	2,3-二氨基萘荧光法
阴离子表面活性剂	亚甲基蓝分光光度法	氟化物	离子选择电极法
水温	温度计或颠倒温度计测定法	氰化物	硝酸银滴定法
pH	玻璃电极法	石油类	红外光度法
全盐量	重量法	挥发酚	蒸馏后4-氨基安替比林分光光度法
氯化物	硝酸银滴定法	苯	气相色谱法
硫化物	亚甲基蓝分光光度法	三氯乙醛	吡唑啉酮分光光度法
总汞	冷原子吸收分光光度法	丙烯醛	气相色谱法
镉	原子吸收分光光度法	硼	姜黄素分光光度法
总砷	二乙基二硫代氨基甲酸银分光光度法	粪大肠菌群数	多管发酵法
铬（六价）	二苯碳酰二肼分光光度法	蛔虫卵数	沉淀集卵法
铅	原子吸收分光光度法		

2）土壤环境监测

（1）监测

土壤取样方法同无公害农产品。

采样方法：土壤监测方法参照国家环保局的《环境监测分析方法》《土壤元素的近代分析方法》（中国环境监测总站编）的有关章节进行。

监测要求：为保证土壤监测数据的准确性和可靠性，对布点、采样、样品制备、分析测试、数据处理等环节进行全程序质量保证和质量控制。

土壤污染调查、布点和采样应首先调查了解土壤污染的原因、历史性污染活动和土壤污染源的分布状况，依据已掌握的信息进行污染物的初选、采样布点与采样，可分粗查、细查、详查等几个阶段进行,由粗到详,由浅到深,若未发现超标,可及时中止,以节省工作量。

土壤采样深度:种植一般农作物的采集 0~20 cm 土样,种植果林类植物采集 0~20 cm 和 20~50 cm 土样。

(2)分析测试方法

土壤分析测试项目及方法见表 4.8。

表 4.8　土壤环境质量标准选配分析方法

项　目	测定方法
总镉、总铅	石墨炉原子吸收分光光度法,KI-MIBK 萃取-火焰原子吸收分光光度法,电感耦合等离子体发射光谱法,电感耦合等离子体质谱法
总汞	冷原子吸收法测定
总砷	二乙基二硫代氨基甲酸银分光光度法测定,硼氢化钾-硝酸银分光光度法测定,电感耦合等离子体质谱法
总铬	二苯碳酰二肼光度法,火焰原子吸收分光光度法,电感耦合等离子体发射光谱法,电感耦合等离子体质谱法
六价铬	二苯碳酰二肼光度法,火焰原子吸收分光光度法
总铜、总锌	火焰原子吸收分光光度法,电感耦合等离子体发射光谱法,电感耦合等离子体质谱法
总镍	火焰原子吸收分光光度法,电感耦合等离子体发射光谱法,电感耦合等离子体质谱法
稀土总量	对马尿酸偶氮氯磷分光光度法
总硒	氢化物发生原子吸收法
总钴	火焰原子吸收法
总钒	N-BPHA 光度法
总锑	氢化物发生-原子荧光法
六六六和 DDT	丙酮-石油醚提取,浓硫酸净化,用带电子捕获检测器的气相色谱仪测定
pH	玻璃电极法(土:水 = 1.0:2.5)
阳离子交换量	乙酸铵法等

3)空气环境监测

空气质量取样方法同无公害农产品。

监测项目及分析方法按照国家标准规定的方法和项目执行。

4.4.2　产地环境质量评价

有机食品产地空气、土壤、灌溉水质量各项指标评价采用单向污染指数法,如有一项不合格,则该产地不符合有机食品产地环境。

　　园艺产品安全生产产地环境质量监测技术包括：无公害食品产地环境质量监测、绿色食品产地环境质量监测、有机食品产地环境质量监测，本项目介绍了产地环境质量监测的目的、监测机构，产地环境现状调查，产地环境质量监测的项目，各项目监测布点原则、布点方法、布点数量、采样频率、时间和采样方法等，监测项目的分析方法，产地环境质量评价的项目选择、评价方法。重点介绍了无公害园艺产品产地环境质量的监测及评价方法。

案例分析 》》》

食品中主要重金属的来源和危害

　　食品中的主要重金属有害物质主要包括 Hg、Cd、Cr、Pb、As 等。

　　汞对人的危害主要是损害神经系统，使脑部受损，造成"汞中毒脑症"引起的四肢麻木，运动失调、视野变窄、听力困难等症状，重者心力衰竭而死亡。中毒较重者会出现口腔病变、恶心、呕吐、腹痛、腹泻等症状，也会对皮肤黏膜及泌尿、生殖等系统造成损害。在微生物作用下，甲基化后毒性更大。工厂排放含汞的废水而致水体被污染，通过灌溉进入土壤，通过食物链的传递而在人体蓄积。汞蓄积于体内最多的部位为骨髓、肾、肝、脑、肺、心等。汞化合物与蛋白质形成疏松的蛋白化合物，因此对组织有腐蚀作用。

　　镉可在人体中积累引起急、慢性中毒，急性中毒可使人呕血、腹痛，最后导致死亡；慢性中毒能使肾功能损伤，破坏骨骼，致使骨痛、骨质软化、瘫痪。可溶性镉化合物属中等毒类，和其他金属毒物一样，能抑制体内的各种巯基酶系统，使组织代谢发生障碍，也能损伤局部组织细胞，引起炎症和水肿。镉被吸收进入血液后，绝大部分与血红蛋白结合而存在于红细胞中。以后逐渐进入肝肾等组织，并与组织中的金属巯蛋白结合。在各脏器中的分布以肾最高，其次为肝、胰、甲状腺等。镉的主要污染源是电镀、采矿、冶炼、染料、电池和化学工业等排放的废水，镉对土壤的污染，主要通过两种形式，一是工业废气中的镉随风向四周扩散，经自然沉降，蓄积于工厂周围土壤中，另一种方式是含镉工业废水灌溉农田，使土壤受到镉的污染。

　　铬是一种毒性很大的重金属，铬对皮肤、黏膜、消化道有刺激和腐蚀性，致使皮肤充血、糜烂、溃疡、鼻穿孔，患皮肤癌。可在肝、肾、肺积聚，在人体内蓄积具有致癌性并可能诱发基因突变。铬主要用于金属加工、电镀、制革等行业。为了防止工业生产过程中循环水对设备的腐蚀，常须加入铬酸盐。工业部门排放的废水和废气，是环境中铬的人为来源。工业废水中的铬主要是三价化合物，冶金、水泥等工业，以及煤和石油燃烧的废气中，含有颗粒态的铬。排放到自然环境中的三价铬有可能会转变成毒性更强的六价铬。

　　铅主要对神经、造血系统和肾脏的危害，损害骨骼造血系统引起贫血、脑缺氧、脑水肿，出现运动和感觉异常。铅是对人体危害极大的一种重金属，它对神经系统、骨骼造血机能、消化系统、男性生殖系统等均有危害。特别是大脑处于神经系统发育敏感期的儿童，对铅有特殊的敏感性，研究表明儿童的智力低下发病率随铅污染程度的加大而升高，儿童体内血铅每上升 10 μg/100 mL，儿童智力则下降 6~8 分。为此，美国把普遍认为对儿童产生中毒的血铅含量下限由 0.25 μg/mL 下降到 0.1 μg/mL，WHO 对水中铅的控制线已降到 0.01 μg/mL。铅对环境的污染，一是由冶炼、制造和使用铅制品的工矿企业，尤其是来自有色金属冶炼过程中所排出的含铅废水、废气和废渣造成的。二是由汽车排出的含铅废气造成的,汽油中用四乙基铅作为抗爆剂,在汽油燃烧过程中,铅便随汽车排出的废气进入大气,成为大气的主要铅污染源。

　　砷在自然界分布很广,动物机体、植物中都可以含有微量的砷,海产品含有少量的砷。由于含砷农药的广泛使用,砷对环境的污染问题越发严重,砷侵入人体后,除由尿液、消化道、唾液、乳腺中排泄外,能蓄积于骨质疏松部、肝、肾、脾、肌肉、头发、皮肤、指甲等。砷作用于神经系统,刺激造血器官,长时期的少量侵入人体,对红细胞生成有刺激影响。长期接触砷会引发细胞中毒和毛细血管中毒,有时会诱发恶性肿瘤。

案例讨论题)))

1. 园艺产品安全生产中为什么要对土壤、灌溉水中重金属等有害物质进行监测?
2. 如何防止重金属有害物质的污染?

复习思考题)))

1. 产地环境质量监测的是什么?
2. 产地环境质量监测机构如何选定?
3. 无公害农产品产地环境质量现状调查的方法有哪些? 包括哪些内容?
4. 无公害产地现状调查报告的如何编写?
5. 无公害产地空气质量监测的布点原则是什么?
6. 试述无公害产地灌溉水质量监测的技术要求。
7. 无公害产地环境质量评价的项目有哪些? 如何进行评价?
8. 绿色食品产地环境质量现状调查的方法有哪些? 包括哪些内容?
9. 绿色食品产地现状调查报告的如何编写?
10. 绿色食品产地环境质量评价的项目有哪些? 如何进行评价?
11. 有机食品产地环境质量监测项目与无公害食品和绿色食品有何不同?
12. 有机食品产地环境质量的评价方法是什么?

项目5 安全园艺产品质量检验技术

 项目描述

本项目主要介绍园艺产品质量检验技术,包括无公害食品、绿色食品、有机食品产品质量检验的目的、监测机构,产品质量检验的取样要求、抽样技术、检测的项目及分析方法、判定规则等。

学习目标

- 了解无公害食品、绿色食品和有机食品产品质量检验的抽样技术。
- 掌握无公害食品、绿色食品和有机食品产品质量检验的内容和判定规则。

能力目标

- 具有无公害食品、绿色食品和有机食品产品质量检验抽样的能力。
- 具有无公害食品、绿色食品和有机食品产品质量检验结果判定的能力。

 知识点

产品检验、交收检验、型式检验的基本概念;无公害食品、绿色食品、有机食品产品质量检验的内容、抽样要求和方法。

□ **案例导入**

为什么要进行园艺产品质量检验?

产品检验是运用各种手段,包括感官检验、化学检验、仪器检验、物理测试、微生物学检验等,对产品的品质、规格、等级进行检验,确定产品是否符合标准。

质量监测体系是园艺产品安全生产的保障,它为有效监督农业投入品和园艺产品质量提供科学的依据。

任务5.1 安全园艺产品质量检验概述

5.1.1 检验的意义和类别

1)产品质量检验的意义

安全园艺产品(无公害、绿色、有机)在国内外都已得到社会公众的关注和认可。为了保证产品安全、营养和优质,必须依照有关管理办法的规定,进行终产品检验。根据特定的检测项目及判定,确定其安全、优质、无公害的内涵,向市场提供真正的名副其实的安全产品。另外,终产品检验还是对生产环境、加工过程是否符合要求的进一步确认,是十分必要的质量保证措施。直接关系到产品声誉。因此,为保证产品健康持久地发展,建立科学、系统、可靠的质检机构是十分重要的。通过这样的检测,可以促进我国园艺产业健康稳定发展,开发出更多更好的新产品,满足社会的需求和消费。

2)产品检验类别

(1)交收检验

每批产品交收前,生产单位都应该进行交收检验,交收检验内容包括:产品标准中规定的包装、标志、净含量、感官等,检验合格并附合格证方可交收。

(2)型式检验

型式检验是对产品进行全面考核,即对产品标准规定的全部要求(指标)进行检验,一般情况下每个生产周期要进行一次。有下列情形之一时,也应进行型式检验:

①主管部门或国家质量监督机构提出进行型式检验要求时;

②因人为或自然因素使生产环境发生较大变化时;

③初加工品的原料、工艺、配方有较大变化,可能影响产品质量时;

④前后两次抽样检验结果差异较大时。

(3)认证检验

申请认证时要对产品质量进行全面考核,应按产品标准规定的要求进行检验合格后方可获得使用权。检验项目为相应的产品标准中规定的指标;如果尚未制定产品标准但仍在认证规定范围的产品,应根据农业部有关规定按程序确定检测项目。

(4)监督检验

监督检验是对获得标志使用权的产品的跟踪检验。组织监督检验的机构可以根据抽查产品产地环境情况、生产过程中的化肥和农药等投入品的使用情况及当时所检产品中存在的主要质量问题确定检测项目,并应在监督抽查实施细则中予以规定。

5.1.2 检测机构

为了保证检测数据结果具有科学性、公正性、权威性和可比性,我国无公害食品、绿色食品和有机食品的检测机构均采取委托制。

1)无公害农产品的检测机构

无公害农产品检测机构是指受农业部农产品质量安全中心委托,承担无公害农产品检测任务的检测机构。根据《无公害农产品检测机构选择委托管理办法》,农业部农产品质量安全中心对产品检测机构进行选定、委托和管理。检测机构承担着无公害农产品抽样检测及分析、质量安全风险信息收集整理及报告等职责。

至2012年年底,已委托无公害农产品产品定点检测机构164个。

2)绿色食品的检测机构

(1)绿色食品产品质量检测机构

绿色食品产品质量检测机构是中国绿色食品发展中心按照行政区划的划分,依据绿色食品在全国各地的发展情况,各地食品检测机构的监测能力,监测单位与中心的合作愿望等因素而由中国绿色食品发展中心直接委托。

绿色食品产品质量检测机构的职能:按照绿色食品产品标准对申报产品进行监督检验;根据中国绿色食品发展中心的抽检计划,对获得绿色食品标志使用权的产品进行年度抽检;根据中国绿色食品发展中心的安排,对检验结果提出仲裁要求的产品进行复检;根据中国绿色食品发展中心的布置,专题研究绿色食品质量控制有关问题;有计划地引进、翻译国际上有关标准,研究和制定我国绿色食品的有关产品标准。

至2012年年底,已委托绿色食品产品质量定点检测机构49家。

(2)绿色食品生资监测机构

中国绿色食品协会遵循择优选用、业务委托、确保质量的原则选定绿色生资监测机构,包括环境质量监测机构和产品质量监测机构。产品质量监测机构主要包括开展肥料、农药等产品质量监测的专业机构。申报产品不在产品质量检测机构监测范围的,协会根据申报产品类别另行委托监测。

申请承担绿色生资监测任务的单位,经省级绿色食品管理机构推荐,向协会提出接受业务委托申请。绿色生资环境监测也可由绿色食品环境质量监测的单位承担,但必须申请并经协会核准。

3)有机食品的检测机构

中绿华夏有机认证中心委托具有资质的有机食品样品检测机构,对申请认证的所有产品进行检测,并在风险评估基础上确定检测项目。

至2012年年底,中绿华夏有机认证中心委托有机食品产品质量定点检测机构23家。

□ 案例导入

无公害食品检验如何进行?

无公害食品的检测是按照《无公害食品产品抽样规范》进行抽取样品,交由定点检验机构对规定的项目进行检测、分析,根据产品标准判定是否达到无公害食品要求。

任务5.2 无公害食品的质量检测

5.2.1 抽样

1)抽样原则

抽样的地点应获得无公害农产品产地认定,且在有效期内。抽样应严格按照规定的程序和方法执行,确保抽样工作的公正性和样品的代表性、真实性。检验抽样的原则有三点:

(1)随机性

这是首要原则,即抽出的用以评定产品的样品应是不加任何选择,按随机原则抽取的。

(2)代表性

抽样是以从整批产品中所取出的全部个体样品集成大样来代表整批。不应以个别样品来代表整批,但在抽取足够多的份样时,其平均数接近整批产品的平均质量。

(3)可行性

抽样的数量和方法,使用的抽样装置和工具,应是合理、切合实际的,应在准确的基础上达到快速、经济、节约人力、物力的目的。

样品的抽取地点可以在工厂的仓库抽取,也可在生产线末端经检验合格的产品中抽取,还可以在市场上抽取。

2)抽样要求

(1)人员

抽样小组成员不少于2人,抽样人员应经过专门的培训,熟悉抽样程序和方法。抽样人员应携带工作证、抽样通知单(抽样委托单或抽样任务单)和抽样单等。

(2)抽样工具

抽样人员应根据不同产品准备不同的工具。抽样工具和包装容器应清洁、干燥、无污染,不会对检验结果造成影响。

(3)抽样地点

抽样地点一般为超市、农贸市场、批发市场、生产地。

(4)抽样记录

抽样单由抽样人员和被检单位代表共同填写,一式三份,一份交被检单位,一份随样品转运或由抽样人员带回承检单位,一份寄交抽检任务下达部门。

(5)样品封存

抽样人员和被检单位代表共同确认样品的真实性、代表性和有效性。

每份样品分别封存,粘贴封条。抽样人员和被检单位代表分别在封条上签字盖章。

封样材料应清洁、干燥,不会对样品造成污染和伤害;包装容器应完整、结实、有一定抗压力。

（6）样品运输

抽样完成后,样品应在规定时间内送达实验室。

运输工具应清洁卫生,符合被检样品的贮存要求,样品不应与有害和污染物品混装。

防止运输和装卸过程中对样品可能造成的污染或破坏。

3）抽样方法

（1）组批

同一产地、同一品种或种类、同一生产技术方式、同期采收或同一成熟度的蔬菜、水果为一个抽样单元。

（2）抽样时间

抽样时期要根据作物不同品种在其种植区域的成熟期来确定,蔬菜抽样应安排在成熟期或即将上市前,水果选择在全面采收前 3～5 d 进行,抽样时间应选在晴天的 9—11 时或者 15—17 时,雨后不宜抽样。

（3）抽样量

蔬菜一般每个样品抽样量不低于 3 kg,单个个体超过 500 g 的如结球甘蓝、花椰菜、青花菜和生菜、西葫芦和大白菜等取 3～5 个个体。

水果生产基地:根据生产抽样对象的规模、布局、地形、地势及作物的分布情况合理布设抽样点,抽样点应不少于 5 个。在每个抽样点内,根据果园的实际情况,按对角线法、棋盘法或蛇行法随机多点采样。每个抽样点的抽样量按表 5.1 执行。

表 5.1　生产基地抽样量

产量/（kg·hm^{-2}）	抽样量/kg
＜7 500	150
7 500～15 000	300
＞15 000	按公顷产量的 2% 比例抽取

包装产品抽样:在包装产品情况下（木箱、纸箱、袋装等）,按照表 5.2 进行随机取样。

表 5.2　抽检货物的取样件数

批量货物中同类货物件数	抽检货物的取样件数
≤100	5
101～300	7
301～500	9
501～1 000	10
＞1 000	15（最低限度）

散装产品抽样:与总量相适应,每批货物至少采取 5 个抽检货物。在蔬菜或水果个体较大情况下（大于 2 kg/个）,抽检货物至少由 5 个个体组成。抽检货物的取样量按表5.3取样。

表5.3　抽检货物的取样量

批量货物的质量(kg)或件数	抽检货物总质量(kg)或总件数
≤200	10
201～500	20
501～1 000	30
1 001～5 000	60
＞5 000	100(最低限度)

(4)抽样单元

生产地,当蔬菜基地面积小于 $10\ hm^2$ 时,每 $1～3\ hm^2$ 设为一个抽样单元;当蔬菜基地面积大于 $10\ hm^2$,每 $3～5\ hm^2$ 设为一个抽样单元。

批发市场,在同一市场中,应尽量抽取不同地方生产的蔬菜样品。

农贸市场和超市,样品应从不同摊位抽取。

(5)抽样方式

生产地。每个抽样单元内根据实际情况按对角线法、梅花点法、棋盘式法、蛇形法等方法采取样品,每个抽样单元内抽样点不应少于 5 点,每个抽样点面积为 $1\ m^2$ 左右,随机抽取该范围内的蔬菜作为检验用样品。

批发市场、农贸市场和超市。随机抽取,如有可能,应从样品的不同位置抽取。

(6)抽样部位

搭架引蔓的蔬菜,均取中段果实;叶菜类蔬菜去掉外帮;根茎类蔬菜和薯类蔬菜取可食部分;乔木果树,在每株果树的树冠外围中部的迎风面和背风面各取一个果实;灌木、藤蔓和草本果树,在树体中部采取一个或一组果实,果实的着生部位、果个大小和成熟度应尽量保持一致;对已采收的抽样对象,以每个果堆、果窖或贮藏库为一个抽样点,从产品堆垛的上、中、下三层随机抽取样品。

(7)样品制备

样品制备场所:通风、整洁、无扬尘、无易挥发化学物质。

制备工具和容器:新鲜样品使用无色聚乙烯砧板、木砧板,不锈钢食品加工机,聚乙烯塑料食品加工机,高速组织分散机,不锈钢刀,不锈钢剪等进行加工。干样品使用不锈钢磨、旋风磨、玛瑙研钵、无色聚乙烯塑料薄膜、白搪瓷盘等进行加工。分装容器用具塞磨口玻璃瓶、旋盖聚乙烯塑料瓶、具塞玻璃瓶等,规格视量而定。

新鲜样品:取可食部分,用干净纱布轻轻擦去样品表面的附着物,采用对角线分割法,取对角部分,将其切碎,充分混匀,用四分法取样或直接放入食品加工机中捣碎成匀浆,制成待测样,放入分装容器中,备用。或将取后的样品用食品粉碎机粉碎(不可太碎,不能制成匀浆),制成待测样,放入分装容器中,备用。

干样品(一般用于重金属的测定):称取将新鲜样品用四分法取样后剩余部分一定量的样品,放在铺有无色聚乙烯塑料薄膜的白搪瓷盘中,放入鼓风干燥箱中在 105 ℃加热15 min杀酶,然后在 $60～70$ ℃条件下干燥 $24～48\ h$ 。将干燥后的样品放入干燥器内,待冷却到室温后,称量,计算样品的含水量。然后将样品用不锈钢磨、旋风磨或玛瑙研钵进行加工,使全部样品通过 40~60 目尼龙筛,混合均匀后制成待测样,放入分装容器中,备用。

制样工具:每处理一个样品后制样工具应冲洗或擦洗一次,严防交叉污染。

(8)样品缩分

将所有样品混合在一起,分成三份,分别进行缩分,每份样品应不少于实验室样品取样量。

对混合货样或缩减样品,应当就地取样,就地检验。为了避免受检性状发生某种变化,取样之后应当尽快完成检验工作。

(9)实验室样品的数量

实验室样品的数量应按照合同要求,或按检验项目所需样品量的三倍取样,其中一份作检验,一份作复验,一份作备查。其最低取样量参见表5.4所示。

表 5.4　实验室样品取样量

产品名称	取样量
核桃、榛子、扁桃、板栗、毛豆、豌豆	1 kg
樱桃、李子、荸荠	2 kg
杏、香蕉、柑橘、桃、苹果、梨、葡萄、大蒜、黄瓜	3 kg
结球甘蓝、洋葱、甜椒、萝卜、番茄	3 kg
南瓜、西瓜、甜瓜、菠萝、大白菜	5 个个体
花椰菜、莴苣	10 个个体
甜玉米	10 个
捆装蔬菜	10 捆

5.2.2　无公害食品产品质量检验

1)检验内容

无公害食品产品质量检验包括感官指标和安全指标两项。

(1)感官指标

感官指标主要有品种特征、果面特征、果形、新鲜度、清洁度、成熟度、色泽、腐烂、风味、异味、冻害、病虫害及机械伤害等。产品不同,感官指标不同,具体参照相关标准执行。

案例

无公害落叶核果类果品感官要求

无公害落叶核果类果品感官要求应符合 5.5 的规定。

表5.5 无公害落叶核果类果品感官要求

项 目	指 标
果面	洁净、无污染物、无明显缺陷(裂果、病虫果、磨伤、碰伤等)
果形	具有品种的基本特征
色泽	具有本品种采收成熟度时固有的色泽
风味	具有本品种特有的风味,无异味
成熟度	发育正常
腐烂	无

(2)安全指标

无公害食品中安全指标主要包括重金属及有害物质限量和农药最大残留限量,农药主要检测乐果、敌敌畏、毒死蜱、乙酰甲胺磷、辛硫磷、氯氰菊酯、溴氰菊酯、氰戊菊酯、氯氟氰菊酯、灭幼脲、百菌清等残留情况,铅(以 Pb 计)、镉(以 Cd 计)、砷(以 As 计)、氟(以 F 计)、亚硝酸盐(以 $NaNO_2$)等有毒有害物质的含量。

案例

无公害蔬菜安全指标要求

无公害蔬菜的重金属及有害物质限量应符合表5.6的规定。

表5.6 无公害蔬菜重金属及有害物质限量

项 目	指 标/$(mg \cdot kg^{-1})$	项 目	指 标/$(mg \cdot kg^{-1})$
铬(以 Cr 计)	≤0.5	亚硝酸盐($NaNO_2$)	≤4.0
镉(以 Cd 计)	≤0.05		≤600(瓜果类)
汞(以 Hg 计)	≤0.01	硝酸盐	≤1 200(根茎类)
砷(以 As 计)	≤0.5		≤3 000(叶菜类)
铅(以 Pb 计)	≤0.2	氟(以 F 计)	≤1.0

无公害蔬菜的农药最大残留限量应符合表5.7的规定。

表5.7 无公害蔬菜农药最大残留限量

通用名称	毒性	最高残留限量 /$(mg \cdot kg^{-1})$	通用名称	毒性	最高残留限量 /$(mg \cdot kg^{-1})$
马拉硫磷	低	不得检出	毒死蜱	中	1.0
对硫磷	高	不得检出	抗蚜威	中	1.0
甲拌磷	高	不得检出	甲萘威	中	2.0
甲胺磷	高	不得检出	二氯苯醚菊酯	低	1.0

通用名称	毒性	最高残留限量/(mg·kg⁻¹)	通用名称	毒性	最高残留限量/(mg·kg⁻¹)
久效磷	高	不得检出	溴氰菊酯	中	叶类菜0.5,果类菜0.2
氧化乐果	高	不得检出	氯氰菊酯	中	1.0
克百威	高	不得检出	氟氰戊菊酯	中	0.2
涕灭威	高	不得检出	顺式氯氰菊酯	中	黄瓜0.2,叶类菜1.0
六六六	高	0.2	联苯菊酯	中	番茄0.5
DDT	中	0.1	三氟氯氰菊酯	中	0.2
敌敌畏	中	0.2	顺式氰戊菊酯	中	2.0
乐果	中	1.0	甲氰菊酯	中	0.5
杀螟硫磷	中	0.5	氟胺氰菊酯	中	1.0
倍硫磷	中	0.05	三唑酮	低	0.2
辛硫磷	低	0.05	多菌灵	低	0.5
乙酰甲胺磷	高	0.2	百菌清	低	1.0
二嗪磷	中	0.5	噻嗪酮	低	0.3
喹硫磷	中	0.2	五氯硝基苯	低	0.2
敌百虫	低	0.1	除虫脲	低	20.0
亚胺硫磷	中	0.5	灭幼脲	低	3.0

注:未列项目的农药残留限量标准,各地区根据本地实际情况按有关规定执行。

2)检验方法

（1）感官

将样品置于白搪瓷盘内,色泽、霉变、腐烂果等用目测法检测,气味、口感等用嗅、品尝法检测,感官不合格率按有缺陷果质量计算。

（2）安全指标检测

重金属及有害物质限量测定按照国家相关标准规定执行,分析方法见表5.8。

表5.8 食品有害物质检测方法

项 目	分析方法	项 目	分析方法
有机氯类农药	气相色谱法和薄层色谱法	铅	火焰原子吸收光谱法或石墨炉原子吸收光谱法
有机磷类农药	气相色谱法、高效液相色谱法	总砷	二乙基二硫代氨基甲酸银法;原子荧光光度法
总汞	冷原子吸收法;原子荧光光度法	亚硝酸盐	示波极谱法、格里斯试剂比色法
总镉	无火焰-原子吸收法	氟	离子选择性电极法
铬(六价)	二苯碳酰二肼比色法		

3）判定规则

（1）结果判定

检测结果全部合格时则判定该批产品合格。包装、标志、净含量、感官等常规项目有两项以上或任何一项安全卫士指标不合格时则判定该批产品不合格。如果有一项常规项目不符合要求，可重新加倍取样检验，仍不符合规定时，则该批产品不合格。

（2）复检

对检验结果有争议时，应对留存样进行复检，或在同批次产品中重新加倍抽样，对不合格项复检，复检结果为最终结果。当供需双方对产品质量发生异议时，按国家质量技术监督局《产品质量仲裁检验和产品质量鉴定管理办法》的规定处理。

□ **案例导入**

绿色食品检验如何进行？

绿色食品的检测是按照《绿色食品产品抽样准则》进行抽取样品，交由定点检验机构对规定的项目进行检测、分析，根据产品标准判定是否达到绿色食品要求。

任务5.3　绿色食品质量监测检验

5.3.1　抽样

1）要求

抽样至少应有两名以上（含两名）抽样人员参加，抽样人员应持绿色食品抽样的相关文件、抽样单，并带本人工作证。

抽样人员应带抽样工具、封条和必要的采样袋（器）、保鲜袋、纸箱等采样用具，并保证这些用具清洁、干燥、无异味，不会对样品造成污染。抽取样过程中不应受雨水、灰尘等环境污染。

在抽取样品之前应对被抽的产品进行确认，所抽产品的保质有效期应满足其检验时限。

样品应从足够量的同批产品中随机抽取。通常采样量按检验项目所需试样量的3倍采取，其中一份作检验样，一份作复检样，一份作备用样。对于包装产品采样量应不少于15件。对于散装产品一般最低样品量不得少于3 000 g且不少于两件。

抽样完成后，要随即填写抽样单。

2）组批

产地抽样时同品种、相同栽培条件、同时收购的产品为一个检验批次；市场抽样时同品种、同规格的产品为一个检验批次。包装车间或仓库抽样时同一批号的产品为一个检验批次。

3）抽取方法

（1）成品库抽样

包装食品样品的抽取方法应按国家际标准《随机数的产生及其在产品质量抽样检验中的应用程序》或《利用电子随机数抽样器进行随机抽样的方法》的规定执行。

（2）生产基地抽样

应抽取混合样品，不能以单株作为检验样品。抽取的样品应能充分代表该产品的全部特征。样品应在指定抽取的地块内根据不同情况按对角线法、梅花点法、棋盘式法、蛇形法等多点取样。

蔬菜类。根据采样地点的情况，确定抽样的范围和数量。在采样单元内采样点不应少于5点，每一点采样量应根据样品需要的总量平均计算，至少应有1个个体。搭架引蔓的蔬菜，均取中段果实。

叶类蔬菜去掉外帮，取可食部分。根茎类蔬菜和薯类蔬菜取可食部分。

水果类。根据采样地点的情况，确定抽样的范围和数量。在采样单元内采样点不应少于5点，每一点采样量应根据样品需要的总量平均计算，至少应有1个个体。水果的抽样应注意树龄、株型、生长势、坐果数量和果实着生部位。每株果树一般采集迎风面和背风面树冠外围中部的果实为样品，果实的着生部位、大小和成熟度应尽量一致。

其他类。根据产品的特点参照上述蔬菜类或水果类的产品抽样方法进行。

（3）同类多品种产品抽样

抽样的个数和样品量，同类多品种产品按品种数量每5个或5个以下随机抽一个全量样品，按标准进行全项目检验，其余的产品每个各抽全量样品的1/4～1/3，作非共同项目检验。同类多品种产品的品种数量若超过5个，则每超过1～5个，均按上述的规定重复执行，直至所有产品均被抽到。

样品的名称，同类多品种产品各样品的名称应与该产品实际使用的名称一致，但在抽样和检验时应明确该产品属同类多品种产品。同类多品种产品的共用名称应采用能归纳此类产品的通用食品名称。

4）样品的包装和加封

（1）包装

抽出的样品应填写标签，标签的内容主要包括：产品名称、种类（品种）、质量等级；抽样地点；抽样时间；抽样单号；抽样人姓名，签字；收样单位，收样人。

标签应随样品进行外包装。每一个产品（包括同类多品种产品）均应包装成独立的一件。散装产品根据样品性质先装袋（或装瓶、装盒），需密封的应密封后再进行外包装。数量较大的散装产品可按四分法等适当缩减之后再包装。无论是样品袋（或瓶、盒）还是外包装材料，都应符合有关食品卫生方面的规定。

（2）加封

包装完毕的样品应粘贴抽样单位的封条。封条上应有抽样单位的公章，要标明封样的时间和样品送（运）达收样单位的期限，封条应由抽样人员和被抽样单位代表共同签字。

5）抽样单

抽样结束时应由抽样人员填写抽样单。该单一般应一式两份，由抽样单位和被抽样单位各持一份。

6)样品的运送和贮存

样品一般应由抽样人员带回。不便于带回的应以快件寄(运)或由被抽样单位专人运送。为了减少运送过程中的质量变化,鲜样应在 2 d 内送至检验单位。鲜活产品无法及时送达的应采取相应的保质措施。

样品应放置在专门的样品室内贮存。需冷藏或冷冻的应放在冷藏箱或低温冰箱内。样品存放场所及设备均应清洁、无污染。

5.3.2 检测技术

1)检测内容

(1)包装

所有的绿色食品,其包装必须符合国家标准《预包装食品标签通则》(GB 7718—2011)或《预包装特殊膳食用食品标签通则》(GB 13432—2004)的规定,用于产品包装的容器如塑料箱、纸箱等应按产品的大小规格设计,同一规格应大小一致,整洁、干燥、牢固、透气、无污染、无异味,内壁无尖突物,无虫蛀、腐烂、霉变等,纸箱无受潮、离层现象。包装应符合通用准则 NY/T 658 的要求。

(2)感官

感官包括外形、色泽、气味、口感、质地等。感官要求是食品给予用户或消费者的第一感觉,是绿色食品优质性的最直观体现。绿色食品产品标准中有定性、半定量、定量标准,其要求严于非绿色食品。

案例

绿色食品茄果类蔬菜感官要求

绿色食品茄果类蔬菜感官应符合表 5.9 的规定。

表 5.9 绿色食品茄果类蔬菜感官要求

品 质	规 格	限 度
1. 同一品种、成熟适度、色泽好、果形好、新鲜、果面清洁 2. 无腐烂、异味、灼伤、冷害/冻害、病虫害及机械伤	规格用整齐度表示。同一规格的样品其整齐度应≥90%	每批样品中不符合品质要求的按质量计,总不合格率不得超过5%

注:腐烂、异味和病虫害为主要缺陷。

(3)理化指标

理化指标是绿色食品的内涵要求,包括应用成分指标和有害成分指标。应用成分指标即营养成分指标,包括蛋白质、脂肪、糖类、总酸、维生素等,这些指标一般都高于国家标准,具体按相关产品标准规定的项目检测。有害成分指标包括农药类、有害金属元素等。如汞、铬、砷、铅、镉等重金属和杀螟硫磷、倍硫磷、敌敌畏、乐果、马拉硫磷、对硫磷、六六六、DDT、二氧化硫等国家禁用的农药残留,具体按相关产品标准规定的项目检测。

案例

绿色食品茄果类蔬菜营养指标

绿色食品茄果类蔬菜营养指标应符合表 5.10 的要求。

表 5.10 绿色食品茄果类蔬菜营养指标

项　目	番　茄	辣　椒	茄　子
维生素 C/(mg·100 g^{-1})	≥12	≥60	≥5
可溶性固形物/%	≥4	—	—
总酸/%	≤5	—	—
番茄红素/(mg·kg^{-1})	≥4,≥8(加工用)	—	—

案例

绿色食品茄果类蔬菜卫生指标

绿色食品茄果类蔬菜卫生指标应符合表 5.11 的规定。

表 5.11 绿色食品茄果类蔬菜卫生指标

项　目	指标/(mg·kg^{-1})	项　目	指标/(mg·kg^{-1})
砷(以 As 计)	≤0.2	毒死蜱	≤0.2
汞(以 Hg 计)	≤0.01	敌百虫	≤0.1
铅(以 Pb 计)	≤0.1	氯氰菊酯	≤0.5
镉(以 Cd 计)	≤0.05	溴氰菊酯	≤0.2
氟(以 F 计)	≤0.5	氰戊菊酯	≤0.2
乙酰甲胺磷	≤0.02	抗蚜威	≤0.5
乐果	≤0.5	百菌清	≤1
敌敌畏	≤0.1	多菌灵	≤0.1
辛硫磷	≤0.05	亚硝酸盐	≤2

注:按照 NY/T 393—2000 规定的禁用农药不得检出,其他农药参照国家有关农药残留限量标准。

2)检测方法

(1)感官检验的方法

食品感官检验是以人的感觉为依据,用科学实验和统计方法评价食品质量的一种检验方法。其方法简单、灵敏、使用器材简便,并且消费者对食品接受性的评价有些还只能通过感官检验来实现,故感官检验是绿色食品质量综合评价的主要手段之一。

品种特征、清洁、腐烂、冷害、冻害、病虫害及机械伤害等,用目测法鉴定。病虫害有明显症状或症状不明显而有怀疑者,应取样用小刀纵向解剖检验,如发现内部症状,则需扩大一倍样品数量。

整齐度的测定:将每件包装内的样品平铺,用四分法随机抽取样品,用台秤称量每个样品的质量,用样品的平均质量乘以(1±10%)计算整齐度。

异味用嗅的方法检测。

(2)营养指标的检测

检测方法按照国家相关标准规定执行,见表5.12。

表5.12 绿色食品营养指标检测方法

项　目	分析方法	项　目	分析方法
维生素 C	2.6-二氯靛酚滴定法	粗蛋白	凯氏定氮
可溶性固形物	折光计法	总酸	指示剂法、电位滴定法

(3)卫生要求的检测

检测方法同无公害食品中相关检测方法。

5.3.3　判定规则

1)结果判定

检测结果全部合格时则判定该批产品合格。包装、标志、标签、净含量、理化指标等项目有两项(含两项)以上不合格时则判定该批产品不合格。如有一项不符合要求,可重新加倍取样复验,以复验结果为准。任何一项卫生(安全)或微生物学(生物学)指标不合格时则判定该批产品不合格。

当绿色食品有关产品标准中的安全卫生指标相应的国家限量标准被修订时,新的国家限量标准严于现行绿色食品标准时,则按国家限量标准执行;现行绿色食品标准严于或等同于新的国家限量标准时,则仍按现行绿色食品标准执行。

检验机构在检验报告中对每个项目均要作出"合格""不合格"或"符合""不符合"的单项判定;对被检产品应依据检验标准进行综合判定。

2)限度范围

初级农产品每批受检样品抽样检验时,对感官有缺陷的样品应做记录,不合格百分率按有缺陷的个体质量计算。每批受检样品的平均不合格率不应超过5%,且样本数中任何一个样本不合格率不应超过10%。

3)复验

该批次样本标志、包装、净含量不合格者,允许生产单位进行整改后申请复验一次。感官和卫生指标检测不合格不进行复验。

□ **案例导入**

什么是有机食品质量检测?

有机食品质量检测就是认定检测机构按照有机食品的标准对有机农产品进行质量检验,检验产品是否符合有机食品要求的过程。

任务5.4 有机食品质量检测技术

5.4.1 采样

采样时必须使所采的有机样品具有代表性和均匀性,要认真填写采样记录,写明样品的有机食品生产日期、批号、采样条件和包装情况等。

外地调入的有机(天然)食品应根据运货单、食品检验部门或卫生部门的化验单等了解起运日期、来源、地点、数量和品质以及有机(天然)食品的运输、贮藏等基本情况,并填写检测项目及采样人。

采样的数量必须能反映该有机(天然)食品的卫生质量和满足检验项目对试样用量的需求,并且一式三份供检验、复验和备查用。一般情况下,每份样品的重量不得少于0.5 kg。

5.4.2 产品质量检验

1)检测项目及方法

有机食品发展中心将根据食品行业的不同特点,按照国家卫生法的要求以及行业检测标准和有机食品加工的规定,拟定各自的检测项目。

有机生产或加工中允许使用物质的残留量应符合相关法规、标准的规定。有机生产和加工中禁止使用的物质不得检出。

有机食品的检测的内容一般主要包括感观品质、理化品质、卫生指标和微生物指标等。检测的主要项目有:

感官品质应符合本类本级实物标准样品质特征或产品实际执行的相应常规产品的国家标准、行业标准、地方标准或企业标准规定的品质要求。

理化品质一般包括比重、水分、灰分、蛋白质、脂肪、还原糖、蔗糖、淀粉、粗纤维等。

卫生指标一般包括汞、砷、铅、镉、锡、氟及有机磷农药残留量、六六六、DDT等。

微生物指标一般包括细菌总数、大肠菌群数、沙门菌、病原性大肠艾希菌、副溶性弧菌、葡萄球菌等。

检验方法按照国家相关标准规定执行。

2)结果判定

按照技术要求规定的各项指标,其中有一项不符合技术要求的产品,不得作为有机产品。

项目小结)))

园艺产品安全生产产品质量检验技术包括无公害食品产品质量检验、绿色食品产品质量检验、有机食品产品质量检验,本项目介绍了产品质量检验的目的、检验机构,产品质量检验的项目、方法和结果的判定等。

案例分析)))

有机茶产品检验

1)取样

(1)取样条件

取样工作环境应满足食品卫生的有关规定,防止外来杂质混入样品。

取样用具和盛器(包装袋)应符合食品卫生的有关规定,即清洁、干燥、无锈、无异味;盛器(包装袋)应能防潮、避光。

(2)取样工具和器具

取样时应使用下列工具和器具:开箱器、取样铲、有盖的专用茶箱、塑料布、分样器、茶样罐、包装袋。

(3)取样方法

大包装茶取样,取样件数按下列规定:1~5件,取1件;6~50件,取2件;51~500件,每增加50件(不足50件按50件计)增取1件;501~1 000件,每增加100件(不足100件按100件计)增取1件;1 000件以上,每增加500件(不足500件按500件计)增取1件。

在取样时如发现茶叶品质、包装或堆存有异常情况时,可酌情增加或扩大取样数量,以保证样品的代表性,必要时应停止取样。

取样步骤:包装时取样,即在产品包装过程中取样,在茶叶定量装件时,每装若干件后,用取样铲取出样品250 g。所取的原始样品盛于有盖的专用茶箱中,然后混匀,用分样器或四分法逐步分至500~1 000 g,作为平均样品,分装于两个茶样罐中,供检验用。检验用的试验样品应有所需的备份,以供复验或备查之用。

包装后取样,即在产品成件、打包、刷唛后取样。在整批茶叶包装完成后的堆垛中,从不同堆放位置随即抽取规定的件数。逐件开启后,分别将茶叶倒在塑料布上,用取样铲各取出有代表性的样品约250 g,置于有盖的专用茶箱中,混匀。用分样器或四分法逐步分至500~1 000 g,作为平均样品分装于两个茶样罐中,供检验用。检验用的试验样品应有所需的备份,以供复验或备查之用。

小包装茶取样,取样件数同大包装茶。包装时取样同大包装茶。

包装时取样,在整批茶叶包装完成后的堆垛中,从不同堆放位置随即抽取规定的件数。逐件开启后,从各件内不同位置处取出2~3盒,盛于防潮的容器中,供单个检验用,其余部分现场拆封,倒出茶叶混匀,再用分样器或四分法逐步分至500~1 000 g,作为平均样品分装于两个茶样罐中,供检验用。检验用的试验样品应有所需的备份,以供复验或备查之用。

（4）样品的包装与标签

所取的平均样品应迅速装在符合规定的茶样罐或包装袋,并贴上封样条。

每个样品的茶样罐或包装袋都应有标签,详细标明样品名称、等级、生产日期、批次、取样基数、产地、样品数量、取样地点、日期、取样者的姓名及所要说明的重要事项。

样品运送:所取的样品应及时发往检验部分,最迟不超过48 h。

取样报告单:报告单一式三份,应注明容器或包装袋的外观,以及影响茶叶品质的各种因素,包括下列内容:取样地点、取样日期、取样时间、取样者姓名、取样方法、取样时样品所属单位盖章或证明人签名,品名、规格、等级、产地、批次、取样基数,样品数量及其说明,包装质量、取样包装时的气候条件。

2）检验指标

（1）感官品质

各类有机茶的感官品质应符合本类本级实物标准样品质特征或产品实际执行的相应常规产品的国家标准、行业标准、地方标准或企业标准规定的品质要求。

（2）理化品质

各类有机茶的理化品质应符合产品实际执行的相应常规产品的国家标准、行业标准、地方标准或企业标准的规定。

（3）卫生指标

有机茶卫生指标见表5.13。

表5.13　有机茶的卫生指标

项　目	指标/(mg·kg^{-1})	备　注
铅（以 Pb 计）	≤2	紧压茶≤5
铜（以 Cu 计）	≤30	
六六六（BHC）	<LOD^a	
滴滴涕（DDT）	<LOD^a	
三氯杀螨醇（dicofol）	<LOD^a	
氰戊菊酯（fenvalerate）	<LOD^a	
联苯菊酯（biphenthrin）	<LOD^a	
氯氰菊酯（cypermethrin）	<LOD^a	
溴氰菊酯（deltamethrin）	<LOD^a	
甲胺磷（methamidophos）	<LOD^a	
乙酰甲胺磷（acephate）	<LOD^a	
乐果（dimethoate）	<LOD^a	
敌敌畏（dichlorovos）	<LOD^a	
杀螟硫磷（fenitrothion）	<LOD^a	
喹硫磷（quinalphos）	<LOD^a	
其他化学农药	<LOD^a	视需要检测

a:指定方法检出限。

LOD:最低检测限。

(4)包装净含量允差

定量包装规格由企业自定。单件定量包装有机茶的净含量负偏差见表5.14。

表5.14　净含量负偏差净

含　量	负偏差	
	占净含量的百分比/%	质量/g
5~50 g	9	—
51~100 g	—	4.4
101~200 g	4.5	—
201~300 g	—	9
301~500 g	3	—
501~1 000 g	—	15
1~10 kg	1.5	—
10~15 kg	—	150
15~25 kg	1.0	—

3)试验方法

按照国家相关标准执行。

4)检验规则

(1)交收(出厂)检验

每批产品交收(出厂)前,生产单位应进行检验,检验合格并附有合格证的产品方可交收(出厂)。

交收(出厂)检验内容为感官品质、水分、粉末、净含量和包装标签。

卫生指标为交收(出厂)定期抽检项目。

总灰分、水浸出物、粗纤维为交收(出厂)抽检项目。

(2)型式检验

型式检验是对产品质量进行全面考核,有下列情形之一者,应对产品质量进行型式检验:

因人为或自然因素使生产环境发生较大变化;国家质量监督机构或主管部门提出型式检验要求;型式检验即对本标准规定的全部要求进行检验。

(3)检验结果判定

凡劣变、污染、有异味茶叶,均判为不合格产品。

卫生指标检验不合格,不得作为有机茶。

交收检验时,按规定的检验项目进行检验,其中有一项检验不合格,不得作为有机茶。

型式检验时,技术要求规定的各项检验,其中有一项不符合技术要求的产品,不得作为有机茶。

（4）复验

对检验结果产生异议时，应对留存样进行复检，或在同批（唛）产品中重新按国家标准《茶叶取样》规定加倍取样，对不合格的项目进行复检，以复检结果为准。

（5）跟踪检查

建立种植开始到贸易全过程各个环节的文档资料及质量跟踪记录系统，供发现质量问题时进行跟踪检查。

案例讨论题)))

1. 比较无公害食品、绿色食品和有机食品产品质量检验指标有何不同？

2. 绿色食品和有机食品卫生标准要求有何差异？

复习思考题)))

1. 产品检验类别有哪些？

2. 无公害食品产品检验抽样原则有哪些？

3. 无公害食品产品检验抽样有哪些要求？

4. 无公害食品产品检验项目有哪些？结果如何判断？

5. 绿色食品产品检验抽样有什么要求？

6. 绿色食品产品检验项目有哪些？结果如何判断？

园艺产品安全生产的认证与管理

项目描述

本项目主要介绍园艺产品安全生产的认证与管理,包括无公害农产品的认证与管理、绿色食品的认证与管理、有机食品的认证与管理等,通过学习使学生掌握我国各类食品认证的程序和管理要求。

学习目标

- 掌握我国无公害农产品、绿色食品认证的程序和标志使用与管理。
- 了解有机食品认证的程序和管理要求。

能力目标

- 具有开展无公害食品、绿色食品认证的能力。

知识点

无公害农产品、绿色食品、有机食品认证的程序;无公害农产品、绿色食品、有机食品标志的使用与管理。

□ **案例导入**

无公害农产品的认证包括哪些?

无公害农产品管理工作由政府推动,并实行产地认定和产品认证的工作模式。无公害农产品认证包括产地认定和产品认证两个方面。产地认定是产品认证的前提和必要条件,是由省级农业行政主管部门组织实施,认定结果报农业部农产品质量安全中心备案、编号;产品认证是在产地认定的基础上对产品生产全过程的一种综合考核评价,由农业部农产品质量安全中心统一组织实施,认证结果报农业部、国家认监委公告。

任务6.1 无公害农产品的认证与管理

6.1.1 无公害食品的认证

1)认证管理机构

农业部农产品质量安全中心承担全国无公害农产品认证工作,于2002年12月成立,为农业部直属单位。

无公害农产品认证是由农业部农产品质量安全中心依据认证认可规则和程序,按照无公害农产品质量安全标准,对未经加工或初加工的食用农产品产地环境、农业投入品、生产过程和产品质量等环节进行审查验证,向经评定合格的农产品颁发无公害农产品认证证书,并允许使用全国统一的无公害农产品标志。

农业部农产品质量安全中心下设种植业产品、畜牧业产品、渔业产品3个认证分中心。各省级农业行政主管部门按照农业部的要求,成立和明确了65个无公害农产品认证省级承办机构。

农业部农产品质量安全中心种植业产品认证分中心受理种植业相关产品生产单位和个人提出的无公害认证申请,并组织检查员对认证产品进行形式和文件审查,并出具审查意见上报中心;组织对申报产品的现场检查,出具现场检查报告;下达产品抽检任务,审查产品检验报告。

省级无公害农产品生产管理办公室负责本辖区内无公害农产品产地认定工作。

2)无公害产地认定

(1)认定条件

无公害农产品产地应当符合下列条件:产地环境符合无公害农产品产地环境的标准要求;区域范围明确;具备一定的生产规模。

知识链接)))

无公害农产品产地认定申报条件(河南省)

产地必须具备良好的自然环境,土壤、水源和农田大气必须符合国家、行业或地方有关无公害农产品产地环境标准,周围不得有"三废"未达标排放的企业;产地应规划科学,布局合理,集中连片,具有一定的生产规模。

蔬菜:保护地种植面积不少于50亩(1亩=0.066 7公顷,下同),露地种植面积不少于300亩;

西(甜)瓜:保护地种植面积不少于 50 亩,露地种植面积不少于 500 亩;

水果:种植面积不少于 300 亩;

茶园:种植面积不少于 200 亩。

（2）产地认定程序

①产地认定申请　申请人向所在地县级以上人民政府农业行政主管部门申领《无公害农产品产地认定申请书》和相关资料,或者从中国农业信息网站(www. agri. gov. cn)下载获取。

申请人向产地所在地县级人民政府农业行政主管部门(以下简称县级农业行政主管部门)提出申请,并提交以下材料:《无公害农产品产地认定申请书》;产地的区域范围、生产规模;产地环境状况说明;无公害农产品生产计划;无公害农产品质量控制措施;专业技术人员的资质证明;保证执行无公害农产品标准和规范的声明;要求提交的其他有关材料。

②产地认定材料审查和现场检查　县级农业行政主管部门自受理之日起 30 日内,对申请人的申请材料进行形式审查。符合要求的,出具推荐意见,连同产地认定申请材料逐级上报省级农业行政主管部门;不符合要求的,应当书面通知申请人。

省级农业行政主管部门应当自收到推荐意见和产地认定申请材料之日起 30 日内,组织有资质的检查员对产地认定申请材料进行审查。材料审查不符合要求的,应当书面通知申请人。材料审查符合要求的,省级农业行政主管部门组织有资质的检查员参加的检查组对产地进行现场检查。现场检查不符合要求的,应当书面通知申请人。

③环境检测　申请材料和现场检查符合要求的,省级农业行政主管部门通知申请人委托具有资质的检测机构对其产地环境进行抽样检验。检测机构应当按照标准进行检验,出具环境检验报告和环境评价报告,分送省级农业行政主管部门和申请人。环境检验不合格或者环境评价不符合要求的,省级农业行政主管部门应当书面通知申请人。

④产地认定评审及颁证　省级农业行政主管部门对材料审查、现场检查、环境检验和环境现状评价符合要求的,进行全面评审,并作出认定终审结论。符合颁证条件的,颁发《无公害农产品产地认定证书》。不符合颁证条件的,应当书面通知申请人。

《无公害农产品产地认定证书》有效期为 3 年。期满后需要继续使用的,证书持有人应当在有效期满前 90 日内按照本程序重新办理。

（3）监督管理

无公害农产品产地应当树立标示牌,标明范围、产品品种、责任人。

经认定的产地应接受县级以上农业行政主管部门或受其委托的检测机构的指导和监督。

有下列情况之一的,取消产地资格,收回产地认定证书和标牌:

产地环境发生改变,经监测不合格的;水源受到严重污染或部分参数超标的;使用高毒、高残留农药、有害激素的;不按标准进行生产或严重违反技术操作规程的;产品出现重大质量安全事故的;没有建立档案管理制度或伪造虚假记录的;连续两次产品质量抽检合格率低于 95% 的;有其他影响产品质量安全因素的。

不执行无公害农产品标准、不进行农产品质量监测、拒绝接受产地资格复查的,责令限期整改;整改不合格的,收回产地认定证书和标牌。

产地认定证书和标牌的使用有效期为3年。有效期内,产地应当自觉接受和配合省认定委或其委托检测机构对产地环境和产品质量年检或抽检。检验不合格的,限期整改;整改不合格的,收回产地认定证书和标牌。

在产地认定有效期到期前的3个月,申请人应当申请认证复审和复检(具体按产地认定程序办理)。省认定委对复检进行审查,审查合格的,换发证书;审查不合格的,限期整改;整改不合格的,收回产地认定证书和标牌。

任何单位或者个人不得伪造、冒用、转让、买卖无公害农产品产地认定证书和标牌。

任何单位或个人未按本办法规定进行无公害农产品产地认定的,不得擅自冠以无公害农产品产地名称,不得使用认定标志。

3)产品的认证

(1)无公害食品认证的申报范围

《无公害农产品管理办法》规定:无公害农产品认证的产品范围由农业部、国家认证认可监督管理委员会共同确定、调整。根据农业部、国家认证认可监督管理委员会公告,共有815多个食用农产品列入无公害农产品认证目录,其中种植业546个,园艺产品434个。

(2)产品认证申请

获得产地认定证书的申请人向中心及其所在省(自治区、直辖市)无公害农产品认证承办机构(以下简称省级承办机构)领取《无公害农产品认证申请书》和相关资料,或者从中心网站(www.aqsc.gov.cn)下载。

申请人填写并向所在省级承办机构递交以下材料:《无公害农产品认证申请书》;《无公害农产品产地认定证书》(复印件);无公害农产品质量控制措施;无公害农产品生产操作规程;无公害农产品有关培训情况和计划;申请认证产品的生产过程记录档案;"公司加农户"形式的申请人应当提供公司和农户签订的购销合同范本、农户名单以及管理措施;营业执照、注册商标(复印件),申请人为个人的需提供身份证复印件;外购原料需附购销合同复印件;初级产品加工厂卫生许可证复印件;要求提交的其他材料。

(3)省级承办机构初审及产品抽检

省级承办机构收到上述申请材料后,进行登记、编号并录入有关认证信息;按照程序文件规定,审查申请书填写是否规范、提交的附报材料是否完整和《无公害农产品产地认定证书》是否有效;根据现场检查情况核实申请材料填写内容是否真实、准确,生产过程是否有禁用农业投入品使用和投入品使用不规范的行为;申请材料不规范的,省级承办机构应当书面通知申请人补充相关材料;申请材料初审合格的,通知申请人委托有资质的检测机构进行抽样、检测;完成认证初审并按规定要求填写《无公害农产品认证报告》;初审合格的申请材料连同《无公害农产品认证报告》以"报审单"形式按规定报中心所属专业认证分中心,同时将《认证信息登录表》报中心审核处。

(4)专业认证分中心复审

专业认证分中心接收省级承办机构报送的认证申请材料及《无公害农产品认证报告》后,复查省级承办机构初审情况和相关申请材料。审查生产过程质量控制措施的可行性;审查生产记录档案和产品《检验报告》的符合性;根据审查过程中发现的问题,通知省级承办机构或申请人补充相关材料,必要时组织现场核查;按照审查分工完成认证材料的复审工作,并按规定要求填写《无公害农产品认证报告》;及时将认证申请审查情况和《无公害农产品认证报告》以"报审单"形式报中心审核处。

（5）中心终审及颁证

中心接受专业认证分中心报送的"报审单"和《无公害农产品认证报告》等材料后，根据专业认证分中心审查推荐情况，组织召开无公害农产品认证评审专家会对材料进行终审；符合颁证条件的，由中心主任签发《无公害农产品认证证书》，并核发认证标志；不符合颁证条件的，中心书面通知相应的分中心、省级承办机构和申请人。

《无公害农产品认证证书》有效期为3年，期满后需要继续使用的，证书持有人应当在有效期满前90日内按照本程序重新办理。

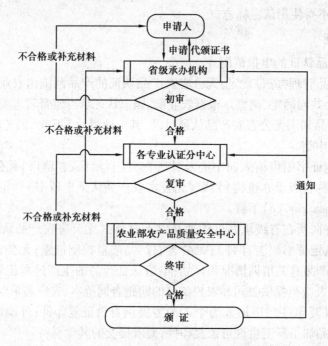

图6.1　无公害农产品认证流程图

4）无公害农产品证书

（1）证书式样

经农业部农产品质量安全中心审定，该获证单位生产的产品符合无公害农产品相关标准要求，准予在产品或产品包装标识上使用无公害农产品标志，特颁此证。

获证单位：×××

通讯地址：×××

产地地址：见附证

产品名称：见附证

批准产量：见附证

证书编号：××-××，详见附证

有效期限：×××年××月至××年××月

签发人：

×××年××月××日

附　证(样式)

×××(获证单位名称)生产的无公害农产品清单(附证与证书同时使用方有效)：

证书编号	商标	产品名称	产量(吨)	产地地址
××	××	××	××	××
××	××	××	××	××
××	××	××	××	××
××	××	××	××	××
××	××	××	××	××

有效期限：×× ××年××月至××年××月

×××年××月××日

(2)无公害农产品产品证号编号方法

无公害农产品产品证号编号由12位英文字母及阿拉伯数字组成。

现举例编号 WGH-BJ03-00031 所表示的含义：

编号由三部分组成：第1至第3位3个拼音字母 WGH 表示无公害农产品产品认定。第4至第5位两个拼音字母为各省、自治区、直辖市、计划单列市、新疆生产建设兵团代码(省、区、市代码见附表)。第6至第7位两个阿拉伯数字表示认定年份。

上例中的 BJ03 表示北京 2003 年认定的产地

第8至第12位五个阿拉伯数字表示当年认定产地的总排序号。

6.1.2　无公害农产品标志的使用与管理

1)无公害农产品标志

无公害农产品标志是由农业部和国家认监委联合制定并发布的,是施加于获得全国统一无公害农产品认证的产品或产品包装上的证明性标记。该标志的使用是政府对无公害农产品质量的保证和对生产者、经营者及消费者合法权益的维护,是国家有关部门对无公害农产品进行有效监督和管理的重要手段。

2)无公害农产品标志的使用与管理

根据《无公害农产品管理办法》的规定获得无公害农产品认证资格的认证机构,负责无公害农产品标志的申请受理、审核和发放工作。

凡获得无公害农产品认证证书的单位和个人,均可以向认证机构申请无公害农产品标志。获得无公害农产品认证证书的单位和个人,可以在证书规定的产品或者其包装上加施无公害农产品标志,用以证明产品符合无公害农产品标准。

印制在包装、标签、广告、说明书上的无公害农产品标志图案,不能作为无公害农产品标志使用。

无公害农产品标志的印制工作应当由经农业部和国家认监委考核合格的印制单位承

担,其他任何单位和个人不得擅自印制。

无公害农产品标志是指农产品安全质量符合无公害要求并经申请取得的专用证明。

《无公害农产品标志管理规定》,凡生产、经销农产品的单位或个人均可自愿申请使用无公害农产品标志。

无公害农产品标志实行统一管理、分级负责。国务院标准化行政主管部门统一管理全国无公害农产品标志的工作,负责对无公害农产品标志管理工作的监督检查;指导协调和处理有关管理工作的重大问题;统一管理《无公害农产品标志证书》和标志;负责受理备案并予以公告。省、自治区、直辖市标准化行政主管部门负责本行政区域内无公害农产品标志的管理工作;负责本行政区域无公害农产品标志的审批、发证、公告和复审工作;负责本行政区域无公害农产品标志使用情况的监督检查工作。

市级标准化行政主管部门负责本行政区域内无公害农产品标志管理工作,受理本行政区域内无公害农产品标志的申请和初审工作;对本行政区域内无公害农产品标志使用情况进行监督检查。

申请使用无公害农产品标志的单位或个人,应向所在市级标准化行政主管部门提出申请。

生产单位或个人申请时应提交使用无公害农产品标志的申请报告。申请报告应包括:申请单位的基本情况、产品种类名称、作业区域、规模,以及产品执行无公害农产品标准的情况;生产技术规范;法定检验机构出具近半年之内的农产品基地环境测试报告和农产品安全质量抽检报告。

经销单位或个人申请时应提交使用无公害农产品标志申请报告。申请报告应包括:申请单位的基本情况、经销规模、产品来源、产品种类及名称、产品执行无公害农产品标准的情况;法定检验机构出具近半年之内的抽检报告;产品质量安全控制措施;工商营业执照。

市级标准化行政主管部门应对申请者的材料和现场进行初审,初审合格后,报省级标准化行政主管部门审批。省、自治区、直辖市标准化行政主管部门根据市级标准化行政主管部门的初审意见及申请者的上报材料进行审查,审查合格并批准后,颁发证书,进行公告,并于批准后30日内报国务院标准化行政主管部门备案。

已经取得证书的单位和个人新增加项目种类或项目种类发生变化时,应提供相关材料报省、自治区、直辖市标准化行政主管部门审批。

无公害农产品标志使用有效期为三年。需继续使用无公害农产品标志的单位和个人,应在期满前六个月内向省、自治区、直辖市标准化行政主管部门提出继续使用标志的申请,复审合格后,方可继续使用无公害农产品标志。复审内容由各省、自治区、直辖市标准化行政主管部门自行规定。

经批准使用证书的单位和个人,可在其生产或经销农产品的包装、标签或产品说明书上使用无公害农产品专用标志。未经批准的单位和个人及没有获得批准的农产品种类,不得擅自使用专用标志。

有下列情况之一的,吊销其生产、经销单位或个人的证书,并责令其停止使用无公害农产品标志,并依据有关法律、法规进行处罚:无公害农产品标志使用有效期内两次产品抽查不合格的;发生产品质量事故造成严重后果的;未经批准擅自使用、伪造、冒用、转让无公害农产品标志的。

各级标准化行政主管部门在监督、管理无公害农产品标志工作中,严禁徇私舞弊、滥用职权,造成严重后果的,由有关主管部门给予行政处分。

3)标识的种类、规格、尺寸

无公害农产品标识种类分为:刮开式纸质标识、锁扣标识、捆扎带标识、揭露式纸质标识、揭露式塑质标识5种,见表6.1。

表6.1　无公害农产品标志规格、尺寸表(直径)

标识种类	规格	尺寸/mm	标识应用范围
刮开式纸质标识	1 号	19×25	加贴在无公害农产品上或产品包装上
	2 号	24×32	
	3 号	36×48	
锁扣标识	个	吊牌 20×30 扣带 2×150	主要应用于鲜活类无公害农产品
捆扎带标识	米	1 000×12	用于需要进行捆扎的无公害农产品上
揭露式纸质标识	1 号	10(直径)	可直接加贴在无公害农产品上或产品包装上
	2 号	15(直径)	
	3 号	20(直径)	
	4 号	30(直径)	
	5 号	60(直径)	
揭露式塑质标识	2 号	15(直径)	加贴于无公害农产品内包装上 或产品外包装上
	3 号	20(直径)	
	4 号	30(直径)	
	5 号	60(直径)	

4)标识的防伪及查询功能

标识除采用传统静态防伪技术外,还具有防伪数码查询功能的动态防伪技术。刮开标识的表面涂层或揭开标识的揭露层,可以看到16位防伪数码。通过手机或计算机输入16位防伪数码查询,不但能辨别标识的真伪,而且能了解到使用该标识的单位、产品、品牌及认证单位的相关信息。在无公害农产品证书的有效期内均可查询。可以通过短信和互联网两种方式进行查询。

(1)短信查询

中国移动、中国联通、中国电信用户,可将16位防伪数码以短信形式从左至右依次输入手机,发送到1066958878,3秒钟左右,手机会收到以下回复信息:您所查询的是××公司(企业)生产的××牌××产品,已通过农业部农产品质量安全中心无公害农产品认证,是全国统一的无公害农产品标识。

(2)互联网查询

点击《中国农产品质量安全网》(网址 www.aqsc.gov.cn)的"防伪查询"栏目,在防伪码填写框内输入 16 位防伪数码,确认无误后按"查询"键,即可迅速得到查询结果。

5)标识的征订与发放

凡适用无公害农产品标识的产品,申请人应在其申请的产品通过认证评审并在《中国农产品质量安全网》公告后 6 个月内完成标识申订工作,超过 6 个月的,视为自动放弃产品认证。

6)标识的使用

(1)范围和期限

使用无公害农产品标识的单位和个人,应当在无公害农产品认证证书规定的产品范围和有效期内使用,不得超范围和逾期使用,不得买卖和转让。

(2)注意事项

标识忌揉搓,忌雨,忌晒,应放在通风、干燥、室温环境中保管。

揭露式标识粘贴稳定后,方可达到设计的揭显效果。

标识只能在标识外包装标签上注明的指定产品上使用,任何未按规定使用标识的,造成查询错误,责任由使用者自行承担。

7)标识使用者的使用管理

标识使用者应当建立标识使用的管理制度,对标识的使用情况如实记录,登记造册并存档,存期 3 年,以备后查。

8)标识的监督、检查、处罚和举报

标识的使用受县级以上地方人民政府农业行政主管部门、质量技术监督部门以及农业部农产品质量安全中心的监督、管理和检查。对不符合使用规定的,农业部农产品质量安全中心将暂停或撤销其认证证书及标识使用权。

任何伪造、变造、盗用、冒用、买卖和转让本标识的单位和个人,按照国家有关法律法规的规定,予以行政处罚;构成犯罪的,依法追究其刑事责任。

任何单位和个人发现任何违反使用规定的,有向国家有关部门(农业部、国家认监委和农业部农产品质量安全中心)举报的权利和义务。

9)证书管理规定

认证机构应当向申请使用无公害农产品标志的单位和个人说明无公害农产品标志的管理规定,并指导和监督其正确使用无公害农产品标志。

认证机构应当按照认证证书标明的产品品种和数量发放无公害农产品标志,认证机构应当建立无公害农产品标志出入库登记制度。无公害农产品标志出入库时,应当清点数量,登记台账;无公害农产品标志出入库台账应当存档,保存时间为 5 年。

认证机构应当将无公害农产品标志的发放情况每 6 个月报农业部和国家认监委。

获得无公害农产品认证证书的单位和个人,可以在证书规定的产品或者其包装上加施无公害农产品标志,用以证明产品符合无公害农产品标准。

6.1.3 无公害农产品的监督管理

1）监督管理机构

农业部、国家质量监督检验检疫总局、国家认证认可监督管理委员会和国务院有关部门根据职责分工依法组织对无公害农产品的生产、销售和无公害农产品标志使用等活动进行监督管理。

2）监管内容

查阅或者要求生产者、销售者提供有关材料；对无公害农产品产地认定工作进行监督；对无公害农产品认证机构的认证工作进行监督；对无公害农产品的检测机构的检测工作进行检查；对使用无公害农产品标志的产品进行检查、检验和鉴定；必要时对无公害农产品经营场所进行检查。

认证机构对获得认证的产品进行跟踪检查，受理有关的投诉、申诉工作。

任何单位和个人不得伪造、冒用、转让、买卖无公害农产品产地认定证书、产品认证证书和标志。

3）罚则

获得无公害农产品产地认定证书的单位或者个人违反本办法，有下列情形之一的，由省级农业行政主管部门予以警告，并责令限期改正；逾期未改正的，撤销其无公害农产品产地认定证书：无公害农产品产地被污染或者产地环境达不到标准要求的；无公害农产品产地使用的农业投入品不符合无公害农产品相关标准要求的；擅自扩大无公害农产品产地范围的。

对于伪造、冒用、转让、买卖无公害农产品产地认定证书、产品认证证书和标志任何的单位和个人，由县级以上农业行政主管部门和各地质量监督检验检疫部门根据各自的职责分工责令停止其行为，并可处以违法所得1倍以上3倍以下的罚款，但最高罚款不得超过3万元；没有违法所得的，可以处1万元以下的罚款。

获得无公害农产品认证并加贴标志的产品，经检查、检测、鉴定，不符合无公害农产品质量标准要求的，由县级以上农业行政主管部门或者各地质量监督检验检疫部门责令停止使用无公害农产品标志，由认证机构暂停或者撤销认证证书。

从事无公害农产品管理的工作人员滥用职权、徇私舞弊、玩忽职守的，由所在单位或者所在单位的上级行政主管部门给予行政处分；构成犯罪的，依法追究刑事责任。

□ 案例导入

绿色食品认证的申报范围有哪些？

绿色食品申请人必须是企业法人，社会团体、民间组织、政府和行政机构等不可作为绿色食品的申请人。同时，申请人必须具备以下条件：具备绿色食品生产的环境条件和技术条件；生产具备一定规模，具有较完善的质量管理体系和较强的抗风险能力；加工企业须生产经营一年以上方可受理申请。有下列情况之一者，不能作为申请人：与中心和省绿办有经济或其他利益关系的；可能引致消费者对产品来源产生误解或不信任的，如批发市场、粮库等；纯属商业经营的企业（如百货大楼、超市等）。

任务 6.2　绿色食品的认证与管理

6.2.1　绿色食品的认证

1)绿色食品认证管理机构及职能

中国绿色食品发展中心是我国唯一从事绿色食品认证工作的机构,其于 2002 年通过了国家认证认可监督管理委员会批准登记。

中国绿色食品发展中心目前已在全国 31 个省、市、自治区委托了 42 个分支管理机构,形成了一个覆盖全国的绿色食品认证管理、技术服务和质量监督网络。

2)认证必须具备的条件

按国家商标类别划分的第 5,29,30,31,32,33 类中的大多数产品均可申请认证;以"食"或"健"字登记的新开发产品可以申请认证;经卫生部公告既是药品也是食品的产品可以申请认证;暂不受理油炸方便面、叶菜类酱菜(盐渍品)、火腿肠及作用机理不甚清楚的产品(如减肥茶)的申请;绿色食品拒绝转基因技术。由转基因原料生产(饲养)加工的任何产品均不受理。

3)绿色食品认证工作程序

(1)申请人提出认证申请

申请人向中国绿色食品发展中心(以下简称中心)及其所在省(自治区、直辖市)绿色食品办公室(以下简称省绿办)、绿色食品发展中心领取《绿色食品标志使用申请书》《企业及生产情况调查表》及有关资料,或从中心网站(www.greenfood.org.cn)下载。

申请人填写并向所在省绿办递交《绿色食品标志使用申请书》《企业及生产情况调查表》及以下材料:保证执行绿色食品标准和规范的声明;生产操作规程(种植规程);公司对"基地＋农户"的质量控制体系(包括合同、基地图、基地和农户清单、管理制度);产品执行标准;产品注册商标文本(复印件);企业营业执照(复印件);企业质量管理手册;要求提供的其他材料(通过体系认证的,附证书复印件)。

(2)受理及文审

省绿办收到上述申请材料后,进行登记、编号,5 个工作日内完成对申请认证材料的审查工作,并向申请人发出《文审意见通知单》,同时抄送中心认证处。

申请认证材料不齐全的,要求申请人收到《文审意见通知单》后 10 个工作日提交补充材料。

申请认证材料不合格的,通知申请人本生长周期不再受理其申请。

申请认证材料合格的,执行现场检查、产品抽样。

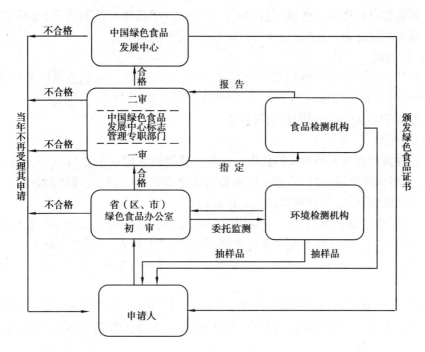

图6.2　绿色食品认证流程

（3）现场检查、产品抽样

省绿办应在《文审意见通知单》中明确现场检查计划，并在计划得到申请人确认后委派2名或2名以上检查员进行现场检查。

检查员根据《绿色食品　检查员工作手册》和《绿色食品　产地环境质量现状调查技术规范》中规定的有关项目进行逐项检查。每位检查员单独填写现场检查表和检查意见。现场检查和环境质量现状调查工作在5个工作日内完成，完成后5个工作日内向省绿办递交现场检查评估报告和环境质量现状调查报告及有关调查资料。

现场检查合格，可以安排产品抽样。凡申请人提供了近一年内绿色食品定点产品监测机构出具的产品质量检测报告，并经检查员确认，符合绿色食品产品检测项目和质量要求的，免产品抽样检测。

现场检查合格，需要抽样检测的产品安排产品抽样：当时可以抽到适抽产品的，检查员依据《绿色食品产品抽样技术规范》进行产品抽样，并填写《绿色食品产品抽样单》，同时将抽样单抄送中心认证处。当时无适抽产品的，检查员与申请人当场确定抽样计划，同时将抽样计划抄送中心认证处。申请人将样品、产品执行标准、《绿色食品产品抽样单》和检测费寄送绿色食品定点产品监测机构。现场检查不合格，不安排产品抽样。

（4）环境监测

绿色食品产地环境质量现状调查由检查员在现场检查时同步完成。

经调查确认，产地环境质量符合《绿色食品产地环境质量现状调查技术规范》规定的免测条件，免做环境监测。

根据《绿色食品产地环境质量现状调查技术规范》的有关规定，经调查确认，必须进行环境监测的，省绿办自收到调查报告2个工作日内以书面形式通知绿色食品定点环境监测机构进行环境监测，同时将通知单抄送中心认证处。

定点环境监测机构收到通知单后,40个工作日内出具环境监测报告,连同填写的《绿色食品环境监测情况表》直接报送中心认证处,同时抄送省绿办。

（5）产品检测

绿色食品定点产品监测机构自收到样品、产品执行标准、《绿色食品产品抽样单》、检测费后,20个工作日内完成检测工作,出具产品检测报告,连同填写的《绿色食品产品检测情况表》,报送中心认证处,同时抄送省绿办。

（6）认证审核

省绿办收到检查员现场检查评估报告和环境质量现状调查报告后,3个工作日内签署审查意见,并将认证申请材料、检查员现场检查评估报告、环境质量现状调查报告及《省绿办绿色食品认证情况表》等材料报送中心认证处。

直接寄送《申请绿色食品认证基本情况调查表》的,应进行登记、编号,在确认收到最后一份材料后2个工作日内下发受理通知书,书面通知申请人,并抄送省绿办。

中心认证处组织审查人员及有关专家对上述材料进行审核,20个工作日内作出审核结论。

审核结论为"有疑问,需现场检查"的,中心认证处在2个工作日内完成现场检查计划,书面通知申请人,并抄送省绿办。得到申请人确认后,5个工作日内派检查员再次进行现场检查。

审核结论为"材料不完整或需要补充说明"的,中心认证处向申请人发送《绿色食品认证审核通知单》,同时抄送省绿办。申请人需在20个工作日内将补充材料报送中心认证处,并抄送省绿办。

审核结论为"合格"或"不合格"的,中心认证处将认证材料、认证审核意见报送绿色食品评审委员会。

（7）认证评审

绿色食品评审委员会自收到认证材料、认证处审核意见后10个工作日内进行全面评审,并作出认证终审结论。

认证终审结论分为两种情况:认证合格、认证不合格。结论为"认证合格"的,颁证。结论为"认证不合格"的,评审委员会秘书处在作出终审结论2个工作日内,将《认证结论通知单》发送申请人,并抄送省绿办。本生产周期不再受理其申请。

（8）颁证

中心在5个工作日内将办证的有关文件寄送"认证合格"申请人,并抄送省绿办。申请人在60个工作日内与中心签订《绿色食品标志商标使用许可合同》。

最后,中心主任签发证书。

4）绿色食品续报程序及标志使用规定

绿色食品生产企业须在绿色食品标志使用许可期限到期之前3个月向当地绿办提出续报申请。

各地绿办在接到企业申请一周之内向企业发出书面受理通知,同时传真到中心备案。

各地绿办在发出受理通知后1个月内须完成材料初审、考察报告撰写工作,并报送中心。

续报工作要充分考虑产品的生产周期特点,合理安排在规定时间内完成续报工作。

中国绿色食品发展中心将对续报企业提供优先、快捷的服务,符合标准的续报企业,中心在收到绿办上报的材料后1个月内完成新证颁发工作。

6.2.2　绿色食品标志的使用与管理

1)绿色食品标志

绿色食品标志是指"绿色食品"、"GreenFood"、绿色食品标志图形及这三者相互组合等四种形式,注册在以食品为主的共九大类食品上,并扩展到肥料等绿色食品相关类产品上。

绿色食品商标已在国家工商行政管理局注册的有四种形式(见图6.3)。

图6.3　AA级绿色食品标志图

2)绿色食品标志使用申请与核准

绿色食品标志商标作为特定的产品质量证明商标,已由中国绿色食品发展中心在国家工商行政管理局注册,其商标专用权受《中华人民共和国商标法》保护。凡具有生产"绿色食品"条件的单位和个人自愿使用"绿色食品"标志者,须向中国绿色食品发展中心或省(自治区、直辖市)绿色食品办公室提出申请,经有关部门调查、检测、评价、审核、认证等一系列过程,合格者方可获得"绿色食品"标志使用权。

绿色食品标志使用证书是申请人合法使用绿色食品标志的凭证,应当载明准许使用的产品名称、商标名称、获证单位及其信息编码、核准产量、产品编号、标志使用有效期、颁证机构等内容。

绿色食品标志使用证书分中文、英文版本两种,具有同等效力。

绿色食品标志使用证书有效期3年。

证书有效期满,需要继续使用绿色食品标志的,标志使用人应当在有效期满3个月前向省级工作机构书面提出续展申请。省级工作机构应当在40个工作日内组织完成相关检查、检测及材料审核。初审合格的,由中国绿色食品发展中心在10个工作日内作出是否准予续展的决定。准予续展的,与标志使用人续签绿色食品标志使用合同,颁发新的绿色食品标志使用证书并公告;不予续展的,书面通知标志使用人并告知理由。

标志使用人逾期未提出续展申请,或者申请续展未获通过的,不得继续使用绿色食品标志。

3)标识的防伪及查询功能

绿色食品标志都要求贴在产品的显眼位置,上面需注明12位的企业信息码,消费者可登录中国绿色食品网进行查询,还可致电各省绿色食品发展中心咨询。

绿色食品标志还印制了采用以造币技术中的网纹技术为核心的纸制防伪标签。标签用绿色食品指定颜色,印有标志及产品编号,背景为各国货币通用的细密实线条纹图案,有采用荧光防伪技术的前中国绿色食品发展中心主任的亲笔签名字样。该防伪标签还具有专用性,因标签上印有产品编号,所以每种标签只能用于一种产品上。防伪标签具有多种规格类型,为满足不同包装的需要分为两种:圆形,直径为 15 mm、20 mm、25 mm、30 mm 不等;长方形,52 mm×126 mm 或按比例变化的任意规格。

4)标志使用管理

标志使用人在证书有效期内享有下列权利:在获证产品及其包装、标签、说明书上使用绿色食品标志;在获证产品的广告宣传、展览展销等市场营销活动中使用绿色食品标志;在农产品生产基地建设、农业标准化生产、产业化经营、农产品市场营销等方面优先享受相关扶持政策。

标志使用人在证书有效期内应当履行下列义务:严格执行绿色食品标准,保持绿色食品产地环境和产品质量稳定可靠;遵守标志使用合同及相关规定,规范使用绿色食品标志;积极配合县级以上人民政府农业行政主管部门的监督检查及其所属绿色食品工作机构的跟踪检查。

未经中国绿色食品发展中心许可,任何单位和个人不得使用绿色食品标志。

禁止将绿色食品标志用于非许可产品及其经营性活动。

在证书有效期内,标志使用人的单位名称、产品名称、产品商标等发生变化的,应当经省级工作机构审核后向中国绿色食品发展中心申请办理变更手续。

产地环境、生产技术等条件发生变化,导致产品不再符合绿色食品标准要求的,标志使用人应当立即停止使用,并通过省级工作机构向中国绿色食品发展中心报告。

5)监督检查

标志使用人应当健全和实施产品质量控制体系,对其生产的绿色食品质量和信誉负责。

县级以上地方人民政府农业行政主管部门应当加强绿色食品标志的监督管理工作,依法对辖区内绿色食品产地环境、产品质量、包装标识、标志使用等情况进行监督检查。

中国绿色食品发展中心和省级工作机构应当建立绿色食品风险防范及应急处置制度,组织对绿色食品及标志使用情况进行跟踪检查。

省级工作机构应当组织对辖区内绿色食品标志使用人使用绿色食品标志的情况实施年度检查。检查合格的,在标志使用证书上加盖年度检查合格章。

标志使用人有下列情形之一的,由中国绿色食品发展中心取消其标志使用权,收回标志使用证书,并予公告:生产环境不符合绿色食品环境质量标准的;产品质量不符合绿色食品产品质量标准的;年度检查不合格的;未遵守标志使用合同约定的;违反规定使用标志和证书的;以欺骗、贿赂等不正当手段取得标志使用权的。

标志使用人依照前款规定被取消标志使用权的,三年内中国绿色食品发展中心不再受理其申请;情节严重的,永久不再受理其申请。

任何单位和个人不得伪造、转让绿色食品标志和标志使用证书。

国家鼓励单位和个人对绿色食品和标志使用情况进行社会监督。

从事绿色食品检测、审核、监管工作的人员,滥用职权、徇私舞弊和玩忽职守的,依照有关规定给予行政处罚或行政处分;构成犯罪的,依法移送司法机关追究刑事责任。

　　承担绿色食品产品和产地环境检测工作的技术机构伪造检测结果的,除依法予以处罚外,由中国绿色食品发展中心取消指定,永久不得再承担绿色食品产品和产地环境检测工作。

6.2.3　绿色食品监督管理

　　绿色食品的监督管理实行企业年检、产品抽检、市场监察、产品公告4项基本监管制度。绿色食品监管制度的框架设计体现了绿色食品监管的完整性。

　　1）绿色食品监管机构及人员建设

　　目前,全国绿色食品监管已形成了以中国绿色食品发展中心、省、地(市)和市(县)4级绿色食品监管组织体系,绿色食品监管人员近5 000人。绿色食品监管机构及人员队伍的建设,保障了绿色食品监管工作的顺利进行,能够按照中心的年度监管计划,层层分解任务,保质保量地完成全年工作。

　　2）绿色食品企业年度检查

　　为了保证绿色食品产品质量,维护绿色食品标志的信誉,加强对绿色食品企业的监督管理,绿色食品企业实施年度检查制度,中心于2002年制定了《绿色食品企业年度检查暂行管理办法》。

　　年度检查是指中国绿色食品发展中心及中心委托管理机构对获得绿色食品标志使用权的企业在一个标志使用年度内的绿色食品生产经营活动、产品质量及标志使用行为实施的监督、检查、考核、评定等,所有获得绿色食品标志使用权的企业在标志有效使用期内,每个标志使用年度均必须进行年检。年检工作由省级绿办负责组织实施,由标志监督管理员具体执行。年检的主要内容包括企业的产品质量及其控制体系状况、规范使用绿色食品标志情况和按规定缴纳标志使用费情况等。

　　种植企业应重点检查病、虫、草害防治及投入品管理情况。

　　经现场检查,检查员将根据年度检查结果以及国家食品质量安全监督部门和行业管理部门抽查检查结果,依据绿色食品管理相关规定,作出年检"合格""整改""不合格"结论,并通知企业。中心根据年度抽检的《检验报告》或国家质量监督检验结果,对产品不符合绿色食品标准或国家相关标准的企业作出整改或取消其标志使用权的决定。

　　3）绿色食品产品年度抽样检查

　　绿色食品发展中心于2002年4月制定了《绿色食品年度抽检工作规范》,以加强对获证产品质量的管理,提高年度产品抽检工作的科学性、公正性和权威性。

　　所有获得绿色食品标志使用权的企业在标志使用的有效期内,必须接受产品抽检。中心协商各绿色食品定点监测机构,在绿色食品产品标准的基础上,确定抽检产品的检测项目,主要以有毒有害物质残留为主。产品抽检样品主要有两个来源:一是在进行绿色食品标志市场监察时同时采集,二是从企业成品库中随机抽样。

　　中心依据检测结果对受检企业及产品作出"产品合格""限期整改"及"产品不合格"的结论,并通知生产企业,同时通报各级绿办。

　　各省、市、自治区委托管理机构可在中心下达的年度产品抽检计划的基础上,结合当地实际编制自行抽检产品的年度计划,自行组织绿色食品产品抽检。委托管理机构自行抽检的产品必须在绿色食品定点监测机构进行检验,并出具正式检验报告。

4）绿色食品市场监察管理

绿色食品发展中心于 2007 年 2 月制定了《绿色食品标志市场监察实施办法》。加强绿色食品标志使用的市场监督管理,规范企业用标,打击假冒行为。

绿色食品标志市场监察是对市场上绿色食品标志使用情况的监督检查,是绿色食品标志管理的重要手段和工作内容。中心负责全国绿色食品标志市场监察工作;各级绿办负责本行政区绿色食品标志市场监察工作。

市场监察行动由各地绿办在当地大、中城市选取 5～10 个有代表性的超市、便利店、专卖店、批发市场、农贸市场等作为监察点,对监察点所售标称绿色食品的产品实施采样监察。

各级绿办对所采集的标称的绿色食品进行登记和初步确认,并拍摄产品实物照片。中心对各地报送的产品名录应逐一核查,对违反有关标志使用规定的,责成有关绿办通知企业限期整改;对假冒绿色食品的,通知有关绿办提请工商行政管理部门和农业行政管理部门依法予以查处。

5）绿色食品公告制度

绿色食品发展中心实行定期对社会公布绿色食品监督管理结果,并于 2003 年公布了《绿色食品标志管理公告、通报实施办法》。

绿色食品通过全国发行的报纸杂志和国际互联网等载体向社会公告绿色食品重要事项或法定事项;以《绿色食品标志管理通报》形式向绿色食品工作系统及有关企业通告绿色食品重要事项或法定事项。

6.2.4 绿色食品生产基地及生产资料的认证

1）建立绿色食品生产基地的目的

建立绿色食品生产基地的目的是为了规范绿色食品基地建设,促进绿色食品开发向专业化、规模化、系列化发展,形成产、供、销一体化,种养、加工一条龙的经营格局,确保绿色食品的质量和信誉。

2）建立绿色食品生产基地的标准

按产品类别不同,绿色食品生产基地可分为 3 种:绿色食品原料生产基地、绿色食品加工品生产基地和绿色食品综合生产基地。

绿色食品综合生产基地应同时具有绿色食品初级产品及绿色食品加工产品,并同时符合绿色食品初级产品原料基地与绿色食品加工产品生产基地的各项标准。

3）绿色食品生产基地申请程序

（1）申请人

符合基地标准,绿色食品生产单位。

（2）申请程序

申请人填写《绿色食品基地申请书》，报绿办；持证岗。组织本单位直接从事绿色食品管理、生产人员参加培训；省绿办实地考察，并写出考察报告；省绿办初审，报中心审核；中心组织专家审核，如合格，派专人进行实地考察；中心与符合标准申请人签订《绿色食品基地协议书》，颁发"绿色食品基地建设通知书"；申请单位实施一年后，由中心和省绿办监督员进行评估和确认。颁发正式的绿色食品基地证书和铭牌，并公告于众。

（3）申报材料

申报材料包括《绿色食品基地申请书》、省绿办考察报告、绿色食品证书文本复印件、绿色食品生产操作规程、基地示意图（图中应明确绿色食品地块与非绿色食品地块）、专管机构及人员组成名单、技术人员名单及合格证书复印件、各种档案制度样本（田间生产管理档案、收购记录、贮藏记录、销售记录、生资购买及使用登记记录等）、检查制度等。

（4）绿色食品基地管理

绿色食品标志只能使用在被认定的生产地块、按绿色食品生产操作规程生产出的产品上，未认定的地块、按其他方式生产的产品，不得使用绿色食品标志。

绿色食品标志还可使用在以下方面：建筑物内外挂贴性装潢；广告、宣传品、办公用品、运输工具、小礼物等。

绿色食品基地自批准之日起 6 年内有效。到期要求继续作为绿色食品基地的，须在有效期满半年内提出续报。否则，视为自放弃。

基地生产者在绿色食品地块要设置展板，记载如下事项：

绿色食品×××基地生产地块

作物名称：

产地编号：

种植面积：

负责人：

时间：

基地生产者田间档案记录在收获后，由专管机构统一保存 6 年。

基地必须使用经中心推荐的绿色食品肥料、农药、添加剂等生产资料。

4）绿色食品生产资料的认定

"绿色食品生产资料"是指经中国绿色食品发展中心认定，符合绿色食品生产要求及相关标准的，被正式推荐用于绿色食品生产的生产资料。绿色食品生产资料包括农药、肥料、包装材料及其他相关生产资料等。

绿色食品生产资料分为 AA 级绿色食品生产资料和 A 级绿色食品生产资料。AA 级绿色食品生产资料推荐用于所有绿色食品生产，A 级绿色食品生产资料仅推荐用于 A 级绿色食品生产。

（1）申请绿色食品生产资料的条件

在申请绿色食品生产资料时，其生产资料必须具备下列条件：经国家有关部门检验登记，允许生产、销售的产品；保护或促进使用对象的生长，或有利于保护和提高产品的品质；不造成使用对象产生和积累有害物质，不影响人体健康；对生态环境无不良影响。

（2）申请绿色食品生产资料的程序

申请企业向所在省（市、自治区）绿色食品委托管理机构或直接向中心提出申请，填写《绿色食品生产资料认定推荐申请书》（一式两份），并提交有关资料。

委托管理机构或中心派检查员对申请企业进行考察，并向中心提交考察报告。

中心对申报材料和考察报告进行初审。合格者，由中心与申请企业签订协议，颁发推荐证书，并发布公告。不合格者，在其不合格部分作出相应改进前，不再受理其申请。

（3）绿色食品生产资料的编号

绿色食品生产资料实行统一编号，编号形式为：

LSSZ—— ×××　××　　××　　××　　××　　　×

| 绿色食品 | 产品 | 批准 | 国家 | 地区 | 产品 | 产品 |
| 生产资料 | 分类 | 年份 | 代号 | 代号 | 序号 | 分级 |

（4）绿色食品生产资料的管理

在绿色食品生产资料产品包装标签的左上方，必须标明"×（A 或 AA）级绿色食品生产资料""中国绿色食品发展中心认定推荐使用"字样及统一编号，并加贴中心统一的防伪标签。

绿色食品生产资料的申报单位须履行与中心签订的协议，不得将推荐证书用于被推荐产品以外的产品，也不得以任何方式许可其联营或合营企业的产品或他人产品享用证书及推荐资格。使用绿色食品生产资料产品证书要按时交纳有关费用。

凡外包装、名称、商标发生变更的绿色食品生产资料产品，须提前将变更情况报中心备案。

绿色食品生产资料自批准之日起，3 年内有效，并实行年审制。需要第 3 年到期后继续推荐其产品的企业，须在有效期期满前 90 天内重新提出申请，未重新申请者，视为自动放弃被推荐的资格，原推荐证书过期作废，企业不得再在原被推荐产品上继续使用原包装标签。

未经中心认定推荐或认定推荐有效期已过或未通过年审的产品，任何单位和个人不得在其包装标签上或广告宣传中使用"绿色食品生产资料""中国绿色食品发展中心认定推荐"等字样或词语。擅自使用者，将追究其法律责任。

取得推荐产品资格的生产企业在推荐有效期内，应接受中心指定的检测单位对其被推荐的产品进行质量抽检。

绿色食品生产资料认定推荐工作由中心统一进行，任何单位、组织均不得以任何形式直接或变相进行绿色食品生产资料的认定、推荐活动。

□ **案例导入**

哪些产品可以进行有机产品认证？

根据我国发布的有机产品认证目录，共有 127 类产品可以进行有机认证，其中包括园艺产品蔬菜 13 类、114 种，如瓜类蔬菜黄瓜、丝瓜等；水果和坚果 15 类、76 种，如苹果、梨等。

任务6.3　有机食品的认证与管理

6.3.1　有机食品认证申报与审批程序

在国内开展有机食品认证的机构较多,不同机构在认证标志和程序上各有不同,下面介绍中绿华夏有机食品认证中心的有机食品认证程序。

1)申请

申请人登录 www.ofcc.org.cn 下载填写《有机食品认证申请书》和《有机食品认证调查表》,下载《有机食品认证书面资料清单》,并按要求准备相关材料。

申请人提交《有机食品认证申请书》《有机食品认证调查表》以及《有机食品认证书面资料清单》要求的文件,提出正式申请。

申请人按《有机产品》国家标准第4部分的要求,建立本企业的质量管理体系、质量保证体系的技术措施和质量信息追踪及处理体系。

2)文件审核

认证中心对申报材料进行合同评审和文件审核;审核合格后,认证中心根据项目特点,依据认证收费细则,估算认证费用,向企业寄发《受理通知书》《有机食品认证检查合同》(简称《检查合同》);若审核不合格,认证中心通知申请人且当年不再受理其申请;申请人确认《受理通知书》后,与认证中心签订《检查合同》。根据《检查合同》的要求,申请人交纳相关费用,以保证认证前期工作的正常开展。

3)实地检查

企业寄回《检查合同》及缴纳相关费用后,认证中心派出有资质的检查员进行检查评估。检查员应从认证中心取得申请人相关资料,依据《有机产品认证实施规则》的要求,对申请人的质量管理体系、生产过程控制、追踪体系以及产地、生产、加工、仓储、运输、贸易等进行实地检查评估。

必要时,检查员需对土壤、产品抽样,由申请人将样品送指定的质检机构检测。

4)编写检查报告

检查员完成检查后,在规定时间内,按认证中心要求编写检查报告,并提交给认证中心。

5)综合审查评估意见

认证中心根据申请人提供的申请表、调查表等相关材料以及检查员的检查报告和样品检验报告等进行综合评审,评审报告提交颁证委员会。

6)颁证决定

颁证委员会对申请人的基本情况调查表、检查员的检查报告和认证中心的评估意见等材料进行全面审查,作出同意颁证、有条件颁证、有机转换颁证或拒绝颁证的决定。证书有效期为 1 年。

当申请项目较为复杂时,或在一段时间内(如 6 个月),召开技术委员会工作会议,对相应项目作出认证决定。

同意颁证。申请内容完全符合有机食品认证标准,颁发有机食品证书。

有条件颁证。申请内容基本符合有机食品标准,但某些方面尚需改进,在申请人书面承诺按要求进行改进以后,亦可颁发有机证书。

有机转换颁证。申请人的基地进入转换期 1 年以上,并继续实施有机转换计划,颁发有机转换证书。从有机转换基地收获的产品,按照有机方式加工,可作为有机转换产品,即"有机转换产品"销售。

拒绝颁证。申请内容达不到有机标准要求,颁证委员会拒绝颁证,并说明理由。

7)颁证决定签发

颁证委员会作出颁证决定后,中心主任授权颁证委员会秘书处(认证二部)根据颁证委员会作出的结论在颁证报告上使用签名章,签发颁证决定。

6.3.2 有机食品的管理

1)有机食品标志的使用

根据证书和《有机食(产)品标志使用章程》的要求,签订《有机食(产)品标志使用许可合同》,并办理有机/有机转换标志的使用手续。

认证证书和认证标志的管理、使用应当符合《认证证书和认证标志管理办法》《有机产品认证管理办法》和有机产品国家标准的规定。

中国有机产品认证标志分为中国有机产品认证标志和中国有机转换产品认证标志。获证产品或者产品的最小销售包装上应当加施中国有机产品认证标志及其唯一编号(编号前应注明"有机码"以便识别)、认证机构名称或者其标识。

初次获得有机转换产品认证证书一年内生产的有机转换产品,只能以常规产品销售,不得使用有机转换产品认证标志及相关文字说明。

认证证书暂停期间,认证机构应当通知并监督获证组织停止使用有机产品认证证书和标志,暂时封存仓库中带有有机产品认证标志的相应批次产品;获证组织应将注销、撤销的有机产品认证证书和未使用的标志交回认证机构或获证组织应在认证机构的监督下销毁剩余标志和带有有机产品认证标志的产品包装。必要时,召回相应批次带有有机产品认证标志的产品。

2)保持认证

有机食品认证证书有效期为 1 年。在新的年度里,COFCC 会向获证企业发出《保持认证通知》。

获证企业在收到《保持认证通知》后,应按照要求提交认证材料、与联系人沟通确定实地检查时间并及时缴纳相关费用。

保持认证的文件审核、实地检查、综合评审、颁证决定的程序同初次认证。

3）认证证书、认证标志的管理

（1）认证证书的变更

获证产品在认证证书有效期内，有下列情形之一的，认证委托人应当向认证机构申请认证证书的变更：有机产品生产、加工单位名称或者法人性质发生变更的；产品种类和数量减少的；有机产品转换期满的；其他需要变更的情形。

（2）认证证书的注销

有下列情形之一的，认证机构应当注销获证组织的认证证书，并对外公布：认证证书有效期届满前，未申请延续使用的；获证产品不再生产的；认证委托人申请注销的；其他依法应当注销的情形。

（3）认证证书的暂停

有下列情形之一的，认证机构应当暂停认证证书 1～3 个月，并对外公布：未按规定使用认证证书或认证标志的；获证产品的生产、加工过程或者管理体系不符合认证要求，且在 30 日内不能采取有效纠正或者（和）纠正措施的；未按要求对信息进行通报的；认证监管部门责令暂停认证证书的；其他需要暂停认证证书的情形。

（4）认证证书的撤销

有下列情况之一的，认证机构应当撤销认证证书，并对外公布：获证产品质量不符合国家相关法规、标准强制要求或者被检出禁用物质的；生产、加工过程中使用了有机产品国家标准禁用物质或者受到禁用物质污染的；虚报、瞒报获证所需信息的；超范围使用认证标志的；产地（基地）环境质量不符合认证要求的；认证证书暂停期间，认证委托人未采取有效纠正或者（和）纠正措施的；获证产品在认证证书标明的生产、加工场所外进行了再次加工、分装、分割的；对相关方重大投诉未能采取有效处理措施的；获证组织因违反国家农产品、食品安全管理相关法律法规，受到相关行政处罚的；获证组织不接受认证监管部门、认证机构对其实施监督的；认证监管部门责令撤销认证证书的；其他需要撤销认证证书的。

（5）认证证书的恢复

认证证书被注销或撤销后，不能以任何理由予以恢复。

被暂停证书的获证组织，需认证证书暂停期满且完成不符合项纠正或者（和）纠正措施并经认证机构确认后方可恢复认证证书。

4）监督检查

国家认监委应当组织地方认证监督管理部门和有关单位对有机产品认证以及有机产品的生产、加工、销售活动进行监督检查。监督检查可采取以下方式：组织同行进行评议；向被认证的企业或者个人征求意见；对认证及相关检测活动及其认证决定、检测结果等进行抽查；要求从事有机产品认证及检测活动的机构报告业务情况；对证书、标志的使用情况进行抽查；对销售的有机产品进行检查；受理认证投诉、申诉，查处认证违法、违规行为。

获得有机产品认证的生产、加工单位或者个人，从事有机产品销售的单位或者个人，应当在生产、加工、包装、运输、贮藏和经营等过程中，按照有机产品国家标准和本办法的规定，建立完善的跟踪检查体系和生产、加工、销售记录档案制度。

进口的有机产品应当符合中国有关法律、行政法规和部门规章的规定，并符合有机产品国家标准。

　　申请人对有机产品认证机构的认证结论或者处理决定有异议的,可以向作出结论、决定的认证机构提出申诉,对有机产品认证机构的处理结论仍有异议的,可以向国家认监委申诉或者投诉。

　　对伪造、冒用、买卖、转让有机产品认证证书、认证标志等其他违法行为,依照有关法律、行政法规、部门规章的规定予以处罚。

　　有机产品认证机构、有机产品检测机构以及从事有机产品认证活动的人员出具虚假认证结论或者出具的认证结论严重失实的,按照《中华人民共和国认证认可条例》的规定予以处罚。

项目小结 >>>

　　本项目主要介绍了园艺产品安全生产的认证与管理,包括无公害农产品产地认定、产品认证,绿色食品的认证、生产资料和生产基地的认证、中绿华夏有机食品认证中心的有机食品的认证等。通过本项目的学习,使学生对目前我国开展的园艺产品安全生产认证有清晰的认识,为今后的工作打下良好的基础。

复习思考题 >>>

1. 无公害农产品产地认定条件有哪些?
2. 无公害农产品认证的机构是什么?
3. 简述无公害农产品认证程序和要求。
4. 试述无公害农产品标志使用要求。
5. 绿色食品的认证范围包括哪些?
6. 简述绿色食品的认证程序。
7. 简述绿色食品标志的使用与管理。
8. 简述绿色食品的监督管理。
9. 简述有机食品的认证程序。

项目7 园艺产品安全生产技术

项目描述

本项目主要介绍园艺产品安全生产技术,包括无公害园艺产品生产技术,绿色园艺产品生产技术,有机园艺产品生产技术,园艺产品安全生产技术不同于传统农业的生产,在园地选择、肥料使用、病虫、草害防治等方面都有严格要求。

学习目标

- 掌握无公害园艺产品生产、绿色园艺产品生产和有机园艺产品生产技术。
- 掌握绿色园艺产品生产中生态建设、污染控制和肥料使用技术。
- 掌握绿色园艺作物栽培病虫、草害防治技术。

能力目标

- 具有从事无公害园艺产品生产和绿色园艺产品生产的能力。
- 具有有机农业生产的能力。

知识点

无公害园艺产品生产、绿色园艺产品生产、有机园艺产品生产的园地选择与规划;绿色园艺产品生产生态建设的内容,无公害园艺产品生产、绿色园艺产品生产、有机园艺产品生产病虫害防治技术,绿色园艺产品生产、有机园艺产品生产土壤管理与施肥技术。

▢ 案例导入

什么是无公害园艺产品生产技术?

无公害园艺产品生产技术就是按照无公害食品的生产技术规程进行的园艺产品生产技术。

任务7.1 无公害园艺产品生产技术

7.1.1 园地选择与规划

1)园地调查与选择

(1)产地要求

①产地生态环境 无公害园艺产品生产产地应选择在生态条件良好,产地区域和灌溉上游无或不直接受工业"三废"、城镇生活、医疗废弃物污染,远离污染源,不受污染源影响或污染物含量限制在允许范围之内,具有可持续生产能力的农业生产区域。

产地必须避开公路主干线、土壤重金属背景值高的地区,与土壤、水源有关的地方病高发区,不能作为无公害园艺产品生产基地。

②产地环境要求 无公害园艺产品产地环境必须经无公害农产品产地环境质量检测机构检测,灌溉用水、土壤、大气等符合国家无公害农产品生产环境质量要求,产地周围3 km范围内没有污染企业;蔬菜、茶叶、果品等产地应远离交通主干道100 m以上;产地应集中连片、产品相对稳定,并具有一定规模。

(2)产地选择原则

产地选择的原则是通过对生产基地环境质量现状调查、评价合格的区域可以选择作为无公害园艺产品生产基地。产地周围5 km以内没有工矿企业污染源的区域可不进行调查。

2)园地规划

按照无公害生产生态建设要求,做好园地规划,规划中应加强生态建设,修筑必要的道路、排灌和蓄水、附属建筑等设施,营造防护林等。防护林选择速生树种,并与种植的园艺产品种类没有共生性病虫害。平地及缓坡地,栽植行为南北向。建议采用长方形栽植。坡度在10°~25°的山地、丘陵地宜选东坡和东南坡建园,栽植行向与梯地走向相同,提倡采用等高栽植。梯地水平走向应有1%~2%的比降。

7.1.2 无公害园艺产品种植技术

1)生产管理制度

安全优质园艺产品是依靠规范生产出来的。园艺产品质量安全必须通过检验检测来验证,但是检验检测并不能保证园艺产品本身的质量安全。只有园艺产品生产过程中严格执行有关质量安全标准,规范操作技术,合理使用各种农业投入品,其产品才可能是合格的、安全的、放心的,生产单位是园艺产品质量安全第一责任人,生产管理制度建设是保证产品质量的根本。

（1）生产管理制度

建立组织机构，无公害园艺产品生产单位充分认识到发展无公害园艺产品生产的意义和必要性，成立质量安全管理领导机构，负责协调实施工作。各项生产措施的实施和各种生产技术规程的制定以及各种农业投入品购买与使用应由专人具体负责。

（2）内检员体系

强化获证单位监管责任意识和内部自律行为是无公害农产品监管的基础。无公害生产企业要求建立完善内检员制度，依据《无公害农产品内检员管理办法》，无公害园艺产品生产企业应配备至少1名培训合格的内检员，保证标准化生产、投入品控制、生产记录落到实处。无公害农产品内检员的设立，对于企业加强日常生产管理、保证农产品质量安全、提高产品竞争力等具有十分显著的促进作用，拥有合格的内检员已是申请无公害农产品认证的资质条件之一。

"无公害农产品内检员"是指负责无公害农产品生产单位内部质量安全管理的专业人员，他们对本单位无公害农产品生产管理过程实施全面的检查与监督。

内检员要开展经常性的自查活动，对生产过程质量安全控制和实施，以及生产过程记录档案建立情况等内容进行检查。

（3）生产规程管理

生产单位在无公害园艺产品生产过程中，严格按照有关标准规定的操作技术规程执行。从栽培品种选择、种子处理、土地选择、合理施肥等生产技术严格标准化。

案例

无公害食品　马铃薯生产技术规程

1）播种前准备

（1）品种与种薯

选用抗病、优质、丰产、抗逆性强、适应当地栽培条件、商品性好的各类专用品种。种薯质量应符合"GB 18133 马铃薯脱毒种薯"和"CB 4406 种薯"的要求。

（2）种薯催芽

播种前15～30 d将冷藏或经物理、化学方法人工解除休眠的种薯置于15～20 ℃、黑暗处平铺2～3层。当芽长至0.5～1 cm时，将种薯逐渐暴露在散射光下壮芽，每隔5 d翻动一次。在催芽过程中淘汰病、烂薯和纤细芽薯。催芽时要避免阳光直射、雨淋和霜冻等。

（3）切块

提倡小整薯播种。播种时温度较高、湿度较大、雨水较多的地区，不宜切块。必要时，在播种前4～7 d，选择健康的、生理年龄适当的较大种薯切块。切块大小以30～50 g为宜。每个切块带1～2个芽眼。切刀每使用10 min后或在切到病、烂薯时，用5%的高锰酸钾溶液或75%酒精浸泡1～2 min或擦洗消毒。切块后立即用含有多菌灵（约为种薯重量的0.3%）或甲霜灵（约为种薯重量的0.1%）的不含盐碱的植物草木灰或石膏粉拌种，并进行摊晾，使伤口愈合，勿堆积过厚，以防烂种。

（4）整地

深耕，耕作深度为20～30 cm。整地，使土壤颗粒大小合适。并根据当地的栽培条件、生态环境和气候情况进行作畦、作垄或平整土地。

(5)施基肥

按照(NY/T 496《肥料合理使用准则通则》)要求,根据土壤肥力,确定相应施肥量和施肥方法。氮肥总用量的70%以上和大部分磷、钾肥料可基施。农家肥和化肥混合施用,提倡多施农家肥。农家肥结合耕翻整地施用,与耕层充分混匀,化肥做种肥,播种时开沟施。适当补充中、微量元素。每生产 1 000 kg 薯块的马铃薯需肥量:氮肥(N)5~6 kg,磷肥(P_2O_5)1~3 kg,钾肥(K_2O)12~13 kg。

2)播种

(1)时间

根据气象条件、品种特性和市场需求选择适宜的播期。一般土壤深约10 cm处地温为7~22 ℃时适宜播种。

地温低而含水量高的土壤宜浅播,播种深度约5 cm;地温高而干燥的土壤宜深播,播种深度约10 cm。

(2)密度

不同的专用型品种要求不同的播种密度。一般早熟品种每公顷种植60 000~70 000株,中晚熟品种每公顷种植50 000~60 000株。

(3)方法

人工或机械播种。降雨量少的干旱地区宜平作,降雨量较多或有灌溉条件的地区宜垄作。播种季节地温较低或气候干燥时,宜采用地膜覆盖。

3)田间管理

(1)中耕除草

齐苗后及时中耕除草,封垄前进行最后一次中耕除草。

(2)追肥

视苗情追肥,追肥宜早不宜晚,宁少毋多。追肥方法可沟施、点施或叶面喷施,施后及时灌水或喷水。

(3)培土

一般结合中耕除草培土2~3次。出齐苗后进行第一次浅培土,显蕾期高培土,封垄前最后一次培土,培成宽而高的大垄。

(4)灌溉和排水

在整个生长期土壤含水量保持在60%~80%。出苗前不宜灌溉,块茎形成期及时适量浇水,块茎膨大期不能缺水。浇水时忌大水漫灌。在雨水较多的地区或季节,及时排水,田间不能有积水。收获前视气象情况7~10 d停止灌水。

(4)投入品使用与管理

按照无公害生产技术规程要求,生产过程投入品如种子、农膜、农药和肥料等生产资料应符合国家相关法律、法规和标准的要求。选择适合当地丰产性好、抗性强的品种,并对农药、肥料等生产投入品按照国家和地方部门制定的技术规程和有关规定要求进行监督管理。特别是在基地内严禁使用剧毒、高毒、高残留农药及伪劣肥料,大力推广使用高效、低毒、低残留生物农药及有机生物肥料。

生产投入品应有专门贮存设施,并符合其贮存要求,投入品应在有效期或保质期内使用。

(5)病虫害监测

无公害园艺产品生产过程中防治病虫害时,必须贯彻"预防为主,综合防治"的植保方针,以农业防治为基础,综合应用生物、物理和化学防治技术,严格控制化学、农药和植物生长调节剂的施用量。

(6)产品质量检测措施

为确保园艺产品质量安全,建立质量管理制度,全面掌握产品质量状况,分析影响产品质量的因素,建立严格的产品抽查制度,定期不定期对生产的产品在上市前进行抽样检测,对不合格的产品严禁上市,并集中进行处理。

(7)生产记录档案

应建立生产过程和主要措施的记录制度,并做好记录与档案管理。

(8)产地环境保护

加强对农药和肥料等生产必须投入品的监督和管理,在基地内严禁使用高毒、高残留农药。肥料的使用也严格按照无公害生产的要求施用,严格控制农药和化肥的安全间隔期。

2)土壤与肥料使用管理技术

(1)基本原则及措施

无公害园艺产品生产施肥以提高土壤肥力、降低作物硝酸盐含量、改善品质和提高产量为指导思想,应优化配方施肥技术,氮磷钾合理搭配。其基本思路是以有机肥为主,控氮、稳磷、增钾,针对性施用微肥,提倡施用作物专用肥、生物肥和复合肥,重施基肥,少施、早施追肥,收获前20~30 d不施氮肥。

以下肥料禁止使用:未经国家或省级农业部门登记的化肥和生物肥料;硝态氮肥、重金属含量超标的有机或无机肥;未经无害化处理的工业废弃物、城市垃圾和污泥;未经发酵腐熟,未达到无害化指标的人、畜粪尿等有机肥料。

(2)施肥方法

氮肥应选用碳酸氢铵、尿素、磷酸二铵,禁止掺和硝态氮肥,无机氮∶有机氮不超1∶1。

氮肥宜早施,后期少施,最后一次追施化肥必须在采收前30 d左右进行。

应控制氮肥用量,氮肥最好深施后并盖土12~15 cm,可减缓硝化作用。

冬春季菜地少用氮肥,原因是地温低,硝酸盐还原酶活性下降,易发生硝酸盐积累。

采用配方施肥,推广复合肥,氮、磷、钾配合使用。

3)病虫害防治技术

采用农业、物理、生物防治,科学配合使用化学防治,合理使用无公害农药(生物活体农药、生物源农药、生物激素农药、矿物源农药和有机合成农药),根据病虫预测预报,对有害生物进行综合防治,将病虫危害控制在允许的经济阈值以下,达到生产安全、优质、无公害产品的目的。严禁使用国家明令禁止的高毒、高残留、高生物富集性、高"三致"(致畸、致癌、致突变)农药,严禁用未核准登记的农药,农药的使用应严格执行国家标准。

（1）农业防治

利用农业生产中的耕作技术来消灭、避免或减轻病虫害的方法。

选育（用）抗病、虫能力强，抗逆性强，适应性强的品种。

选用无病虫种子或对种子进行物理消毒（温汤浸种，磷酸三钠浸种等）。

严格进行场地（苗床、定植田）无害化消毒（清除病残体后用物理法消毒）。

合理进行轮作、间作、套种等。

嫁接换根，培育壮苗，增强自身抗逆性。

及时深翻土地、晒土，起垄栽培，使部分病菌、虫死亡。

产后及时清园，减少病原菌，产中及时销毁病残体。

适期播种，使生长期避开不良气候、季节。

加强环境调控，合理追肥浇水，采用膜下暗灌、滴灌等，降低环境空气湿度，减少病害发生。

（2）物理防治

利用防虫网、黄板诱杀、黑光灯、振频式杀虫灯诱杀、糖醋诱杀、银灰色膜驱避害虫、温汤浸种、高温闷棚、人工捕杀成虫，去除卵块等措施防治病虫害。

（3）生物防治

利用生物天敌、杀虫微生物、农用抗生素及其他生物制剂防治病虫害。

用草蛉、瓢虫等捕食性昆虫防治蚜虫、红蜘蛛等；用赤眼蜂、丽蚜小蜂等寄生性昆虫防治菜青虫、白粉虱、烟青虫等。

用生物源农药防治病虫。

（4）化学防治

利用化学防治时必须在限期内限量使用限定的有机合成的低毒、高效、低残留农药，将病虫危害控制在经济允许水平之下，并保证产品中的农药残留量低于国家标准和对生态环境无污染。

严格执行国家规定，禁止使用高毒高残留农药和无"三证"或"三证"不齐的农药。

对症下药。在充分了解农药性能和使用方法的基础上，根据防治病虫害种类，选用合适的农药类型或剂型。

适期用药。根据病虫害的发生规律，严格掌握最佳防治时期，做到适时用药。对病害要求在发病初期进行防治，控制其发病中心，防止其蔓延发展，一旦病害大量发生和蔓延就很难防治；对虫害则要求做到"治早、治小、治了"，虫害达到高龄期防治效果就差。不同的农药具有不同的性能，防治适期也不一样。生物农药作用较慢，使用时应比化学农药提前2~3 d。

科学用药。要注意交替轮换使用不同作用机制的农药，不能长期单一化，防止病原菌或害虫产生抗药性，利于保持药剂的防治效果和使用年限。蔬菜生长前期以高效低毒的化学农药和生物农药混用或交替使用为主，生长后期以生物农药为主。使用农药应推广低容量的喷雾法，并注意均匀喷施。

选择正确喷药点或部位。施药时根据不同时期不同病虫害的发生特点确定植株不同部位为靶标，进行针对性施药，达到及时控制病虫害发生，减少病原和压低虫口数的目的，从而减少用药。例如霜霉病的发生首先在大棚南沿开始，早期防治霜霉病的重点在南沿叶片,喷药多喷叶背面。蚜虫、白粉虱等害虫栖息在幼嫩叶子的背面,因此喷药时必须均匀,喷头向上,重点喷叶背面。

合理混配药剂。采用混合用药方法,达到一次施药控制多种病虫危害的目的。但农药混配要以保持原有效成分或有增效作用,不增加对人畜的毒性并具有良好的物理性状为前提。一般各中性农药之间可以混用;中性农药与酸性农药可以混用;酸性农药之间可以混用;碱性农药不能随便与其他农药混用;微生物杀虫剂(如 Bt)不能同杀菌剂及内吸性强的农药混用;混合农药应随配随用。

严格控制有机合成农药的使用浓度、用药量,不得随意增加使用浓度和次数。

要严格按照期限执行农药安全间隔及用药次数。菊酯类农药的安全间隔期为 5~7 d,有机磷农药为 7~14 d,杀菌剂中百菌清、代森锌、多菌灵间隔应在 14 d 以上,其余为 7~10 d。

 知识链接)))

无公害蔬菜常用农药安全使用标准

农药名称	剂 型	常用药量 g(mL)/667 m² 或稀释倍数	施用方法	最多使用次数	安全间隔期/d
阿维菌素	1.8% EC	33~50 mL	喷雾	1	7
菜喜	2.5% SC	1 000 倍	喷雾	1	1
除尽	10% SC	33.5~50 mL	喷雾	2	14
苏云金杆菌	8 000 μg/mg	60~100 g	喷雾	3	
锐劲特	5% SC	17~33 mL	喷雾	2	10
抑太中	5% EC	40~60 mL	喷雾	1	10
卡死克	5% EC	40~60 mL	喷雾	1	10
灭蝇胺	75% WP	5 000~7 500 倍	喷雾	2	
苦参碱	0.36% WC	500~800 倍	喷雾	2	2
捕快	1.5% WP	1 000~1 500 倍	喷雾	2	5
百得利	2.5% EC	1 000~1 500 倍	喷雾	1	5
除虫净	22% EC	1 000~1 500 倍	喷雾	1	7
三氟氯氰菊酯	2.5% EC	25~50 mL	喷雾	1	7
高效氯氰菊酯	4.5% EC	10~20 mL	喷雾	1	3
溴氰菊酯	2.5% EC	20~40 mL	喷雾	2	2
氯氰菊酯	10% EC	20~40 mL	喷雾	3	7
氟氯氰菊酯	5.7% EC	20~30 mL	喷雾	3	5

续表

农药名称	剂型	常用药量 g(mL)/667 m² 或稀释倍数	施用方法	最多使用次数	安全间隔期/d
贝塔氟氯氰菊酯	2.5% EC	20~30 mL	喷雾	3	7
扫螨净	15% WP	1 000~1 500 倍	喷雾	1	10
克螨特	73% EC	2 000~3 000 倍	喷雾	1	7
吡虫啉	10% EC	10~20 g	喷雾	2	7
扑虱灵	25% WP	25~50 g	喷雾	2	
喹硫磷	25% EC	60~100 mL	喷雾	2	1
毒死蜱	40.7% EC	50~70 mL	喷雾	2	7
万灵	24% WG	83~100 mL	喷雾	2	7
	90% WP	15~20 g		2	7
敌敌畏	80% EC	100~200 g	喷雾	3	7
敌百虫	90% 晶体	100 g	喷雾	2	7
乐果	40% EC	50~100 mL	喷雾	1	7
辛硫磷	50% EC	50~100 mL	喷雾	5	3
			浇根	17	1
百菌清	75% WP	600~800 倍	喷雾	3	7
克露	75% WP	500~800 倍	喷雾	2	5
代森锰锌	80% WP	500~800 倍	喷雾	2	15
	70% WP	500~700 倍		3	7
安泰生	70% WP	500~700 倍	喷雾	2	7
甲霜灵锰锌	58% WP	75~120 g	喷雾	2	2
杀毒矾	64% WP	110~130 g	喷雾	3	3
多菌灵	50% WP	500~1 000 倍	喷雾	2	5
甲基托布津	70% WP	1 000~1 200 倍	喷雾	2	5
扑海因	50% SC	1 000~2 000 倍	喷雾	1	10
氢氧化铜	77% WP	500~600 倍	喷雾	3	3
爱多收	1.8% WC	6 000~8 000 倍	喷雾		7
速克灵	50% WP	40~50 g	喷雾	2	1
粉锈宁	25% WP	35~60 g	喷雾	2	7
乙烯菌核利	50% WP	80~120 g	喷雾		
咪鲜胺锰络合物	50% WP	1 000~1 500 倍	喷雾		10
溴菌腈	25% WP	500~800 倍	喷雾		

续表

农药名称	剂　型	常用药量 g(mL)/667 m² 或稀释倍数	施用 方法	最多使用次数	安全间隔 期/d
施佳乐	40% SC	800～1 200 倍	喷雾		
盐酸吗啉胍·铜	20% WP	400～500 倍			
菌毒清	5% AS	200～300 倍	喷雾		
霜霉威	72.2% AS	600～800 倍	喷雾		5

□ **案例导入**

什么是绿色园艺产品生产技术?

绿色园艺产品生产就是按照绿色食品的生产方式进行的园艺产品生产,其技术不同于传统农业生产,在产地生态建设、肥料使用及农业的使用和病虫草害防治等方面有不同的技术特点。

任务7.2　绿色园艺产品生产技术

7.2.1　产地选择与建设

1)绿色园艺产品产地的概念

绿色园艺产品产地即绿色园艺作物标准化生产基地,是指产地环境质量符合绿色食品有关技术条件要求,按绿色食品技术标准、生产操作规程和全程质量控制体系实施生产和管理,并具有一定规模的园艺作物种植区域。

2)产地选择的目的和内容

(1)绿色园艺产品产地选择的意义

绿色园艺产品产地的选择是指在绿色园艺产品生产之初,通过对产地环境条件的调查研究和现场考察,并对产地环境质量现状作出合理判断的过程。

绿色园艺产品产地是园艺作物的生长地,产地生态环境条件是影响绿色园艺产品的主要因素之一。产地是一个由生物、空气、水、土壤等环境要素组成的生态系统。

园艺作物生产需要在适宜的环境条件下进行,生产环境受到污染、破坏,就会影响到园艺产品的数量和质量,进而影响到人类的生存和发展。因此,生产绿色园艺产品,必须合理选择产地,通过产地的选择,可以较全面地、深入地了解产地及产地周围的环境质量现状,为建立绿色园艺产品产地提供科学的决策依据,为绿色园艺产品质量提供最基础的保障条件;通过产地的选择,可以减少许多不必要的环境监测,从而提高工作效率,并减轻生产企业的经济负担;通过产地的选择,可以发现产地及产地周围环境中存在的问题,从而为保护产地环境、改善产地环境提供最基础的资料。

绿色园艺产品产地选择的任务是为其产地的环境质量监测和质量评价作技术准备。

(2)绿色园艺产品产地选择的内容

绿色园艺作物产地优化选择技术有两方面的内容:一是绿色园艺产品产地环境技术条件,包括绿色园艺产品产地空气环境质量、灌溉水质量和土壤环境质量的各项指标及浓度极限值;二是绿色园艺产品生产基地环境技术评价方法,首先是采取调查淘汰法,对不符合绿色食品产地环境技术条件的地方和企业坚决淘汰,其次是监测评价法,通过检测评价,最终判定是否符合绿色食品产地环境技术条件。

按照中国绿色食品发展中心制定的绿色食品管理办法,为保证绿色食品生产全过程符合绿色食品标准的有关规定,各绿色食品委托管理机构受理申请后,按中心制定的考察要点及企业情况调查表的内容,对申报企业的原料产地进行实地考察,根据考察结果确定是否安排环境监测。

(3)绿色园艺产品产地选择的原则

绿色园艺产品产地一般应选择在空气清新、水质纯净、土壤未受污染,具有良好农业生态环境的地区,应尽量避开繁华都市、工业区和交通要道。边远地区、农村农业生态环境相对较好,是绿色园艺作物生产基地的首要选择;一部分城市郊区受城市污染较轻或未受污染,农业生态环境现状好,也是绿色园艺作物生产基地选择的理想区域。

对大气的要求,产地及产地周围不得有大气污染源,特别是上风口没有污染源,不得有有害气体排放,生产生活用的燃煤锅炉需要除尘除硫装置。大气质量要求稳定,符合绿色食品大气环境质量标准。

对水的要求,除了对水的数量有一定要求外,更重要的是对水环境质量的要求。应选择在地表水、地下水质清洁无污染的地区、水域,水域上游没有对该地区构成污染威胁的污染源,生产用水质量符合绿色食品水质环境质量标准。

对土壤的要求,要求基地位于土壤元素背景值正常区域,基地及基地周围没有金属或非金属矿山,未受到人为污染,土壤中农药残留量较低,并具有较高的土壤肥力,土壤质量符合绿色食品土壤质量标准。

3)生产的污染控制

污染控制是产地环境质量控制的主要内容之一。绿色园艺产品产地有外源污染和内源污染两类。外源污染是生产单位无力进行有效控制的,只能在产地选择时加以回避,所以,产地的污染控制主要是指内源污染,即园艺产品生产自身的污染控制。

园艺产品生产自身的污染主要有不合理的使用化肥、农药、塑料薄膜和农业废弃物处置不当所造成的环境污染和资源浪费等。生产过程的行为控制是绿色园艺产品产地污染控制的有效而重要的途径。目前,在环境管理中,生产过程行为控制是由一些相关的政策、规则、规定、条例等组成的。绿色园艺产品产地的污染行为控制标准主要是生产资料使用规则。生产资料使用规则是对生产过程中物质投入的一个原则性规定,它包括肥料、农药的使用准则。

4) 产地的生态建设

绿色园艺产品生产基地建设除了环境污染控制外,还应对产地生态系统进行合理控制,使其结构合理,功能和谐,生产力达到最大,而调控农业生态系统的最佳途径就是生态环境建设。

(1)绿色食品与生态农业建设的关系

①生态农业是绿色食品开发的基础　生态农业的基础是生态平衡,生态农业强调有机肥与化肥结合,生物防治与化学防治结合;能源充分利用太阳能,加速物质循环和能量转化,提高生物能的利用率和废弃物的再循环率;实现多次增值,合理利用,达到投入少、产出多、能耗低、保护和改善生态环境的目的。由于生态农业可控制污染物不进入农产品,使生态农业产品优质无毒,因此它是绿色食品生产的基础。

②绿色食品的开发促进生态农业的建设　由于绿色食品是出自良好生态环境的优质、营养类食品,因此绿色食品的开发必须以各种先进技术保证绿色食品生产的各个环节不会受到污染;在农业生产过程中不仅限制各种化学农药和化学肥料的施用,提倡生物防治和资源的多级利用等,而且要以开发的绿色食品来提升整个农业生态系统的周转水平,达到生态效应与经济效益的同步提高。可以说,没有优质、高效绿色食品市场拉动的生态农业是没有前途的农业,因此,绿色食品的开发必将促进生态农业的建设。

(2)绿色园艺产品产地生态建设的目标

农业生态系统包括植物、动物、微生物和非生物4个主要组成部分,这4个组成部分通过食物链进行能量转化和物质循环,使系统内紧密地结合成一个整体,系统具有自动调节能力,来保持自身的稳定和平衡。因此,绿色园艺产品生产应从农业生态系统的整体出发,保持和改善自然界的生态平衡,要因地制宜地调整产业结构和布局并不断优化,使其能够相互协调发展。这样的生态系统才能生成最好的动态平衡和实现良性循环。

绿色园艺产品产地生态建设的总目标是:通过产地的生态建设,达到产地生物多样性增加,即农业生物结构合理,功能协调。使产地逐步具有综合性的可持续生产能力,逐步把产地建设成良性循环的生态环境,使产地成为无废物的生产基地。通过绿色园艺产品的生产,使产地土壤成为健康的、肥沃的土壤。

(3)绿色园艺产品产地生态建设的内容与技术

①周边生态建设　在绿色园艺产品生产的同时,需要完善周边生态建设,包括生物多样性建设,植树种草,建设成一个有明显标志的生态隔离带,并同时在第一级生态环境进行水土流失治理。

②产地生态建设　主要包括在耕作技术上,推行间种套种技术,提高生物多样性,减少病虫害的发生;生态优化的农业防治措施,利用物种相生相克原理增强系统的稳定性,提高病虫害的防治能力;利用化学生态学原理,用某些植物所分泌的化学物质吸引或排斥病虫害;保护天敌,减少病虫草害等;物质的多层次利用技术,生物物质的多层次利用是建立在生态学食物链原理基础上的,生态技术将各营养级生物因为食物选择所废弃的或排泄的物质作其他生物的食物加以利用、转化、增值,就能提高生物能的转化率及资源利用率;推广节水灌溉技术。

③土壤生态建设　土壤生态建设主要是指土壤肥力的建设。农业生态系统是一个经

济生产系统,营养物质和能量的输入与输出要趋于平衡。既要有机、无机肥平衡,也要有氮磷钾和微量元素的平衡。作物生产的施肥不仅仅是给作物提供养分,更重要的是培育健康、有活性的土壤。健康的土壤,需具有完善的土壤生态结构,具有生产者(植物)、小型消费者(微型动物)和分解者(微生物),相互间的数量比要协调。用一句通俗的话"施肥不是喂植物,而是喂土壤"。因此,绿色园艺产品生产中肥料施用的基本思想是:创造农业生态系统的良性循环,充分开发和利用本地区、本单位的有机肥源,合理循环使用有机物质;充分发挥土壤中有益微生物在提高土壤肥力中的作用;尽量控制和减少化学合成肥料的施用。

7.2.2　绿色园艺产品种植技术

1)作物种植的特点

绿色园艺产品的种植技术,就是在对环境条件综合评价的基础上,以优良品种为中心,协调运用水、肥、气热等因素,采用先进的耕作、栽培技术,建立良好的立地生态条件,使作物生长健壮、抗性提高、病虫减少,减少农药、化肥的残留,实现产品和环境的无污染,达到绿色食品生产标准的要求。

2)选育高产优质抗性品种

品种是农业生产中重要的生产资料,对绿色园艺产品生产起着重要的作用,通过选育和推广优良品种,可以提高作物的产量和改善产品的品质,丰富园艺产品的种类,满足市场的需要,从而为绿色园艺产品的开发提供充实的资源。

良种选育的基本要求:由于绿色园艺产品的标准和生产规程要求限制速效性化肥和化学农药的使用,在这样的栽培技术条件下,不仅需要高产优质的优良品种,而且特别需要抗性强的优良品种。抗性品种在减轻灾害方面起着重要作用,尤其在避免病虫危害、减少农药的使用上起着预防和决定性作用。因此,在选育和应用品种时,既要兼顾高产、优质的优良性状,更要注意抗性强的优良性状。同时,各地在不断应用充实、更新品种时,也要注意保存当地原有的地方优良品种,保持遗传多样性。

良种繁育:加速良种繁育是迅速推广良种,提高生产水平的重要步骤。种子生产基地至关重要。

良种引种:做好检疫,AA级绿色食品生产基地严格禁止引进转基因品种。

3)耕作技术

耕作技术是一个地区或生产单位的作物种植制度以及与之相适应的养地制度的综合技术体系。绿色园艺产品生产要求基地逐步形成和建立良好的农业生态系统,提高综合生产能力,因此,必须建立一套合理的耕作制度。

(1)绿色园艺产品生产对耕作制度的基本要求

绿色园艺产品生产对耕作制度的要求是强调"种地"和"养地"相结合,通过合理的田间作物配置,建立绿色食品的种植制度,充分合理利用土地及其相关的自然资源,全面改善农田营养物质循环,减少和避免土地恶化进程;合理调节和保护现有土地资源,不断提高土地生产力,并为持续增产创造条件。同时要求通过耕作措施改善生态环境,创造有利于作物生长、有益于微生物繁衍的条件,以防止病虫草害的发生。

(2)土壤耕作

土壤是作物的立地基础,是农业生产最基本的生产资料和作物生长的生态环境条件,能够为植物生长提供养分、水分、空气、湿度等。合理的土壤耕作是作物高产的基础。

耕作项目包括翻耕、犁、耙、镇压、中耕等。其作用有疏松土壤、增加土壤透性,翻转耕层,将上层残茬、有机肥、杂草埋入土中,有利于杂草、残茬的腐沤和有机肥的保存与分解,使下层土壤熟化;混拌肥料与土壤,使土壤营养物质均匀一致;平整土地有利于保墒,可提高其他农事操作的质量;压紧土壤有利于土壤减少水分蒸发;土壤翻耕还可以破坏地下害虫的栖息场所,有利于减少害虫的发生数量,也有利于天敌入土觅食。绿色园艺产品生产根据各耕作措施的作用原理,按作物生长对土壤的要求,灵活地加以利用。

(3)实行轮作

轮作是指在同一块田地上,有顺序地在季节间或年间轮换种植不同的作物或复种组合的一种种植方式。轮作是用地养地相结合的一种生物学措施。轮作倒茬本是古老的群众经验,我国早已有关于轮作换茬的记载,如战国末期《吕氏春秋》的《任地》篇中就有"今兹美禾,来兹美麦"的记载。说明当时已经知道禾麦换茬有利于发挥地力。北魏《齐民要术》中有"谷田必须岁易""麻欲得良田,不用故墟""凡谷田,绿豆、小豆底为上,麻、黍、故麻次之,芜菁、大豆为下"等记载,已指出了作物轮作的必要性,并记述了当时的轮作顺序。轮作是一项对土地养用结合、促进持续增产的措施。

欧洲各国在8世纪以前盛行一年麦类、一年休闲的二圃式轮作。中世纪后发展三圃式轮作,即把地分为3区,每区按照冬谷类—春谷类—休闲的顺序轮换,3区中每年有1区休闲、2区种冬、春谷类。由于畜牧业的发展,18世纪开始推行草田轮作。如英国的诺尔福克式轮作制(又称四圃式轮作)把耕地分为4区,依次轮种红三叶草、小麦(或黑麦)、饲用芜菁或甜菜、二棱大麦(或加播红三叶草),4年为一个轮作周期。以后多种形式的大田作物和豆科牧草(或豆科与禾本科牧草混播)轮作,逐渐在欧洲、美洲和澳大利亚等地推行。19世纪,李比希提出植物矿质营养学说,认为需氮作物、需钾作物和需钙作物的轮换可均衡地利用土壤养分。20世纪前期,苏联学者威廉斯认为多年生豆科与禾本科牧草混播,具有恢复土壤团粒结构、提高土壤肥力的作用,因此一年生作物与多年生混播牧草轮换的草田轮作,既可保证作物和牧草产量,又可不断恢复和提高地力。

知识链接 >>>

轮作的作用

合理的轮作有很高的生态效益和经济效益。轮作首先是能够均衡利用土壤养分,因为不同作物从土中吸收各种养分的数量和比例相差很大,通过轮作可以较均衡地利用。其次是改善土壤理化性状,调节土壤肥力。例如氮肥和有机质的增加,特别是水旱轮作对土壤理化性的改善。再者是轮作有利于一些病虫害的防治,尤其是对于一些土传病害和地下害虫如地老虎、金龟子、蝼蛄等的防治,通过水旱轮作可以取得立竿见影的效果。最后应强调的是,轮作可以防除或减轻田间杂草的危害,因为合理轮作是综合除草的重要环节,特别是对于恶性杂草和伴生性杂草是经济有效的措施。

轮作与病虫害防治已成为栽培防治的主要措施之一,特别是土传病害中的苗期及成株期根腐病、马铃薯环腐病、蔬菜与豆科作物的线虫病等,大多可以结合适当作物(非寄主)的轮作得到控制。轮栽防病在一定时期内可使病原物处于"饥饿"状态而削弱致病力或减少病原传播体的数量。具体轮换方式和年限,通常根据病、虫种类而定。对一些地下害虫实行水旱 1~2 年轮作,而对于某些土传病则可能更长。在这期间,植物病原及部分虫卵可能随着病残组织及根残进入土壤,或者在杂草上暂时存活着。但时间已久,残体及杂草腐解,病原物和害虫即暴露在各种微生物和天敌的包围之中,很难独立存活下来。水旱轮作对于控制多种地下害虫的效果也很明显。

轮作倒茬除了直接对病、虫、草等有害生物产生影响外,同时还产生几方面的间接效应,主要是根际效应、残体效应和生防效应。根际效应表现为根泌物影响到根际微生物的组成和数量。这些微生物的活动,又可以影响到植物和病、虫存活及其相互关系。例如根际常见的节杆细菌可以夺取土中维生素 B1,从而使得需要这种维生素的疫霉菌种群下降。万寿菊的根泌物可刺激植物线虫卵块萌发,但它又不是这些线虫的寄主,萌发的线虫因而饿死。植物残体效应表现为对土壤肥力和根际微生物两方面的影响。一般豆科作物积累肥力大于其他植物,有的根茬能促进喜氮微生物,从而降低土中硝酸盐含量。苜蓿残茎可减轻根腐病,但有的残茬如大麦、黑麦、蚕豆等在腐解过程中产生有害物质,能加重丝核菌等所致的豆类根腐病。轮作的生防效果在于非寄主对于病虫的直接排斥,或者根际促使拮抗性微生物增加等。

(4)提高复种指数

复种制度(或叫做耕作制度)是指一年内,在同一耕地上,种植作物一次、二次还是三次,即重复种植作物的次数。

复种指数则指某一地区,全年总播种面积和总耕地面积之比,它是衡量耕地利用程度的重要指标,常用百分数表示。某农场有耕地 1 000 hm^2,全年农作物总播种面积为 1 500 hm^2,则复种指数为 150%(即复种制度为一年二熟),复种面积为 500 hm^2。

提高复种指数,对发展园艺作物生产、增加产量,具有重要作用。目前中国复种的耕地面积约占全国耕地面积的一半,复种的播种面积占总播种面积的 1/2。

(5)间种套种

在一块地上,同时期按一定行数的比例间隔种植两种以上的作物,这种栽培方式叫间种。间种的两种生物共同生长期长。间种往往是高棵作物与矮棵作物间种,如玉米间种大豆或蔬菜。实行间种对高作物可以密植,充分利用边际效应获得高产,矮作物受影响较小,就总体来说由于通风透光好,可充分利用光能和 CO_2,能提高 20% 左右的产量。其中高作物行数越少,矮作物的行数越多,间种效果越好。一般采用 2 行高作物间 4 行矮作物的称为 2:4,采用 4:6 或 4:4 也较多。间种比例可根据具体条件来定。

套种主要是在一种作物生长的后期,种上另一种作物,其共同生长的时间短。

案例

大棚甘蓝、黄瓜、青椒套种技术

甘蓝于12月上旬在棚室内育苗,1月上旬分苗,2月中旬定植,行株距0.35 m×0.33 m,5月上旬收获,下茬春黄瓜2月中旬在温室内采用护根钵育苗,3月中旬套栽定植,5月中旬采收。下茬青椒,7月下旬直播温室内,并用旧塑料膜遮荫防雨,双行单株平作。留苗行株距0.5 m×0.25 m,10月中旬封棚保温,11月下旬开始采收。每亩棚室可产甘蓝4 000 kg、黄瓜6 000 kg、青椒2 500 kg。

7.2.3 肥料使用技术

合理施肥既能维持和提高土壤肥力,又能增加作物产量和改善品质。合理施肥是绿色园艺产品的基本措施之一。

 **知识链接**)))

绿色食品生产施肥原则

绿色园艺产品生产用肥必须符合国家"生产绿色食品的肥料使用原则",生产AA级绿色食品要求使用农家肥和非化学合成商品肥料。

农家肥中的厩肥、牛粪、鸡肥、人粪尿、秸秆、生物肥等需经腐熟后,结合果园深翻或作基肥施用。绿肥如苜蓿、草木樨、沙打旺、小冠花、三叶草、田菁等草类,经过和农家肥混合沤制直接施入地下。

非化学合成肥料的商品肥有腐殖酸和微生物肥料。腐殖酸是大自然的产物,它对土壤团粒结构的改良,促进土壤中有机物分解,植物抗逆性和抗病性有积极作用。微生物肥料是动物有机废物(毛、蹄角)产物,它极易被植物吸收,对促进植物光合作用和加速植物生长有显著的作用。因为腐殖酸和微生物肥料都具有高效、无毒、无污染的特点,应大力推广。而化学合成肥料的大量使用,容易破坏土壤结构,导致土壤板结和地力衰退。

生产A级绿色食品则允许限量使用部分化学合成肥料,如常用的尿素、硫酸钾、果树专用肥、过磷酸钙、磷酸二氢钾等,但禁用硝态氮肥。使用化肥时,必须与有机肥料配合使用,有机氮与无机氮之比为1∶1,也可与微生物肥配合使用,用作追肥时,应在采果前30 d停止使用。

有机肥料是以有机物质为主要成分的肥料,如人、畜粪尿,工厂作坊加工或生活中的废物、废水和污水,垃圾,饼肥,秸秆,还有栽培的绿肥等,可见有机肥料来源广、种类繁多、成分复杂。

1) 增施有机肥

有机肥是指来源于植物和动物,以提供植物养分和改良土壤为主要功效的含碳物料。有机肥主要为农家肥料,是一切含有有机质的肥源的总称。因此一般不含人工合成的化学物质,直接来源于自然界的动植物,是生产绿色园艺产品的首选优质肥料。

（1）有机肥的特点

全面性,能提供作物所必需的营养元素,但养分含量都比较低,而且多以有机形态存在,要通过微生物分解才能被植物吸收,故有机肥一般都要进行材料处理。缓效性,各种有机肥必须通过微生物分解成无机物后,才能被植物吸收利用。分解需要一定的时间,因此,施有机肥后表现出肥效迟缓、平稳、后劲大等特点。持久性,有机肥的肥效比较缓慢,当季不能用完时,下季仍可以继续发挥,养分损失少、残留量高、肥效稳定。有机肥可增加产量和改善品质,有机肥配施适量化肥,能提高抗逆能力,可大大提高商品率。改良土壤的主要物质,微生物在分解过程中生成分泌酶、腐殖质,调节土壤物质和进行能量转化,促进土壤团粒结构形成,增强土壤保水保肥能力。减少病虫害的发生和危害,有益微生物含量高,进入土壤后,内含多种有机介质在土壤中增加多种功能性微生物在生长繁殖过程中产生大量的次生代谢产物,促使有机物的分解转化,能直接或间接为作物提供多种营养和刺激性物质,促进和调控作物生长。同时,在作物根系形成的优势有益菌群能抑制有害病原菌繁衍,增强作物抗逆抗病能力。

（2）有机肥料的种类

有机肥料种类繁多、成分复杂,根据其来源和积制方式可分为以下种类:粪尿肥和厩肥,包括人粪尿、家畜粪尿、厩肥、禽粪、海鸟粪、蚕沙等;堆、沤肥和沼气发酵肥,包括堆肥、沤肥、沼气发酵肥、秸秆直接还田等;饼肥,包括各种饼肥和糟渣肥;绿肥,包括冬季绿肥、夏季绿肥、水生绿肥、野生绿肥(山青湖草等多年生绿肥);杂肥,包括塘泥、沟泥、湖泥、熏土、炕土、硝上、陈墙旧土、工业废渣、生活废渣、屠宰场废物等。

（3）有机肥的施肥技术

①粪尿肥　包括人粪尿和各种家禽、家畜粪尿肥。

人粪尿。人粪尿腐熟后是极好的速效肥料,可作基肥、追肥,也可用人尿浸种,能促进幼苗生长。人粪尿适用于多种作物,特别需氮较多的作物,如蔬菜中的叶菜类、桑树和麻类作物效果更好。人粪尿因含氮多,相对磷、钾少,长期单施人粪尿使薯类淀粉下降、水分多,对果树出现生长过旺、花少、柑橘还出现浮皮果,甜度下降、味淡、酸度增加,所以施用时应配合磷钾肥;而且人粪尿含有机质少,含 NH_4^+ 和 Na^+ 多,长期单施人粪尿对土壤胶体有分散作用,破坏土壤结构,应配合厩肥和堆肥施用。人尿中含有较多的 Cl^- 离子,对忌氯作物,不宜施用过多。

猪粪。由于猪饲料比其他牲畜都细,质量好,粪质纤维较少,养分含量高,含氮量比牛粪高,含钾量也高,所以碳氮比小。加上含水多、纤维少,还有较多氨化细菌故分解缓慢。腐熟后,形成大量质量高的腐殖质和蜡质,阳离子交换量高,所以施用猪粪,能提高土壤保肥保水性;蜡质能防止土壤毛管水分的蒸发。而且,粪质劲柔、后劲长,既长苗,又壮棵,使作物籽粒饱满。

牛粪。牛是反刍动物,饲料经胃中反复消化,粪质细密。牛饮水多,粪中含水量高,通气性差,因此牛粪分解腐熟缓慢,发酵温度低,故称冷性肥料。牛粪养分含量低,特别是碳氮比大,平均达2∶1,阳离子交换量低。牛粪只对改良质地粗、有机质少的砂土,有良好的效果。

马粪。马粪与牛粪有以下不同点,消化饲料不如牛细,所以排泄的粪中纤维素含量高,疏松多孔,因马粪孔隙大,水分蒸发快,所以含水量少。马粪中含有较多的高温纤维分解细菌,能促进纤维分解,所以马粪分解快,发热量大,故又称马粪为热性肥料。养分中的有机质、氮、钾都比牛粪高,马粪除供给养分,还可作发热材料,如提高堆肥温度和苗床温度,也是改良土壤的好材料。

羊粪。羊与牛相同也是反刍动物,但饮水比牛少,所以羊粪质细密干燥,分解发热比马粪低,但比牛粪高,发酵速度也快,因此也称热性肥料。羊粪中有机质、氮和钙都比猪粪、牛粪、马粪高。此外羊粪可与猪粪、牛粪混合堆积,这样可缓和其燥性,达到肥劲平稳。

家禽粪。家禽粪主要有鸡、鸭、鹅、鸽粪等,是良好的有机肥料。家禽粪肥分浓、肥效快,一般视为细肥,多用于蔬菜和经济作物。禽粪中氮素以尿酸态为主,由于尿酸盐类不能直接被作物吸收利用,而且对作物根系生长有害,所以,禽粪作肥料时应先堆腐后施用。腐熟后的禽粪可做基肥、种肥或追肥。

②堆沤肥　包括厩肥、堆肥、沤肥、沼气肥、废弃物肥料等。

厩肥。家畜粪尿和垫圈材料、饲料残茬混合堆积并经微生物作用而成的肥料,富含有机质和各种营养元素。厩肥的作用:提供植物养分,包括必需的大量元素氮、磷、钾、钙、镁、硫和微量元素铁、锰、硼、锌、钼、铜等无机养分;氨基酸、酰胺、核酸等有机养分和活性物质如维生素 B1、B6 等;保持养分的相对平衡;提高土壤养分的有效性。厩肥中含大量微生物及各种酶(蛋白酶、脲酶、磷酸化酶),促使有机态氮、磷变为无机态,供作物吸收。并能使土壤中钙、镁、铁、铝等形成稳定络合物,减少对磷的固定,提高有效磷含量。厩肥能改良土壤结构,腐殖质胶体促进土壤团粒结构形成,降低容重,提高土壤的通透性,协调水、气矛盾;还能提高土壤的缓冲性和改良矿毒田;培肥地力,提高土壤的保肥、保水力。厩肥腐熟后主要作基肥用。新鲜厩肥的养分多为有机态,碳氮比值大,不宜直接施用,尤其不能直接施入水稻田。

堆肥。作物茎秆、绿肥、杂草等植物性物质与泥土、人粪尿、垃圾等混合堆置,经好气微生物分解而成的肥料。多作基肥,施用量大,可提供营养元素和改良土壤性状,尤其对改良砂土、黏土和盐渍土有较好效果。堆制方法,按原料的不同,分高温堆肥和普通堆肥。高温堆肥以纤维含量较高的植物物质为主要原料,在通气条件下堆制发酵,产生大量热量,堆内温度高(50~60 ℃),因而腐熟快,堆制快,养分含量高。高温发酵过程中能杀死其中的病菌、虫卵和杂草种子。普通堆肥一般掺入较多泥土,发酵温度低,腐熟过程慢,堆制时间长。堆制中使养分化学组成改变,碳氮比值降低,能被植物直接吸收的矿质营养成分增多,并形成腐殖质。

沤肥。作物茎秆、绿肥、杂草等植物性物质与河、塘泥及人粪尿同置于积水坑中,经微生物发酵而成的肥料。一般作基肥施入。沤肥可分凼肥和草塘泥两类。凼肥可随时积制,草塘泥则在冬春季节积制。积制时因缺氧,使二价铁、锰和各种有机酸的中间产物大量积累,且碳氮比值过高和钙、镁养分不足,均不利于微生物活动。应翻塘和添加绿肥、适量人粪尿、石灰等,以补充氧气、降低碳氮比值、改善微生物的营养状况,加速腐熟。

沼气肥。作物秸秆、青草和人粪尿等在沼气池中经微生物发酵制取沼气后的残留物。富含有机质和必需的营养元素。沼气发酵慢,有机质消耗较少,氮、磷、钾损失少,氮素回收率达95%、钾回收率在90%以上。沼气水肥作旱地追肥;渣肥作水田基肥,若作旱地基肥施后应覆土。沼气肥出池后应堆放数日后再用。

废弃物肥料。以废弃物和生物有机残体为主的肥料。其种类有生活垃圾、生活污水、屠宰场废弃物、海肥(沿海地区动物、植物性或矿物性物质构成的地方性肥料)。

其他肥料。其他肥料包括泥肥、熏土、坑土、糟渣和饼肥等。土肥类应经存放和晾干,糟渣和饼肥应经腐熟后再用作基肥。

③绿肥及秸秆类有机肥　绿肥,凡是用做肥料的植物绿色体均称为绿肥。各种绿肥养分含量不一,豆科绿肥氮多、磷钾少(特别是磷),非豆科绿肥氮、磷、钾数量较均衡,水生绿肥一般养分含量较少。同一品种作物,因栽培管理、生育期及生长势不同,养分含量也不相同。秸秆类有机肥可以通过粉碎翻压技术直接埋入土中,也可以经过发酵沤制后使用,其特点与沤肥相当。

 知识链接)))

绿肥的作用

绿肥是一种重要的有机肥源,它对于改良土壤、固定氮素、营养植物具有重要作用。翻压绿肥确实可以培肥地力,能为土壤提供丰富的养分。各种绿肥的幼嫩茎叶,含有丰富的养分,一旦在土壤中腐解,能大量地增加土壤中的有机质和氮、磷、钾、钙、镁和各种微量元素。每 1 000 kg 绿肥鲜草,一般可提供氮素 6.3 kg,磷素 1.3 kg,钾素 5 kg,相当于 13.7 kg 尿素,6 kg 过磷酸钙和 10 kg 硫酸钾。绿肥作物的根系发达,如果地上部分产鲜草 1 000 kg,则地下根系就有 150 kg,能大量地增加土壤有机质,改善土壤结构,提高土壤肥力。豆科绿肥作物还能增加土壤中的氮素,据估计,豆科绿肥中的氮有 2/3 是从空气中来的;能使土壤中难溶性养分转化,以利于作物的吸收利用。绿肥作物在生长过程中的分泌物和翻压后分解产生的有机酸能使土壤中难溶性的磷、钾转化为作物能利用的有效性磷、钾;能改善土壤的物理化学性状。绿肥翻入土壤后,在微生物的作用下,不断地分解,除释放出大量有效养分外,还形成腐殖质,腐殖质与钙结合能使土壤胶结成团粒结构,有团粒结构的土壤疏松、透气,保水保肥力强,调节水、肥、气、热的性能好,有利于作物生长;促进土壤微生物的活动。绿肥施入土壤后,增加了新鲜有机能源物质,使微生物迅速繁殖,活动增强,促进腐殖质的形成,养分的有效化,加速土壤熟化。

④土杂肥　包括饼肥、草木灰等。

饼肥。饼肥是含油的种子经压榨去油后剩下的残渣用作肥料的总称,主要有豆饼、棉饼等。饼肥是优质有机肥料,养分完全,肥效持久,可做基肥和追肥施用。亩用量一般 50 ~ 100 kg。做基肥,一般播前 2 ~ 3 周施入,以便让其在土壤中有充分的腐熟时间。做追肥,需先同堆肥或厩肥混合堆积腐熟后应用。饼肥不宜直接作种肥,以免其分解时产生的高温和有机酸,对种子发芽及幼苗生长产生不利影响。

草木灰。草木灰是农家肥料中一种重要的钾肥,其平均含钾量为 5% ~ 10%,而且 80% ~ 90% 是能为作物吸收利用的水溶性有效钾,它是一种速效性肥料,可作基肥或追肥施用,一般每亩用量50~75 kg,也可用作根外追肥。草木灰富含钙质,不宜与过磷酸钙混存、混用,以免降低磷肥的有效性。

⑤泥炭土　泥炭,又称黑土、草炭,是古代低温、湿地的植物遗体,被埋在地下、经数千万年的堆积,在气温较低、雨水少或缺少空气的条件下,植物残体缓慢分解而形成的特殊有机物,多呈棕黄色或浅褐色。我国北方地区分布较多,南方地区只在一些山谷低洼地表土下有零星分布。它是一种很好的栽培基质。形成泥炭的主要植物是泥炭藓、冰藓、苔草和其他水生植物。根据泥炭形成的地理条件、植物种类和分解程度,可分为低位、高位和中位泥炭三大类。

泥炭含大量有机质及氮素,可作肥料,特别是低位泥炭,养分含量高,有利于作肥料用。但泥炭作肥料施用前要经过堆腐,以防止一些还原性物质有损作物生长。泥炭的吸收性能强,所含的大量活性腐殖质具有促进植物呼吸,利于根系发育的作用,故可将泥炭晾干粉碎以后,加入氨水制成腐殖酸铵肥料施用。

2)科学合理施用化肥

化学肥料是利用化学方法合成或将矿石直接加工精制而成,生产 AA 级绿色食品禁止使用任何化学合成肥料,但有必要情况下允许使用无机肥料,如矿物钾肥、矿物磷肥、煅烧磷酸盐、石灰、石膏等,或使用有机肥与无机肥通过机械混合或化学反应而成的肥料。生产A 级绿色食品可以允许限量使用限定品种的化学肥料,允许在有机肥中掺含一定比例的化学肥料(硝态氮肥除外)。为了使绿色食品生产者更好地了解化肥的特点与存在的问题,以及在绿色食品生产中准确地理解《生产绿色食品肥料施用准则》的含义,在生产中科学合理地用好化学肥料,下面介绍一些化学肥料的情况。

(1)化学肥料的一般特性

化肥具有肥效快,肥分单纯,养分含量高,不含有机质,具有一定的酸碱性等特点。

(2)化学肥料存在的问题

化肥的利用效率越来越低,损失率越来越高;过量使用化肥,农产品致死或质量下降;过量施用化肥对生态环境将产生影响。

(3)化肥的施用原则

在绿色园艺产品生产中,逐步减少化肥的使用量,科学合理地使用化肥,严格控制化肥对环境的影响和对园艺产品的污染是非常重要的。总的原则是,所使用的肥料必须限制在不对环境和作物生长产生不良后果;不使园艺产品中有毒物质残留超出对人体健康产生危害的限度;使足够数量的有机质返回到土壤,增加生态体系的生物活性。因此,生产绿色园艺产品需要使用化肥的时候,应遵从以下使用原则:选用的肥料品种必须达到产品标准及绿色食品生产对肥料规定的卫生标准,使用技术也应严格按准则执行。

3)推广使用微生物肥料

(1)微生物肥料的概念

微生物肥料是以微生物的生命活动促使作物得到特定肥料效应的一种制品,是农业生产中使用肥料的一种。

微生物肥料是指"一类含有活微生物的特定制品,应用于农业生产中,作物能够获得特定的肥料效应,在这种效应的产生过程中,制品中的活微生物起关键作用。"

（2）微生物肥料的种类

在我国，微生物肥料又可称为接种剂、生物肥料，菌肥（细菌肥料）等，主要包括以下种类。

根瘤菌肥料，能在豆科植物根上形成根瘤，可同化空气中的氮气，改善豆科植物氮素营养，有花生、大豆、绿豆等根瘤菌剂。

固氮菌肥料，能在土壤中许多作物根际位置固定空气中的氮气，为作物提供氮素营养；又能分泌激素刺激作物生长，有自生固氮菌、联合固氮菌。

磷细菌肥料，能把土壤中难溶性磷转化为作物可以利用的有效磷，改善作物磷素营养，种类有磷细菌、解磷真菌等。

硅酸盐细菌肥料，能对土壤中云母、长石等含钾铝硅酸盐及磷灰石进行分解，释放出钾、磷与其他灰分元素，改善植物的营养条件，有硅酸盐细菌、解钾微生物等。

复合菌肥料，含有两种以上有益微生物，它们之间互不拮抗并能提高作物一种或几种营养元素的供应水平，并含有生理活性物质。根据营养物质的不同可分为：微生物、有机物复合；微生物、有机物质及无机元素复合。

（3）微生物肥料的主要功效

微生物肥料的功效主要与营养元素的来源和有效性有关，主要表现在以下三个方面：

①增加土壤肥力，提高作物产量　这是微生物肥料的主要功效之一，如各种自生、联合、共生的固氮微生物，可以增加土壤中氮素来源，多种解磷、解钾微生物的应用，可以将土壤中难溶的磷、钾分解出来，从而为作物吸收利用。

②产生植物激素类物质　微生物肥料使用后产生植物激素类物质，使植物生长健壮，营养状况得到改善。在植物的生长发育过程中共生微生物产生的植物激素确实起到一定的作用，微生物产生的细胞分裂素与植物根的生长有很好的相关性。能产生细胞分裂素，细胞分裂素可促进细胞分裂和细胞体积增大，可抑制衰老。所以说微生物肥料产生激素类物质，起到刺激和调节植物生长的作用。另外微生物本身在繁殖过程中也会产生一些分泌物，如多种有机酸、维生素、激素、抗生素等，这些分泌物也可以刺激作物生长，防止作物病虫害的发生，使作物自身调节能力增强，在同等产量情况下减少化肥和化学激素类物质的使用，减少污染，同时也降低了生产成本。

③生物防治作用　微生物肥料对有害微生物有生物防治作用，由于在植物根部接种有益微生物，这些微生物在作物根部大量生长繁殖，成为作物根际的优势菌群，限制了其他病原菌的繁殖机会，同时有些微生物本身就对病原菌有拮抗作用，起到减轻作物病虫害的功效。

 知识链接)))

微生物肥料的特点

微生物肥料是一类活菌制品，主要的特点和正确应用有以下几个方面：微生物肥料的核心是制品中特定的有效的活微生物，有效活菌数降到一定数量时，它的作用也就没有了。

微生物肥料是一类农用活菌制剂,从生产到使用都要注意给产品中微生物一个合适的生存环境,主要是水分含量、pH值、温度、载体中残糖含量、包装材料等。

微生物肥料作为活菌制剂也面临有效期问题。此类产品刚生产出来时活菌含量较高,随着保存时间延长和保存条件的变化,产品中的有效微生物数量逐步减少,当减到一定数量时其有效作用则显示不出来。不同微生物肥料的有效期是不同的。使用者一方面要注意在有效期内使用,另一方面要注意维持微生物生命活动的必要条件。

注意适用作物和适用地区,是保证微生物肥料有效作用的重要方面。

施用技术上的问题。微生物肥料使用时一定勿使其长时间暴露在阳光下,以免紫外线杀死肥料中的微生物。有的产品不宜与化肥混施,尤其是一些与固氮有关的微生物肥料不宜与化学氮肥混用,以免杀死其中的有效菌。

(4)微生物肥的施肥技术

①根瘤菌肥料　这种菌剂施入后,遇到相应的豆科植物,即可侵入根内形成根瘤,瘤内的固氮细菌能固定空气中的氮素,并转变为植物可利用的氮化合物。

根瘤菌肥主要用于拌种,在播种前,将菌剂加适量的清水拌成糊状,再与种子拌匀,置于阴凉处,稍干后拌少量泥浆裹种,最后拌磷、钾肥或加少量钼、硼微肥,立即播种。注意菌肥拌种时,不能拌入杂菌、农药以免影响根瘤菌的活性。另外,由于根瘤菌具有专一性,在施用时,根据菌剂的特性选择相应种族,否则不能结瘤固氮。如大豆族瘤菌只能用于大豆,黑豆等作物,而不能用于豌豆和紫云英等作物。根瘤菌与豆科植物共生具有专一性,每种根瘤菌只能在一种或几种豆科植物上形成根瘤,同一互接种族内的植物可以相互利用其根瘤菌形成根瘤,不同互接种族的植物之间不能互相接种根瘤菌形成根瘤,因此,施用根瘤菌肥料时,必须注意这一特性。

根瘤菌肥料的吸附剂多为草炭,为黑褐色或褐色粉末状固体,湿润松散,含水量20% ~35%,一般每克菌剂含活菌数1亿~2亿个,杂菌数小于15%,pH值为6.0~7.5;也有液体状,无异臭味,每毫升含活菌5亿~10亿个,杂菌数小于5%,pH值为5.5~7.0;还有冻干菌剂型,不加吸附剂,为白色粉末状,含菌量比草炭剂高几十倍,但在生产上应用很少。

②磷细菌肥料　磷细菌肥料能把土壤中难溶性的磷转化为作物能利用的有效磷素营养,又能分泌激素刺激作物生长的活体微生物制品。

按剂型不同分为液体磷细菌肥料、固体粉状磷细菌肥料和颗粒状磷细菌肥料。

按菌种及肥料的作用特性分为有机磷细菌肥料、无机磷细菌肥料。

有机磷细菌肥料是指能在土壤中分解有机态磷化物(卵磷脂、核酸和植素等)的有益微生物经发酵制成的微生物肥料。无机磷细菌肥料是指能把土壤中难溶性的不能被作物直接吸收利用的无机态磷化物溶解转化为作物可以吸收利用的有效态磷化物。

磷细菌肥料可以做基肥、追肥和种肥(浸种、拌种):作基肥可与农家肥料混合均匀后沟施或穴施,施后立即覆土;可将肥液于作物开花前期追肥施于作物根部;也可以在磷细菌肥料内加入适量清水调成糊状,加入种子混拌使用。

③抗生菌肥料　这是一类用能分泌抗菌物质和刺激素的微生物所制成的肥料产品。使用菌种通常是放线菌,我国应用多年的"5406"即属此类。这一类制品不仅有肥效作用,而且能抑制某些细菌的繁殖,对作物生长有独特的防病保苗作用;而刺激素则能促进作物

生根、发芽和早熟。"5406"抗生菌还能转化土壤中作物不能吸收利用的氮、磷养分,提高作物对养分的吸收能力。"5406"抗生菌肥可用作拌种、浸种、浸根、蘸根、穴施、追施等。

（5）微生物肥料施用的注意事项

微生物肥料是靠微生物的作用发挥增产作用的,其有效性取决于优良菌种、优质菌剂和有效的施用方法。因此,微生物肥料合理施用的原则是:第一,要保证菌肥有足够数量的有效微生物;第二,要创造适合于有益微生物生长的环境条件。

微生物肥料必须选用质量合格的,质量低劣、过期的不能使用。菌肥必须保存在低温（最适温度 4～10 ℃）、阴凉、通风、避光处,以免失效。

为尽量减少微生物死亡,施用过程中应避免阳光直射;拌种时加水要适量,使种子完全吸附。拌种后要及时播种、覆土,且不可与农药、化肥混合施用。

一般菌肥在酸性土壤中直接施用效果较差,要配合施用石灰、草木灰等,以加强微生物的活动。

微生物生长需要足够的水分,但水分过多又会造成通气不良,影响好气性微生物的活动。因此必须注意及时排灌,以保持土壤中适量的水分。

微生物肥料中的微生物大多是好气性的,如根瘤菌、自生固氮菌、磷细菌等。因此,施用菌肥必须配合改良土壤和合理耕作,以保持土壤疏松、通气良好。

微生物活动需要消耗能量。有机质是微生物的主要能源,有机质分解还能供应微生物养分。因此,施用生物肥料时必须配合施用有机肥料。

微生物生长需要多种养分。因此,必须供应充足的氮磷钾及微量元素。例如豆科作物生长的早期,必须供应适量的氮素,以促进作物生长和根瘤的发育,提高固氮量;施磷肥能发挥"以磷增氮"的作用;适量的钾钙营养有利于微生物的大量繁殖;钼是根瘤菌合成固氮酶必不可少的元素,钼肥与根瘤菌肥配合施用,可明显提高固氮效率。

7.2.4 农药使用技术

1）允许使用的农药种类

（1）生物源农药

①微生物源农药 包括农用抗生素、活体微生物农药、细菌剂、拮抗菌剂、昆虫病原线虫、微孢子、病毒等,农用抗生素有防治真菌病害的灭瘟素、春雷霉素、多抗霉素（多氧霉素）、井岗霉素、农抗菌 120、中生菌素等;防治螨类的浏阳霉素、华光霉素。活体微生物农药包括真菌剂、蜡蚧轮枝菌等。细菌剂如苏云金杆菌、蜡质芽孢杆菌等。病毒如核多角体病毒。

②动物源农药 包括昆虫信息素（或昆虫外激素）和活体制剂,昆虫信息素如性信息素。活体制剂如寄生性、捕食性的天敌动物。

③植物源农药 包括杀虫剂、杀菌剂、拒避剂和增效剂等,杀虫剂有除虫菊素、鱼藤酮、烟碱、植物油等。杀菌剂如大蒜素等。拒避剂如印楝素、苦楝、川楝素。增效剂如芝麻素等。

（2）矿物源农药

矿物源农药主要是无机杀螨杀菌剂。硫制剂主要有硫悬浮剂、可湿性硫、石硫合剂等。

铜制剂主要有硫酸铜、王铜、氢氧化铜、波尔多液等。除此之外还有矿物油乳剂、柴油乳剂等。

（3）有机合成农药

有机合成农药包括中等毒和低素类杀虫杀螨剂、杀菌剂、除草剂。

2）使用准则

绿色园艺产品生产应从作物——病虫草等整个生态系统出发，综合运用各种防治措施，创造不利于病虫草害孳生和有利于各类天敌繁衍的环境条件，保持农业生态系统的平衡和生物多样化，减少各类病虫草害所造成的损失。

优先采用农业措施，通过选用抗病抗虫品种，非化学药剂种子处理，培育壮苗，加强栽培管理，中耕除草，秋季深翻晒土，清洁田园，轮作倒茬、间作套种等一系列措施起到防治病虫草害的作用。

还应尽量利用灯光、色彩诱杀害虫，机械捕捉害虫，机械和人工除草等措施，防治病虫草害。特殊情况下，必须使用农药时，应注意遵守绿色食品农药使用准则。

 知识链接)))

绿色食品的农药使用准则

1）生产 AA 级绿色食品的农药使用准则

应首选使用 AA 级绿色食品生产资料农药类产品。

在 AA 级绿色食品生产资料农药类不能满足植保工作需要的情况下，允许使用以下农药及方法：中等毒性以下植物源杀虫剂、杀菌剂、拒避剂和增效剂，如除虫菊素、鱼藤根、烟草水、大蒜素、苦楝、川楝、印楝、芝麻素等；释放寄生性捕食性天敌动物，昆虫、捕食螨、蜘蛛及昆虫病原线虫等；在害虫捕捉器中允许使用昆虫信息素及植物源引诱剂；允许使用矿物油和植物油制剂；允许使用矿物源农药中的硫制剂、铜制剂；经专门机构核准，允许有限度地使用活体微生物农药，如真菌制剂、细菌制剂、病毒制剂、放线菌、拮抗菌剂、昆虫病原线虫、原虫等；允许有限度地使用农用抗生素，如春雷霉素、多抗霉素（多氧霉素）、井岗霉素、农抗120、中生菌素、浏阳霉素等。

禁止使用有机合成的化学杀虫剂、杀螨剂、杀菌剂、杀线虫剂、除草剂和植物生长调节剂；禁止使用生物源、矿物源农药中混配有机合成农药的各种制剂；严禁使用基因工程品种（产品）及制剂。

2）生产 A 级绿色食品的农药使用准则

应首选使用 AA 级和 A 级绿色食品生产资料农药类产品。

在 AA 级和 A 级绿色食品生产资料农药类产品不能满足植保工作需要的情况下，允许使用以下农药及方法：中等毒性以下植物源农药、动物源农药和微生物源农药；在矿物源农药中允许使用硫制剂、铜制剂；可以有限度地使用部分有机合成农药，并按《农药安全使用标准》《农药合理使用准则》的要求执行。

此外,还需严格执行以下规定:应选用上述标准中列出的低毒农药和中等毒性农药;严禁使用剧毒、高毒、高残留或具有三致(致癌、致畸、致突变)毒性的农药(见附录 A);每种有机合成农药(含 A 级绿色食品生产资料农药类的有机合成产品)在一种作物的生长期内只允许使用一次(其中菊酯类农药在作物生长期只允许使用一次);应按照《农药安全使用标准》《农药合理使用准则》的要求控制施药量与安全间隔期;有机合成农药在农产品中的最终残留应符合《农药安全使用标准》《农药合理使用准则》的最高残留限量(MRL)要求;严禁使用高毒高残留农药防治贮藏期病虫害;严禁使用基因工程品种(产品)及制剂。

7.2.5　病虫草害生态控制技术

为了尽量不用或少用化学农药,可利用各种农业综合措施来创造园艺作物最适生长环境,实施科学系统和规范化的栽培管理措施,对病虫草害进行综合防治。

1)生物防治技术

生物防治就是利用有益生物防治有害生物的方法,这种方法在今后的病虫草害综合防治中将占有重要地位。在自然界,每一种害虫都有制约其种群发展的天敌,否则,这种害虫的种群就会变得非常庞大。这些天敌主要包括病原微生物(病毒、细菌、真菌等)、昆虫(捕食性及寄生性昆虫等)和脊椎动物,其中最常用的天敌是昆虫。

(1)作物虫害的生物防治

作物虫害的生物防治主要包括以虫治虫和以菌治虫。其主要措施是保护和利用自然界害虫的天敌、繁殖优势天敌、发展性激素防治虫害等。生物防治是人类依靠科技进步向病虫草害做斗争的重要措施之一,保护和利用自然界害虫天敌是生物治虫的有效措施,成本低、效果好、节省农药、保护环境。

①以菌治虫　是利用针对某类害虫的病原微生物杀死害虫。这类微生物包括细菌、真菌、病毒、原生物等,对人畜均无影响,使用时比较安全,无残留毒性,害虫对细菌也无法产生抗药性。

生产中应用的主要方式有利用细菌治虫、利用真菌治虫、利用病毒治虫。使害虫致病的细菌称为虫生细菌,有 90 多种,多数属于芽孢杆菌属。因细菌病害而死的虫体,颜色变暗或变黑,软化腐烂,失去原形,具有恶臭,通称为软化病。目前,应用最多的是苏云金杆菌。在蔬菜上对菜青虫有特效,对小菜蛾、甜菜夜蛾、烟青虫、棉铃虫效果也好,对鞘翅目的跳甲、象甲、膜翅目的叶蜂以及螨类,也有一定的防治效果。

苏云金杆菌

　　苏云金杆菌(Bacillus thuringiensis,简称 Bt)是目前产量最大、使用最广的生物杀虫剂。它的主要活性成分是一种或数种杀虫晶体蛋白,又称 δ-内毒素,对鳞翅目、鞘翅目、双翅目、膜翅目、同翅目等昆虫,以及动植物线虫、蜱螨等节肢动物都有特异性的毒杀活性,而对非目标生物安全。因此,Bt 杀虫剂具有专一、高效和对人畜安全等优点。目前苏云金杆菌商品制剂已达 100 多种,是世界上应用最为广泛、用量最大、效果最好的微生物杀虫剂,因而备受人们关注。

　　利用真菌治虫。使害虫致病的真菌称为虫生真菌,有 500 多种。应有较多的有虫霉属白僵菌属、赤座霉属真菌。虫霉属中的蚜霉菌是蚜虫的重要致病真菌,在多雨、温暖的条件下,在菜田可以大量感染桃蚜、菜缢管蚜等蚜虫,使之死亡。白僵菌属中常见的是白僵菌,广泛寄生于鳞翅目、鞘翅目、同翅目等 200 多种昆虫。在菜田用于防治甘蓝夜蛾、马铃薯甲虫、菜粉蝶等多种害虫。

　　利用病毒治虫。使昆虫致病的病毒称为昆虫病毒,超过 700 种。核型多角体病毒、质型多角体病毒、颗粒体病毒是应用最多的三类病毒。核型多角体病毒,侵入害虫的表皮、脂肪体、血细胞及气管皮膜的细胞,在核内发育形成多角体,感染斜纹夜蛾、烟草夜蛾、棉铃虫。质型多角体病毒侵入肠道细胞,在细胞质内形成多角体,感染棉铃虫、粉斑夜蛾、烟青虫。颗粒体病毒侵入脂肪体、上皮细胞,在细胞质或细胞核内发育形成颗粒体,感染黄地老虎、菜青虫。因病毒致死的虫体变软,体内组织液化,体壁破裂流出白色或褐色黏液,但无臭味,常称之为脓病。鳞翅目幼虫死后往往殿足还紧附在枝、叶上,躯体下吊,前部膨大。

　　②以虫治虫　主要包括保护原有的天敌昆虫及补充天敌昆虫等技术。

　　保护原有的天敌昆虫免受不良因素的影响,使它们保持一定的数量,可有效地抑制害虫的发生。自然界中天敌对抑制害虫的种群发展起着决定性作用。天敌种群的发展依赖于害虫种群的发展,尤其对一些专性寄生天敌,其依赖性更强。如中华长尾小蜂,只有在栗瘿蜂大流行年份,其种群数量才会明显增加。当天敌的种群数量达到最大时,栗瘿蜂幼虫被寄生率达到高峰,其危害就得到明显控制。由于栗瘿蜂大量减少,中华长尾小蜂因找不到寄主也就自然消减,甚至找不到它的踪影。

　　补充天敌昆虫,通常用人工繁殖大量天敌昆虫散放,消灭害虫,这种方法适用于本地原有的和引进的天敌昆虫。赤眼蜂、平腹小蜂、金小蜂、七星瓢虫和中华长尾小蜂的利用都收到了较好的效果,如利用广赤眼蜂防治菜青虫。

　　③利用其他有益动物防治害虫　鸟类、蛙类及其他动物,对控制害虫数量的发展有很大作用。例如:利用灰喜鹊吞食害虫;利用鸭子啄食害虫;利用啄木鸟防治林区害虫;蛙类捕食地面和田间各种害虫;蝙蝠消灭大量夜间活动的害虫和蛾类,如金龟子等。加强有益动物的有益活动,可以有效地为农业生产服务。

　　④利用昆虫激素防治害虫　性诱杀虫剂是用化学不育剂使害虫失去繁殖力,造成绝育

而达到杀虫的目的。通过性引诱剂杀灭雄性昆虫,大大影响了该昆虫种群的性别比例,所以导致种群数量下降。

(2)作物病害的生物防治

作物病害的生物防治有两类基本措施,其一是大量引进外源拮抗菌,其二是调节环境条件,使已有的有益微生物群体增长并表现拮抗活性。有益微生物也称拮抗微生物或生防菌。

①生物防治的机制　生物防治主要是利用有益微生物对病原物的各种不利作用,来减少病原物的数量和削弱其致病性。有益微生物还能诱导或增强植物抗病性,通过改变植物与病原物的相互关系,抑制病害发生。

有益微生物对病原物的不利作用主要有抗菌作用、溶菌作用、竞争作用、重寄生作用、捕食作用、交互保护作用等。

有益微生物产生抗菌物质,抑制或杀死病原菌,这称为抗菌作用。例如,绿色木霉产生胶霉毒素和绿色菌素两种抗菌素,拮抗立枯丝核菌等多种病原菌。有些抗菌物质已可以人工提取并作为农用抗菌素定型生产,我国研制的井冈霉素是吸水放线菌井冈变种产生的葡糖苷类化合物,已广泛用于防治多种病害。

植物病原真菌和细菌的溶菌现象是比较普通的,它导致芽管细胞或菌体细胞消解。溶菌现象有自溶性和非自溶性,后者可能是拮抗微生物的酶或抗菌物质所造成的,也可能是细菌被噬菌体侵染所致,有潜在的利用价值。

有益微生物的竞争作用也称占位作用或腐生竞争作用,主要是对植物体表面侵染位点的竞争和对营养物质、氧气与水分的竞争。植物种子用有益细菌处理防治腐霉根腐病,就是由于有益细菌大量消耗土壤中氮素和碳素营养而抑制了病原菌的缘故。根际有益微生物对铁离子的竞争利用也是抑制根部病原菌的重要原因。

重寄生是指病原物被其他微生物寄生的现象。哈茨木霉和钩木霉可以寄生立枯丝核菌和齐整小核菌菌丝,豌豆和萝卜种子用木霉拌种可防治苗期立枯病与猝倒病。栗疫病病原菌弱致病性菌株带有可传染的真菌病毒,已用于防治栗疫病。

捕食作用在病害生防中已有应用。迄今在耕作土壤中已发现了百余种捕食线虫的真菌,其菌丝特化为不同形式的捕虫结构。目前,捕食性真菌已投入商业化生产,其制剂用于防治蘑菇的食菌线虫和番茄根结线虫。

交互保护作用是指接种弱毒微生物诱发植物的抗病性,从而抵抗强毒病原物侵染的现象,在习惯上也列入生物防治的范畴。

②生物防治措施及其应用　多种有益微生物已成功地用于防治植物根病。放射土壤杆菌菌系产生抗菌物质土壤杆菌素 A84,其商品化制剂已用于防治多种园艺作物的根癌病。利用拮抗性木霉制剂处理农作物种子或苗床,能有效地控制由腐霉菌、疫霉菌、核盘菌、立枯丝核菌和小菌核菌侵染引起的根腐病和茎腐病。利用菟丝子炭疽病菌防治大豆菟丝子也取得了较好的效果。

通过亚硝酸诱变得到的黄瓜花叶病的弱毒株系 S-52,将弱毒株系用加压喷雾法接种辣椒和番茄幼苗,可诱导交互保护作用,已用于病毒病害的田间防治。

综合运用生防制剂和杀菌剂可以提高防治效果,降低杀菌剂用量。如哈茨木霉与五氯硝基苯共同施用防治萝卜立枯病和菜豆白绢病、与瑞毒霉共同施用防治辣椒疫病和豌豆根腐病都是成功的实例。

调节土壤环境,增强有益微生物的竞争能力是控制植物根病的又一成功措施。向土壤中添加有机质,诸如作物秸秆、腐熟的厩肥、绿肥、纤维素、木质素、几丁质等可以提高土壤碳氮比,有利于拮抗菌发育,能显著减轻多种根病。利用耕作和栽培措施,调节土壤酸碱度和土壤物理性状,也可以提高有益微生物的抑病能力。例如,酸性土壤有利于木霉孢子萌发,增强对立枯丝核菌的抑制作用,而碱性土壤有利于诱导荧光假单胞杆菌的抑病性。

抑菌土在自然界是普遍存在的,开发利用抑菌土可以防治土传病害,是因为土壤内积累了荧光假单胞杆菌等有益微生物而成为抑菌土。

(3)作物草害的生物防治

①以虫治草 以虫治草就是利用昆虫、线虫取食杂草,而减轻杂草的危害。较成功的案例有:美国和加拿大通过大面积人工释放双金叶甲生物防治贯叶金丝桃,苏联利用豚草条纹叶甲控制豚草,采用线虫防治匐匍矢车菊,澳大利亚通过引进豚草卷蛾防治银胶菊,我国通过引进豚草卷蛾防治非耕地豚草,加拿大利用跳甲防治柏大戟先后均取得了成功。据统计,目前世界上已有100多种昆虫被成功地用于控制杂草的危害。这些成功的例子多集中在美国、澳大利亚、新西兰等移民国,主要是采用从杂草的起源地引入的昆虫防治外来杂草。那些起源于当地的杂草和昆虫由于长期的协同进化,二者在种群数量上多已达到了动态平衡,故以当地昆虫防治当地杂草不易取得成功。采用以虫治草时,所用的昆虫必须满足以下几个条件:寄主专一性强,只伤害靶标杂草,对非靶标作物安全;生态适应性强,能够适应引入地区的多种不良环境条件;繁殖力高,释放后种群自然增长速度快;对杂草防治效果高,可很快将杂草的群体水平控制在其生态经济危害水平之下。

案例

澳大利亚利用仙人掌螟蛾防治仙人掌

在澳大利亚草原上,恶性杂草仙人掌是1800年从美洲作为花卉被引种到澳大利亚的,不料于1925年传播蔓延到了2 400 hm² 的优良牧场上,致使1 200万公顷的草原失去了利用价值,并继续以每年40万 hm² 的速度向其他地区的草原传播蔓延。1920年澳大利亚政府成立了一个仙人掌资源小组,决定向美洲派一名昆虫专家去搜集那里的仙人掌天敌。结果共发现了140种昆虫,其中50种被送到澳大利亚研究饲养,12种被证明可以压制当地仙人掌的生长,其中仙人掌螟蛾的效果最好。于是1925年开始在阿根廷搜集该蛾的幼虫,并将300粒卵放在仙人掌叶片上,船运至澳大利亚,于1926年释放到那里的草场上,4～6年后,放卵区的草原上已基本无仙人掌生长。之后仙人掌螟蛾的群体下降,仙人掌的群体随之上升,从而又促进了仙人掌螟蛾群体的回升。到1935年,昆士兰95%的牧场和新南威尔士75%的草原上的仙人掌已通过这种方法得到了有效控制,从而开创了人类历史上以虫治草的新纪元。

②以菌治草 农业生态系统中,作为植物,杂草和作物一样,也经常会因受到病原微生物的侵害而染病死亡。以菌治草就是利用真菌、放线菌、细菌和病毒等病原微生物或其代谢物来防除和控制杂草的治理措施。自20世纪80年代以来,利用微生物资源开发除草剂一直是杂草微生物防治研究的热点。目前主要有两条途径:一是以病原微生物活的繁殖体

直接作为除草剂,即微生物除草剂,自美国的真菌除草剂 Devine 和 Collego 上市以来,有关病原真菌除草作用的研究越来越多,目前投入市场的也大多为真菌除草剂,因而真菌除草剂已成为微生物除草剂的代名词。二是利用微生物产生的对植物具有毒性作用的次生代谢产物直接或作为新型除草剂的先导化合物,开发微生物源除草剂,目前已商品化的微生物源除草剂主要为放线菌的代谢产物。

据报道,自然界中微生物的次生代谢物达 10 万种以上,目前只有3%得到了鉴定,这其中只有极少数被开发成微生物除草剂。

微生物除草剂的优点是便于生产和施用成本低,易于在土壤中分解,对环境安全;缺点是杀草速度慢,效果易受温度、湿度和太阳辐射等环境因子的影响。

案例

<h2 style="text-align:center">"鲁保 1 号"防治菟丝子</h2>

1963 年山东省农科院植保所刘志海等利用盘长孢状毛盘孢菟丝子变型制成微生物制剂,取名"鲁保 1 号",于大豆菟丝子发生初期,每亩施用 600～1 000 g,对大豆菟丝子的防效达 90% 以上。

③以草食动物治草 人类以草食动物防治杂草的历史虽已悠久,但对其进行系统研究和大面积推广应用还是 20 世纪的事。在以草食动物治草的事例中,最成功的要属以鱼治草。因为以鱼治草,可治草与产鱼兼得,且操作方便,成本低。

据研究,许多食草的鱼类在一昼夜内可食下相当于其自身体重的水生杂草,利用鱼类的偏食性,还可在稻田放养鱼类,选择性地防治稻田杂草。1948 年起,苏联、保加利亚、匈牙利等东欧国家开始利用从中国引入的胖头鱼防治池塘中的喜旱莲子菜、满江红、水马齿、金鱼藻、埃格草、荸荠属、石梓、沼菊等水生杂草;1970 年阿根廷和澳大利亚等国则开始从中国引进草鱼和白鲢防治蜈蚣草、飘拂草、水甜茅属、黑藻、慈姑、眼子菜等;我国近年来利用鱼、蟹防治稻田杂草等,均获得了成功。利用其他鱼类治草,也取得了理想的效果。

2)农业防治技术

农业防治是指综合利用栽培、耕作、施肥、品种等农业技术措施来达到预防或控制病虫害的方法。具体措施有以下几点:

(1)种植优质丰产抗害品种

目前作物抗性育种的特点是对各种病虫害的单项抗性研究向综合抗性发展,单项抗性研究所育成的品种,只能抵抗某一种病虫害的少数生理型,这种抗性易受地域或环境变化影响,不太稳定。而综合抗性研究所育成的品种,能抵抗多种病虫或某一种病害的多种生理型,受地域或环境变化影响小,世界各国在抗病虫育种方面已取得一定的成效。

(2)合理利用土地

合理利用土地就是因地制宜,选择对作物生长有利,而对病虫草害不利的田块,如抑菌土壤。选择地块要考虑病虫草害的潜在危险。合理密植、控制植被覆盖率可以防治病虫害。

(3)改进耕作制度

改进园艺作物耕作制度包括,合理的作物布局、合理轮作、间种套种。根据不同作物的生态特性,充分利用不同作物对光照、温度、湿度等方面的不同要求,通过合理的作物布局,既能提高土地利用率,又能改善环境生态条件,提高产量和品质。

(4)深翻改土

深翻改土不但能疏松土壤,提高土壤通透性,增加土壤保水能力,促进作物对水分和养分的吸收,而且还能破坏害虫在土中的越冬场所,从而消灭害虫。

(5)水肥管理

合理施肥,增加树体营养,增强树势,提高树体抗病虫能力。

(6)田园卫生

许多病害虫在枯枝落叶及病虫枝上越冬,随时清扫落叶,剪除枯枝深埋于树下,或集中烧毁,消灭其中的害虫和病菌,减少病虫害的发生。

3)物理及机械防治技术

利用各种物理因子、机械设备以及现代化工具防治病虫杂草,称为物理及机械防治技术。物理机械防治的领域和内容相当广,包括光学、电学、声学、力学、放射性、航空及人造卫星的利用等。主要有以下几个方面:

(1)隔离法

在掌握病虫发生规律的基础上,在作物与病虫之间设置适当的障碍物,阻止病虫危害或直接杀死病虫,也可阻止气传病菌的侵入。利用银光薄膜覆盖可减少蚜虫发生。用防虫网可阻止小菜蛾、菜青虫对大棚蔬菜的危害。在树干上涂胶刷白可防治害虫下树越冬和上树产卵的危害。果实套袋可有效防止病虫害的危害。

(2)消除法

消除法的对象主要是作物种子中夹带的杂草种子、病种及种子表面的病菌。常用的方法有机械法,如小麦粒线虫病虫瘿汰除机,利用虫瘿和健康小麦种子相对密度不同的原理进行清除。

(3)热处理

利用蒸气、热水、太阳能、烟火等的热度对土壤、种子、植物材料进行处理,可以防治病虫。利用一定温度的热水进行种子及苗木浸泡,可以杀灭病菌;阳光曝晒可以杀死粮食中的害虫;利用低温可以冻死仓库中的害虫;利用太阳能和地膜覆盖自然加温,夏季地温可以升至50 ℃,可以选择性的杀死土壤中的病菌和害虫。

(4)捕杀

根据害虫的栖息地、活动习性等,利用人工器械进行捕杀,如根据金龟子的取食习性或假死性进行打落或振动加以捕杀。利用器械捕杀害虫,如防治麦蚜的拉席、麦蚜车。

(5)诱杀

利用害虫某种趋性如趋光性、趋化性进行诱杀,以及利用有关特性如潜藏、产卵选择性、越冬对环境的特定要求等,可以采用适当方法或器械加以诱杀。

案例

诱杀防治害虫

诱杀分为灯光诱杀、潜所诱杀、食物诱杀、性信息素诱杀、颜色诱杀等。灯光诱杀是利用不同害虫对光色和光度有一定的要求。黑光灯能诱集到700多种昆虫,包括重要农业害虫50多种。用黄色灯光可减少柑橘园吸果夜蛾危害。

潜所诱杀,在树干基部束扎稻草或麦秆诱引苹小、梨小食心虫幼虫,在害虫越冬或化蛹时集中杀灭。

食物诱杀,将食物做成诱饵或毒饵,如用糖醋液诱杀地老虎等夜蛾类成虫,在林内用饵木诱引小蠹虫,在竹林内放置加药的尿液诱杀竹蝗等。

性信息素诱杀,在人工合成的性引诱剂中加入农药进行诱杀,如用性信息素诱杀小菜蛾、梨小食心虫等。

颜色诱杀,利用某些昆虫的视觉趋性制作不同颜色的胶板,黏附并杀灭害虫。很多鳞翅目昆虫都有趋向黄色的习性,故可以在田间设置黄色胶纸板诱捕刚羽化的花蝇成虫等。

(6)利用放射能

放射能防治害虫主要有两种作用:一是直接杀死害虫,二是利用放射能对害虫造成雄性不育。如应用^{60}Co照射仓库害虫。

□ **案例导入**

什么是有机农业?

有机农业是遵照一定的有机农业生产标准,在生产中不采用基因工程获得的生物及其产物,不使用化学合成的农药、化肥、生长调节剂等物质,遵循自然规律和生态学原理,协调种植业和养殖业的平衡,采用一系列可持续发展的农业技术以维持持续稳定的农业生产体系的一种农业生产方式。

任务7.3 有机园艺产品生产技术

7.3.1 有机农业概述

1)有机农业的基本原则

有机农业在发挥其生产功能即提供有机产品的同时,关注人与生态系统的相互作用以及环境、自然资源的可持续利用。根据国际有机农业运动联盟(IFOAM)的文件,有机农业以健康(health)原则、生态(ecology)原则、公正(fairness)原则、关爱(care)原则为基础。这四项原则是通过广泛征求所有相关方的意见而制定的,它们是有机农业得以成长和发展的根基,是设立有机项目和制定有机标准的指南。

(1)健康原则

这一原则要求有机农业将土壤、植物、动物、人类和整个地球的健康作为一个不可分割的整体而加以维持和加强,它认为个体与群体的健康与生态系统的健康不可分割,健康的土壤可以生产出健康的作物,而健康的作物是健康的动物和健康的人类的保障。

健康是指生命系统的完整统一性,它不仅仅是指没有疾病,而且是在身心、社会和生态各层面都能够维持健康。健康的关键特征是具有健全的免疫性、缓冲性和可再生性。不论在农作、加工、销售和消费中,有机农业的作用都要维持和增强整个生态系统以及从土壤最小生物直到人类的所有生物的健康。有机农业尤其致力于生产出高质量和富有营养的食品,为预防性的卫生保健和福利事业作出贡献,应尽量避免使用会有损健康的化学合成的肥料、植物保护产品等。

(2)生态原则

有机农业应以生态系统和生态循环为基础,与自然和谐共处,效仿自然并维护自然。生态原则是有机农业的根本,它表明有机生产要建立在生态过程和循环利用基础之上。生物的营养和健康来自特定的生态环境,比如,栽培作物的土壤、养殖动物的牧场和鱼类等水生生物生活的水环境。

为维持和改善环境质量,保护资源,有机管理必须与当地的条件、生态、文化和规模相适应,通过系统内物质和能量的循环再生和有效管理来降低外部投入品的使用。为实现系统的生态平衡,需要对农业体系进行设计、为野生动植物提供多样化的生境,并保持基因与农业多样性。而且,所有从事有机产品生产、加工、销售及消费有机产品的人都应为保护包括景观、气候、生境、生物多样性、大气和水在内的公共环境作出贡献。

(3)公正原则

有机农业应建立起能确保公平享受公共环境和生存机遇的各种关系。公平原则要求我们尊重人类共有的世界,平等、公正地管理这个世界,这既体现在人类之间,也体现在人类与其他生命体之间。有机农业应向所有相关人员提供高质量的生活,并保障食物主权和减少贫困,其目标是生产足够的食物和其他高质量的产品。

公正原则强调所有从事有机农业的人都应当以公平的方式来处理各种人际关系——包括农民、工人、加工者、经销者和消费者等之间的关系。这一原则还要求根据动物的生理特征、自然习性及它们的健康需要来为它们提供其必要的生存条件和机会。应本着开放、平等并认真考虑环境和社会成本的态度建立生产、流通与贸易体系,并以公平公正和对子孙后代负责任的方式来管理利用自然资源。

(4)关爱原则

有机农业应承担起保护当代人和子孙后代的健康以及保护环境的责任。有机农业是一个充满活力的动态系统,预警和责任是有机农业的管理、发展和技术选择所要考虑的两个关键因素。从事有机农业的人应对拟采取的新技术进行评估,对正在使用的方法也应当进行审核;要充分关注生态系统和农业生产中的不同观点和认识,不能为提高系统的效率和生产力而对人类和环境的健康和福利造成危害。

Care除翻译为"关爱"外,还含有"审慎、谨慎"的意思。有机农业在技术选择上,要报以审慎和负责的态度,即使某些新技术、新手段和新产品能够显著提高生产力,在其安全性还没有完全确定之前,也不要轻易采用,比如,当前颇受争议的转基因技术和转基因产品。有机农业要通过合理的技术选择、抵制无法预知后果的技术等方式来防止重大风险的发生,要采取多方参与的方式进行决策,所做的任何决定都应公开明了,要如实反映出各方的价值和诉求。

2) 有机农业的基本特征

在有机农业生产中,禁止使用化学合成的农药、化肥、生长调节剂等物质,也禁止采用基因工程获得的生物及其产物以及离子辐射技术,提倡建立包括豆科植物在内的作物轮作体系,利用秸秆还田、种植绿肥和利用动物粪便等措施培肥土壤,保持养分循环;要求选用抗性作物品种,采取物理的和生物的措施防治病虫草害,鼓励采用合理的耕作措施,保护生态环境,防止水土流失,保持生产体系及周围环境的生物多样性和基因多样性等。

有机农业在哲学上强调"与自然秩序相和谐""天人合一,物土不二",强调适应自然而不干预自然;在手段上主要依靠自然的土壤和自然的生物循环;在目标上追求生态的协调性,资源利用的有效性,营养供应的充分性。有机农业的核心是建立和恢复农业生态系统的生物多样性和良性循环,以促进农业的可持续发展。

3) 有机农业的主要优点

有机农业在生产农产品的同时,注重生态平衡的建立,防止来自外部环境的污染,避免农业内源污染,对于推进农业可持续发展具有重要作用,特别是对于地处生态环境良好的欠发达地区发展农业生产,促进农民增收意义深远。

有机农业的核心是土壤养护方法,禁止使用合成肥料和农药,有利于改善生态环境,保护生态多样性。

有机农业能够把碳截留在土壤中,帮助减轻温室效应和全球变暖。

有机农业在生产、加工或搬运任何阶段不允许使用遗传改变生物,促进了自然资源和遗传多样性的保护。

7.3.2 有机园艺产品种植技术

1) 生产基本要求

生产基地在最近三年内未使用过农药、化肥等禁用物质;种子或种苗未经基因工程技术改造过;生产基地应建立长期的土地培肥、植物保护、作物轮作计划;生产基地无水土流失、风蚀及其他环境问题;作物在收获、清洁、干燥、贮存和运输过程中应避免污染;在生产和流通过程中,必须有完善的质量控制和跟踪审查体系,并有完整的生产和销售记录档案。

2) 有机园艺生产遵循的基本原则

(1)建立相对封闭的营养循环体系

有机农业禁止使用人工合成的化学肥料,尽量减少作物生产对外部物质的依赖,也即强调系统内部营养物质的循环和种植绿肥来培肥土壤。农业生产系统中的各种有机废弃物,比如牲畜粪便、作物秸秆和残茬等,要求重新投入到生产系统中,把人、土地、动植物和农场联结为一个相互关联的整体。土壤为作物提供养分,各种废弃物携带的营养又必须重新归还土壤。通过营养物质的循环使用,可以大大减少外部物质的投入,建立一个健康、经济的体系。在需要从外部补充一些养分的情况下,也只能以有机肥或难溶的矿物性肥料如磷矿粉、钾矿石、碳酸钙和石粉等方式投入,以免养分流失,造成水体富营养化。养分循环利用是有机农业理论的基础,有机农业的其他原则都是这一理论的延伸。

（2）培育充满生命活力的土壤

保护土壤是有机农业的核心。有机农业的各种生产方法都立足于土壤健康和肥力的保持与提高。健康的土壤—健康的植物—健康的动物—人类健康，这一反应链的起始就是土壤。要培育充满生命活力的可扎根性、通透性，以及土壤的有机质含量和土壤生命活力，这就是作物吸收所需养分，增强对病虫抗性的关键。

（3）保护自然资源

常规农业中，农业的大幅度增产是通过大量增加农业生产资料（化肥、农药）的投入来实现的，而这些物质需要直接或间接消耗大量石化能源和矿物资源，也是水源污染、水体富营养化的重要因素。因此，有机农业的原则之一就是禁止使用人工合成的农用化学品，保护不可再生性自然资源，实现农业的可持续发展。

（4）作物病虫害的生态防治和健康栽培

农业生产中的病虫防治首先在于采用适当的农艺措施，建立合理的作物生长体系和平衡的生态环境，提高系统内自然生物防治能力，从而抵制害虫的暴发，而并非像现代农业那样力求彻底消灭害虫，即通过生态而非农药的方式来防治害虫的发生。健康栽培是有机作物抵抗病害的主要措施。通过抗性品种，增肥土壤，合理轮作，科学的肥水管理，使得作物生长健壮，有效地抵抗病原菌的侵染。

（5）禁止使用基因工程品种及其产品

基因工程导致的生物基因变化不是自然发生的过程，故违背了有机农业与自然秩序相和谐的基本宗旨。而且，许多科学事实已证明基因工程品种对其他生物、对环境和对人身体健康造成的影响，另外，基因工程品种还存在着潜在的、不可预见的、可破坏自然生态平衡的影响，以及伦理道德危机、宗教信仰危机。因此，有机农业坚决反对应用基因工程品种及其产品。

（6）生产高质量的产品

生产高质量的营养健康食品是有机农业的根本目的之一。有机农业生产中不使用化学合成的农药，避免产品中的农药残留污染。有机农业耕作中施肥水平较低，产品中硝酸盐含量也较低。

3）产地环境选择与规划

（1）基本要求

有机园艺产品生产基地必须符合生态环境质量，应水土保持良好，生物多样性指数高，远离污染源，要求远离城市和工业区以及村庄与公路，以防止城乡垃圾、灰尘、废水、废气及过多人为活动给生产带来污染；周围林木繁茂，具有生物多样性；空气清新，水质纯净；土壤未受污染，土质肥沃。具有较强的可持续生产能力，与交通主干线距离保持在 1 000 m以上。

有机园艺产品生产园区与常规农业生产区之间应有明显的边界和隔离带，以保证有机园艺生产不受污染，隔离带以山、河流、湖泊和自然植被等天然屏障为宜，也可以是人工营造的树林或农作物，但隔离带宽度不得小于 9 m。如果隔离带上种植的系作物，必须按有机方式栽培。对基地周围原有的林木，要严格实行保护，使它成为基地的一道防护林带，若基地周围原有林木稀少，需营造防护林带。

（2）环境条件

有机园艺产品生产需要在环境空气质量、农田灌溉水质、土壤环境质量等适宜的环境条件下进行。基地周围不得有大气污染源，环境空气符合有机生产中空气质量标准；土壤环境质量、灌溉水质质量符合相关标准要求。

（3）生态建设规划

做好生态建设规划，有利于保持水土，保护和增进园地及其周围环境的生物多样性，维护园地生态平衡，促进生产的可持续性。

①污染控制　应采取措施防止常规农田的水渗透或漫入有机地块；应避免因施用外部来源的肥料造成禁用物质对有机生产的污染；常规农业生产中的设备在用于有机生产前应采取清洁措施，避免常规产品混杂和禁用物质污染；在使用保护性的建筑物覆盖、塑料薄膜、防虫网时，不应使用聚氯类产品，宜选择聚乙烯、聚丙烯或聚碳酸酯类产品，并且使用后应从土壤中清除，不应焚烧。

②水土保持和生物多样性保护　应采取措施，防止水土流失、土壤沙化和盐渍化，应充分考虑土壤和水资源的可持续利用，山地园区开垦应注意水土保持，根据不同坡度和地形，选择适宜的时期、方法和施工技术。坡度15°以下的缓坡地等高开垦；坡度在15°以上的，建筑等高梯级园地。对坡度大于25°，土壤深度小于60 cm，以及不宜种植的区域，应保留自然植被，园地四周，道路、沟渠两边以及非适宜种植区，应保留自然植被，建立绿肥种植区，增加有机肥源；应采取措施保护天敌及其栖息地，对于面积较大（5 hm^2）且集中连片的基地，每隔一定面积应保留或设置一些林地；提倡退耕还林，禁止毁林种植；应充分利用作物秸秆，不应焚烧处理，除非因控制病虫害的需要。

（4）道路和水利系统规划

设置合理的道路系统，连接管理区、生产区和外部交通，提高土地利用率和劳动生产率。

建立完善的排灌系统，做到能蓄能排，提倡建立节水灌溉系统。

园地与四周荒山坡地、林地和农田交界处应设置隔离沟、带；梯地园地在每台梯地的内侧开一条横沟。

4）种子、种苗的选择与处理

（1）种子处理

①种子选择　有机栽培的种子和种苗必须符合3个基本要求：一是不具有基因工程生成的转基因成分；二是不采用禁用的物质进行处理；三是具有较强的抗病虫性。在有机生产中，应选择已获认证的有机种子和种苗，但如没有获认证的有机种子和种苗，则可选用未经禁用物质处理过的常规种子。此外，还应选择抗病虫性强、抗逆性强，且适宜当地土壤和季节种植的种类及优良品种。

②种子处理　包括精选、晒种、浸种、拌种、催芽等。目的是促使种子发芽快而整齐、幼苗生长健壮、预防病虫害和促使某些作物早熟。

精选，在种子晒干扬净后，采用粒选、筛选、风选和液选等方法精选种子，种子精选目的是消除秕粒、小粒、破粒、有病虫害的种子和各种杂物。晒种，利用阳光曝晒种子，具有促进种子后熟和酶的活动、降低种子内抑制发芽物质的含量、提高发芽率和杀菌等作用。浸种，作用是促进种子发芽和消灭病原物，方法有清水浸种、温汤浸种、药剂浸种，应按规程掌握药量、药液浓度和浸种时间,以免种子受药害和影响消毒效果。拌种,将药剂、肥料和种子混合搅拌后播种,以防止病虫危害、促进发芽和幼苗健壮,方法分干拌、湿拌和种子包衣。催芽,播前根据种子发芽特性,在人工控制下给以适当的水分、温度和氧气条件,促进发芽快、整齐、健壮。方法有地坑催芽、塑料薄膜浅坑催芽、草囤催芽、火坑催芽、蒸汽催芽等。此外,还有种子的硬实处理和层积处理。硬实处理是用粗砂、碎玻璃擦伤种皮厚实、坚硬的种子(如菠菜种子),以利吸水发芽。层积处理是需后熟的种子,于冬季用湿沙和种子叠积,在 0~5 ℃低温下处理 1~3 个月,以促使通过休眠期,春播后发芽整齐。

(2)培养壮苗

生产中采用有机生产方式培育种苗,通过苗床消毒处理,苗床制作,育苗管理,培育嫁接苗等技术,培育生产用壮苗,提高苗木质量和抗性,提高栽培成活率和苗木生长速度。

5)土壤管理技术

(1)土壤培肥理论

常规农业以大量的化肥来提高产量,但有机农业认为土壤是会有生命的系统,施肥首先是培肥土壤,土壤肥沃了,会增加大量的微生物,再提高微生物的作用供给作物养分。

有机农业培肥是以根—微生物—土壤的关系为基础,采取综合措施,改善土壤的物理、化学、生物学特性,协调根—微生物—土壤的关系。

土壤肥料培植了大量微生物,微生物是生态系统的分解者,微生物以土壤的肥料为食物,使其数量得到大量增殖,所以土壤的肥力不同,土壤微生物的丰富度、呼吸商、土壤酶活性、原生动物和线虫的数量和多样性均不相同。

根系自身可培养微生物,并具有改良土壤的作用。目前,根际微生物备受关注,所谓根际微生物,就是生活在根际表面及其周围的微生物。作物根一方面从土壤吸收养分供给植物,另一方面又将叶片造成的养分及根的一部分分泌物排放到土壤中,根的分泌物包括糖类和富含养分的物质,其数量占光合产物的 10%~20%,土壤微生物以此为营养大量聚集到根的周围,并在那里生存、繁殖。此外,根系的分泌物中含有果胶类黏性比较强的物质,它们可以将土壤粒子黏在一起,促进土壤的团粒化。

微生物可以制造和提供根系生长的养分,微生物不仅接受根系的分泌物,以它们为食物进行繁殖,并且制造氨基酸、核酸、维生素、生物激素,供根系吸收。根际微生物也可将肥料中的养分变成可吸收的形态,供给作物根系吸收,使根际和微生物形成共生。

微生物将土壤养分送至根系,微生物可将土壤中难以被作物吸收的养分变成容易被作物吸收的养分,或根系不能到达位置的养分送到根部,所以根际微生物具有帮助作物稳定吸收土壤养分的作用,如 AV 菌根菌可以帮助植物吸收磷、镁、钙及铜、锌等微量元素。

生物可以调节肥效,当肥料不足时,微生物能促进肥效,当养分过多时,微生物吸收丰富的有机养分贮藏到菌丝体内,使根周围的养分浓度逐渐降低;当肥料不足时,随着微生物的死亡、被菌丝吸收的养分又逐渐释放出来,被作物吸收。这是微生物为了自身的生存而适应环境的结果。

微生物制造的养分,可以提高作物的抗逆性,改善产品的品质,微生物在活动中或死亡后所排出的物质,不仅是氮、磷、钾等无机养分,还产生多种氨基酸、维生素、细胞分裂素、植物生长素、赤霉素等植物激素类生理活性物质,它们刺激根系生长、叶芽和花芽的形成、果实肥大,固形物增加,提高作物的抗逆性,改善产品品质。

（2）土壤培肥措施

用地与养地结合是不断培育土壤,实现有机农业持续发展的重要途径,关于有机农业土壤的综合培肥的实践,应从以下几个方面入手。

水。水是最宝贵的资源之一,也是土壤最活跃的因素,有合理的排灌才能有效地控制土壤水分、调节土壤的肥力状况。以水控肥是提高土壤水和灌溉水利用率的很有效的方法,应根据具体情况,确定合理的灌溉方式如喷灌、滴灌和渗灌(地下灌溉)等。

肥料。肥料是作物的粮食,仅靠土壤自身的养分是不可能满足作物需要的,因此,广辟肥源、增施肥料,是解决作物需肥和土壤供肥矛盾以及培肥土壤的重要措施,首先要增施有机肥,加速土壤熟化,一般来说,土壤的高度熟化是作物高产稳产的根本保证,而土壤的熟化主要是由于土层的加厚以及有机肥的作用。有机肥是培肥熟化土壤的物质基础,有机、无机矿物源肥料相结合,既能满足作物对养分的需求,又能增加土壤的有机质含量,改善土壤的结构,是用养结合的有效途径。

合理轮作,用养结合,并适当提高复种指数。合理地安排作物布局,能充分有效地维持和提高土壤肥力,如与豆科轮作,利用豆科的生物固氮作用增加土壤的氮素积累,为下茬或当茬作物提供更多的氮素营养。

土地耕种,平整土地、精耕细作、蓄水保墒、通气调温是获取持续产量的必要条件。土地平整是高产土壤的重要条件,可以防止水土流失,提高土壤蓄水保墒能力,协调土壤、水、气的矛盾,充分发挥水、肥、气作用,保证作物正常生长;土壤耕作则是指对土壤进行耕地、耙地等农事操作,耕作可以改善土壤耕层和地理状况,为作物播种到出苗和健壮生长创造良好的土壤环境,同时,耕层的疏松还有利于根系发育以及保墒、保温、通气以及有机质和养料的转化。

有机农业的土壤培肥不是一朝一夕的事情,不仅要做到土壤水、肥、气、热等因子之间的相互协调,还要使这种协调关系持续不断地保持下去,才能达到持续稳产的目的。

（3）土壤培肥途径

扩大有机肥源,加大有机肥料的投入数量,包括通过大力种植绿肥,发展养殖业,增加动物性肥源,发展沼气,提倡秸秆还田和生草覆盖技术;积极研究生物肥料,提高生物肥料的施用技术,利用蚯蚓培肥地力,合理使用单质矿物肥料等。

6）土壤施肥技术

（1）基本原理

土壤施肥的基本原理是植物必需营养元素的同等重要、不可替代律,尽管植物对必需的营养元素的需要量不同,但就它们对植物的重要性来说,都是同等重要的,因为它们各自具有特殊的生理功能,不能相互替代。大量元素固然重要,微量元素也同样影响植物的健康生长。

①养分归还学说　德国科学家李比希在他的论文《化学在农业和生理学上的应用》中阐述了养分归还学说。他认为:一是随着作物的每次收获,必然要从土壤中带走一定量的养分,随着收获次数的增加,土壤中的养分含量会越来越少。二是若不及时归还由作物从土壤中拿走的养分,不仅土壤肥力逐渐减少,而且产量也会越来越低。三是为了保持元素平衡和提高产量应该向土壤施入肥料。养分归还学说的中心思想是归还作物从土壤中取走的全部东西,其归还的主要方式是合理施肥。

②最小养分律　所谓最小养分律就是指土壤中对作物需要而言含量最小的养分,它是限制作物产量提高的主要因素,要想提高作物产量就必须施用含有最小养分的肥料。

最小养分律包含四方面的内容:一是土壤中相对含量最少的养分影响着作物产量的维持与提高。二是最小养分是相对作物需要来说,土壤供应能力最差的某种养分,而不是绝对含量最少的养分。三是最小养分会随条件改变而变化,最小养分不是固定不变的,而是随施肥影响而处于动态变化之中,当土壤中的最小养分得到补充,满足作物生长对该养分的需求后,作物产量便会明显提高,原来的最小养分则让位于其他养分,后者则成为新的最小养分而限制作物产量的再提高。四是田间只有补施最小养分,才能提高产量。

最小养分率的实践意义有以下两个方面:一方面,施肥时要注意根据生产的发展不断发现和补充最小养分;另一方面,还要注意不同肥料之间的合理配合。

③报酬递减规律　施肥对产量的影响可以从两个方面来解释,一方面从施肥的年度分析,即开始施肥时产量递增,当增产到一定限度后,便开始递减,施用相同数量的肥料,所得报酬逐年减少,形成一个抛物线。另一方面是从单位肥料能形成的产量分析,每一单位肥料所得报酬,随着施肥量的递增报酬递减,也称肥料报酬递减律。

肥料报酬递减律是不以人们意志为转移的客观规律,因此应该充分利用它,掌握施肥的"度",从而避免盲目施肥,从思想上走出"施肥越多越增产"的误区。

④因子综合作用律　作物的生长发育是受到各因子(水、肥、气、热、光及其他农业技术措施)影响的,只有在外界条件保证作物正常生长发育的前提下,才能充分发挥施肥的效果。因子综合作用律的中心意思就是:作物产量是影响作物生长发育的诸因子综合作用的结果,但其中必然有一个起主导作用的限制因子,作物产量在一定程度上受该限制因子的制约。所以施肥就需要与其他农业技术措施配合,各种肥分之间也要配合施用。例如水能控肥,施肥与灌溉的配合就很重要。

（2）肥料种类

有机生产中使用的肥料种类包括:

有机肥,指经无公害化处理的堆肥、沤肥、厩肥、沼气肥、绿肥、饼肥等。但有机肥料的污染物质含量应符合相关的规定,并经有机认证机构的认证。

矿物源肥料、微量元素肥料和微生物肥料,只能作为培肥土壤的辅助材料。微量元素肥料在确认作物有潜在缺素危险时作叶面肥喷施。微生物肥料应是非基因工程产物,并符合相关标准的要求。

土壤培肥过程中允许和限制使用的物质见附录B。

禁止使用化学肥料和含有毒、有害物质的城市垃圾、污泥和其他物质等。

（3）有机园艺生产的培肥技术

有机园艺生产中土壤培肥是一项复杂的技术问题,必须树立有机农业土壤的系统观和整体观,综合考虑肥料、作物、土壤等各种因素,树立"平衡施肥"的观念。只有统筹规划,用地养地相结合,才能在获得优质、高产和安全有机园艺产品的同时保持土壤肥力的持久性。

①根据土壤性质施肥　土壤性质即土壤的物理性质和化学性质,包括土壤水分、温度、通气性、酸碱反应、土壤耕性、土壤的供肥、保肥能力以及土壤微生物状况。砂性土壤团粒结构差,吸附力弱、保肥能力差,但通气状况好,好气性微生物活动频繁,养分分解速度快,

施肥时要多施沼渣肥和土杂肥改良土壤结构,以提高土壤的保肥能力。黏重土壤通透性较差,微生物的活动较弱,养分分解速度慢,耕性差,但保肥能力强,施肥时要多施秸秆、山草、厩肥类、泥炭类等有机肥料,以改善土壤的通透状况,增加土壤的团粒结构,提高土壤对作物的供肥能力。强酸性土壤可适当施些石灰,强碱性土壤则可施些石膏粉或硫黄粉进行调节。

②根据有机肥的特性施肥　常见的有机肥料中人畜粪尿和沼液为速效性肥料,其余均为迟效性肥料,各种有机肥料的养分含量和性质差别很大,在施用时必须注意各类有机肥料除直接还田的作物秸秆外,一般需要经过堆沤处理,使其充分腐熟后才能施入土壤,特别是饼肥、鸡粪等高热量的有机肥。人粪尿是含氮量较高的速效有机肥,适合作追肥使用。但因其含有寄生虫卵和一些致病微生物,还含有 1% 左右的氯化钠(食盐),所以在使用前要经过无害化处理,而且要视作物种类选择性地使用,若在忌氯作物上使用过多,往往会导致品质下降,如使生姜的辣味变淡,瓜果的味道变酸等。另外,人粪尿中的有机质含量较低,不易在土壤中积累,磷钾的含量也不足。因此,长期单一使用人粪尿的土壤必须配施一定量的厩肥、堆肥、沤肥等富含有机质的肥料,以保证土壤养分的平衡供应。堆肥、沤肥、沼渣肥等含有大量的腐殖质,适合培肥土壤。但因其中还有大量尚未完全腐烂分解的有机物质,所以这些肥料宜作基肥使用,不宜作追肥使用。

用秸秆或山草作肥料时,一是要提前施用;二是要切断使用;三是要配合施用一定数量的鲜嫩绿肥或腐熟人粪尿,以缩小碳氮比和满足微生物繁殖时的氮素之需,并在早期补充磷肥;四是要同土壤充分混匀并保持充足的水分供应;五是土壤一次翻压秸秆或山草的数量不能太多,以免在分解时产生过量有机酸对作物根系造成危害;六是不能将病虫害严重或污染严重地带的作物秸秆或山草直接还田(可堆沤发酵后还田),以免造成病虫蔓延或污染土壤。草木灰含有 5%~10% 的氧化钾,呈碱性,不能同腐熟的人粪尿、厩肥混合施用或贮藏,以免降低肥效。泥炭富含有机质和腐殖质,但其酸度大,含有较高的活性铁和活性铝,分解程度较低,一般不直接作肥料施用,常用作基肥牲畜的垫圈材料。腐殖酸类有机肥则广泛存在于埋藏较浅的风化煤、煤、煤矸石和炭质页岩(石煤)之中,有土壤改良剂、叶面肥料、抗旱防冻保护剂等,在瘠薄的土壤中、野菜类、块根块茎类作物上使用效果好。

③根据作物品种特性和生长规律施肥　不同作物所需养分不同,如土豆、甜菜、番茄等作物需要较多的钾素营养,瓜果类作物需要较多的磷、钙、硼元素营养,豆科作物需要较多的磷、钾、钙、钼元素营养,叶用蔬菜需要较多的氮素营养。在制订有机培肥计划时,首先要明确所用有机肥源中氮、磷、钾和中微量元素的含量情况,了解肥料的当季利用率和不同作物的需肥规律。在一般情况下,采用以氮定磷、钾,再定中微量营养元素的配方施肥方法,从而基本满足作物生长的需要。喜磷钾作物可配施一定数量的骨粉、磷矿粉、矿物钾肥、富钾绿肥或草木灰进行补充。作物对营养的最大利用期是在作物生长最快,或营养生长和生殖生长并进的时期,这时作物需肥量大,对肥料的利用率高,此时要适当追肥,以保证作物对营养的需要。可采用迟效有机肥同速效有机肥相结合,基肥、种肥、追肥相结合的施肥方法。

④合理轮作、间作,提高土壤自身的培肥能力　合理轮作、间作可增加土壤的生物多样性、培肥地力、防止病虫草害的发生。如果同一块地连年种植同一种作物,就会造成同种代谢物质的积累或因某种养分的缺乏而产生"重茬病"。豆科作物或豆科牧草同其他作物轮

作或间作,豆科作物的根瘤菌不但可以固定土壤中的氮素,增加土壤氮素营养,而且收获后残留的根系和根瘤还可以增加土壤中的有机质。山地果园间作牧草或豆科绿肥,不仅能有效地防止果园土壤侵蚀,抑制杂草的生长,还能有效地培肥地力。另外,果园种植豆科绿肥或牧草发展养殖业,既能提高果园的土地利用率,又能促进园内能量循环和提高果园土壤的培肥水平。

⑤防止土壤污染　在有机农业土壤的培肥过程中,防止土壤污染是一大关键环节。常见的土壤污染途径主要有施肥污染、水源污染、大气污染和土壤中有害重金属超标污染。在生产中要坚持不用未经无害化处理的人粪尿、城市垃圾和有害物质超标准的矿物质肥料,不用污染水灌溉,最好选择远离城市、土壤有害物质不超标的地带发展有机农业生产,并设立隔离区。

7) 有机园艺生产的病虫草害控制技术

遵循防重于治的原则,从整个园地生态系统出发,以农业防治为基础,综合运用物理防治和生物防治措施,创造不利于病虫草孳生而有利于各类天敌繁衍的环境条件,增进生物多样性,保持园地生物平衡,减少各类病虫草害所造成的损失,应优先采用农业措施,通过选用抗病抗虫品种、非化学药剂种子处理、培育壮苗、加强栽培管理、中耕除草、耕翻晒垡、清洁田园、轮作倒茬、间作套种等一系列措施起到防治病虫草害的作用,还应尽量使用灯光、色彩诱杀害虫,机械捕捉害虫,机械或人工除草等措施,防治病虫草害。

上述方法不能有效控制病虫草害时,可以使用附录C所列出的植保产品。

有机园艺生产中病虫草害控制的相关技术可以参考绿色园艺产品生产中的相关技术要求。

项目小结 》》》

园艺产品安全生产技术包括:无公害园艺作物栽培技术、绿色园艺作物栽培技术、有机园艺作物栽培技术。本项目介绍了无公害园艺作物栽培的园地选择与规划,无公害生产过程的管理及关键技术;重点介绍了绿色园艺作物栽培的园地选择与技术,栽培技术如品种选择、耕作制度及绿色园艺作物栽培的肥料使用技术、农药使用技术、病虫草害的生态控制技术,介绍有机农业的原则、特点及有机园艺作物栽培的基本技术等。

案例分析 》》》

有机蔬菜生产

有机蔬菜生产过程中严格按照有机生产规程,不使用任何化学合成的农药、肥料、除草剂和生长调节剂等物质,以及不使用基因工程生物及其产物,而是遵循自然规律和生态学原理,采取一系列可持续发展的农业技术,协调种植平衡,维持农业生态系统持续稳定。有机蔬菜栽培不同于常规栽培,生产中主要注意下面几个问题。

1) 生产基地要求

(1) 基地的完整性

基地的土地应是完整的地块,其间不能夹有进行常规生产的地块,但允许存在有机转换地块;有机蔬菜生产基地与常规地块交界处必须有明显标记,如河流、山丘、人为设置的隔离带等。

（2）必须有转换期

由常规生产系统向有机生产转换通常需要2年时间，其后播种的蔬菜收获后，才可作为有机产品；多年生蔬菜在收获之前需要经过3年转换时间才能成为有机作物。转换期的开始时间从向认证机构申请认证之日起计算，生产者在转换期间必须完全按有机生产要求操作。经1年有机转换后的田块中生长的蔬菜，可以作为有机转换作物销售。

（3）建立缓冲带

如果有机蔬菜生产基地中有的地块有可能受到邻近常规地块污染的影响，则必须在有机和常规地块之间设置缓冲带或物理障碍物，保证有机地块不受污染。不同认证机构对隔离带长度的要求不同，如我国OFDC认证机构要求8 m，德国BCS认证机构要求10 m。

2）栽培管理

（1）品种选择

有机蔬菜的种子和种苗必须符合以下基本要求：一是不具有基因工程生成的转基因成分，二是不采用禁用的物质进行处理，三是具有较强的抗病虫性。在有机蔬菜生产中，应选择已获认证的有机蔬菜种子和种苗，但种植初始阶段如未购买到已获认证的有机蔬菜种子和种苗，则可选用未经禁用物质处理过的常规种子。此外，还应选择抗病虫性强、抗逆性强，且适宜当地土壤和季节种植的蔬菜种类及优良品种，在品种的选择中要充分考虑保护作物遗传多样性。

（2）轮作换茬和清洁田园

有机基地应采用包括豆科作物或绿肥在内的至少3种作物进行轮作；在1年只能生长1茬蔬菜的地区，允许采用包括豆科作物在内的两种作物轮作。前茬蔬菜收获后，彻底打扫清洁基地，将病残体全部运出基地外销毁或深埋，以减少病害基数。

（3）栽培管理技术

通过培育壮苗、嫁接换根、起垄栽培、地膜覆盖、合理密植、植株调整等技术，充分利用光、热、气等条件，创造一个有利于蔬菜生长的环境，以达到高产高效目的。

3）肥料使用

有机蔬菜生产与常规蔬菜生产的根本不同在于病虫草害和肥料使用的差异，其要求比常规蔬菜生产高。

（1）施肥技术

只允许采用有机肥和种植绿肥。一般采用自制的腐熟有机肥或采用通过认证、允许在有机蔬菜生产上使用的一些肥料厂家生产的纯有机肥料，如以鸡粪、猪粪为原料的有机肥。在使用自己沤制或堆制的有机肥料时，必须充分腐熟。有机肥养分含量低，用量要充足，以保证有足够养分供给，否则，有机蔬菜会出现缺肥症状，生长迟缓，影响产量。针对有机肥料前期有效养分释放缓慢的缺点，可以利用允许使用的某些微生物，如具有固氮、解磷、解钾作用的根瘤菌、芽孢杆菌、光合细菌和溶磷菌等，经过这些有益菌的活动来加速养分释放、养分积累，促进有机蔬菜对养分的有效利用。

（2）培肥技术

绿肥具有固氮作用，种植绿肥可获得较丰富的氮素来源，并可提高土壤有机质含量。

一般每绿肥的产量为 2 000 kg，按含氮 0.3% ~ 0.4%，固定的氮素为 68 kg。常种的绿肥有：紫云英、苕子、苜蓿、兰花子、箭苦豌豆、白花草木樨等。

（3）允许使用的肥料种类

允许使用的肥料包括：有机肥料，如动物的粪便及残体、植物沤制肥、绿肥、草木灰、饼肥等；矿物质，如钾矿粉、磷矿粉、氯化钙等物质；有机认证机构认证的有机专用肥和部分微生物肥料。

（4）肥料无害化处理

有机肥在施前 2 个月需进行无害化处理，可以将肥料泼水拌湿堆积，用塑料膜覆盖，使其充分腐熟，发酵温度在 60 ℃ 以上，可有效杀灭农家肥中的病虫草害，且处理后的肥料易被蔬菜吸收利用；有条件的地方可以利用沼气池，将有机肥引入沼气池发酵，沼液或沼渣是很好有机肥料，沼气还可用于其他生产。

（5）肥料的使用方法

施肥量，有机蔬菜种植的土地在使用肥料时，应做到种菜与培肥地力同步进行。使用动物和植物肥的比例应掌握在 1:1 为好。一般每亩施有机肥 3 000 ~ 4 000 kg，追施有机专用肥 100 kg。

施足底肥，将施肥总量 80% 用作底肥，结合耕地将肥料均匀地混入耕作层内，以利于根系吸收。巧施追肥，结合浇水、培土等进行土壤追肥，主要是使用人粪尿及生物肥等。也可进行叶面施肥，在生长期选取生物有机叶面肥，每隔 7 ~ 10 d 喷 1 次，连喷 2 ~ 3 次。对于种植密度大、根系浅的蔬菜可采用铺肥追肥方式，当蔬菜长至 3 ~ 4 片叶时，将经过晾干制细的肥料均匀撒到菜地内，并及时浇水。对于种植行距较大、根系较集中的蔬菜，可开沟条施追肥，开沟时不要伤断根系，用土盖好后及时浇水。对于种植株行距较大的蔬菜，可采用开穴追肥方式。注意施肥时应根据肥料特点及不同的土壤性质、不同的蔬菜种类和不同的生长发育期灵活搭配，科学施用，才能有效培肥土壤，提高作物产量和品质。

4）病虫草害防治

由于有机蔬菜在生产过程中禁止使用所有化学合成的农药，禁止使用由基因工程技术生产的产品，所以有机蔬菜的病虫草害要坚持"预防为主，防治结合"的原则，选用抗病品种，采取高温消毒、合理肥水管理、轮作、多样化间作套种、保护天敌等农业和物理措施，综合防治病虫草害。

（1）农业措施

包括选择适合的蔬菜种类和品种，合理轮作，科学管理等技术。在地下水位高，雨水较多的地区，推行深沟高畦，利于排灌，保持适当的土壤和空气湿度。一般病害孢子萌发首先取决于水分条件，在设施栽培是结合适时的通风换气，控制设施内的湿温度，营造不利于病虫害发生的湿温度环境，对防止和减轻病害具有较好的作用。此外，及时清除落蕾、落花、落果、残株及杂草，清洁田园，消除病虫害的中间寄主和侵染源等，也是重要措施。

（2）生物、物理防治

有机蔬菜栽培是可利用害虫天敌进行害虫捕食和防治。还可利用害虫固有的趋光、趋味性来捕杀害虫。其中较为广泛使用的有费洛蒙性引诱剂、黑光灯捕杀蛾类害虫，利用黄板诱杀蚜虫等方法，达到杀灭害虫，保护有益昆虫的作用。

利用有机蔬菜上允许使用的某些矿物质和植物药剂进行防治。可使用硫黄、石灰、石硫合剂波尔多液等防治病虫。可用于有机蔬菜生产的植物有除虫菊、鱼腥草、大蒜、薄荷、苦楝等。如用苦楝油2 000～3 000 倍液防治潜叶蝇,使用艾菊30 g/L(鲜重)防治蚜虫和螨虫等。

(3)杂草控制

不能使用除草剂,一般采用人工除草及时清除。还可利用黑色地膜覆盖,抑制杂草生长。在使用含有杂草的有机肥时,需要使其完全腐熟,从而杀灭杂草种子,减少带入菜田杂草种子数量。

案例讨论题)))

1.有机蔬菜栽培与常规蔬菜生产有何区别?

2.如何在设施内进行有机蔬菜生产?

复习思考题)))

1.无公害园艺作物栽培产地有何要求?

2.无公害园艺作物生产过程管理包括哪些方面?

3.绿色园艺作物生产基地生态建设包括哪些方面?

4.绿色园艺作物栽培中使用肥料种类有哪些? 如何使用?

5.简述绿色园艺作物栽培中病虫草害生态控制技术。

6.有机农业的原则有哪些?

7.有机作物栽培遵循的基本原则有哪些?

8.简述有机农业的培肥技术。

附录 A

生产 A 级绿色食品禁止使用的农药

种　类	农药名称	禁用作物	禁用原因
有机氯杀虫剂	滴滴滴、六六六、林丹、甲氧滴滴涕、硫丹	所有作物	高残毒
有机氯杀螨剂	三氯杀螨醇	蔬菜、果树、茶叶	工业品中含有一定数量的滴滴涕
有机磷杀虫剂	甲拌磷、乙拌磷、久效磷、对硫磷、甲基对硫磷、甲胺磷、甲基异柳磷、治螟磷、氧化乐果、磷胺、地虫硫磷、灭克磷(益收宝)、水胺硫磷、氯唑磷、硫线磷、杀扑磷、特丁硫磷、克线丹、苯线磷、甲基硫环磷	所有作物	剧毒、高毒
氨基甲酸酯杀虫剂	涕灭威、克百威、灭多威、丁硫克百威、丙硫克百威	所有作物	高毒、剧毒或代谢物高毒
二甲基甲脒类杀虫杀螨剂	杀虫脒	所有作物	慢性毒性、致癌
拟除虫菊酯类杀虫剂	所有拟除虫菊酯类杀虫剂	水稻及其他水生作物	对水生生物毒性大
卤代烷类熏蒸杀虫剂	二溴乙烷、环氧乙烷、二溴氯丙烷、溴甲烷	所有作物	致癌、致畸、高毒
阿维菌素		蔬菜、果树	高毒
克螨特		蔬菜、果树	慢性毒性
有机砷杀菌剂	甲基胂酸锌(稻脚青)、甲基胂酸钙胂(稻宁)、甲基胂酸铁铵(田安)、福美甲胂、福美胂	所有作物	高残毒
有机锡杀菌剂	三苯基醋酸锡(薯瘟锡)、三苯基氯化锡、三苯基羟基锡(毒菌锡)	所有作物	高残留、慢性毒性
有机汞杀菌剂	氯化乙基汞(西力生)、醋酸苯汞(赛力散)	所有作物	剧毒、高残毒
有机磷杀菌剂	稻瘟净、异稻瘟净	水稻	异臭
取代苯类杀菌剂	五氯硝基苯、稻瘟醇(五氯苯甲醇)		致癌、高残留

续表

种　类	农药名称	禁用作物	禁用原因
2,4-D类化合物	除草剂或植物生长调节剂	所有作物	杂质致癌
二苯醚类除草剂	除草醚、草枯醚	所有作物	慢性毒性
植物生长调节剂	有机合成的植物生长调节剂	所有作物	
除草剂	各类除草剂	蔬菜生长期（可用于土壤处理与芽前处理）	

以上所列是目前禁用或限用的农药品种,该名单将随国家新出台的规定而修订。

附录 B

有机作物种植允许使用的土壤培肥和改良物质

物质类别		物质名称、组分和要求	使用条件
Ⅰ.植物和动物来源	有机农业体系内	作物秸秆和绿肥	
		畜禽粪便及其堆肥(包括圈肥)	
	有机农业体系以外	秸秆	与动物粪便堆制并充分腐熟后
		畜禽粪便及其堆肥	满足堆肥的要求
		干的农家肥和脱水的家畜粪便	满足堆肥的要求
		海草或物理方法生产的海草产品	未经过化学加工处理
		来自未经化学处理木材的木料、树皮、锯屑、刨花、木灰、木炭及腐殖酸物质	地面覆盖或堆制后作为有机肥源
		未掺杂防腐剂的肉、骨头和皮毛制品	经过堆制或发酵处理后
		蘑菇培养废料和蚯蚓培养基质的堆肥	满足堆肥的要求
		不含合成添加剂的食品工业副产品	应经过堆制或发酵处理后
		草木灰	
		不含合成添加剂的泥炭	禁止用于土壤改良;只允许作为盆栽基质使用
		饼粕	不能使用经化学方法加工的
		鱼粉	未添加化学合成的物质

续表

物质类别	物质名称、组分和要求	使用条件
Ⅱ.矿物来源	磷矿石	应当是天然的,应当是物理方法获得的,五氧化二磷中镉含量小于等于90 mg/kg
	钾矿粉	应当是物理方法获得的,不能通过化学方法浓缩。氯的含量少于60%。
	硼酸岩	
	微量元素	天然物质或来自未经化学处理、未添加化学合成物质
	镁矿粉	天然物质或来自未经化学处理、未添加化学合成物质
	天然硫黄	
	石灰石、石膏和白垩	天然物质或来自未经化学处理、未添加化学合成物质
	黏土(如珍珠岩、蛭石等)	天然物质或来自未经化学处理、未添加化学合成物质
	氯化钙、氯化钠	
	窑灰	未经化学处理、未添加化学合成物质
	钙镁改良剂	
	泻盐类(含水硫酸岩)	
Ⅲ.微生物来源	可生物降解的微生物加工副产品,如酿酒和蒸馏酒行业的加工副产品	
	天然存在的微生物配制的制剂	

附录 C

有机作物种植允许使用的植物保护产品物质和措施

物质类别	物质名称、组分要求	使用条件
Ⅰ.植物和动物来源	印楝树提取物（Neem）及其制剂	
	天然除虫菊（除虫菊科植物提取液）	
	苦楝碱（苦木科植物提取液）	
	鱼藤酮类（毛鱼藤）	
	苦参及其制剂	
	植物油及其乳剂	
	植物制剂	
	植物来源的驱避剂（如薄荷、薰衣草）	
	天然诱集和杀线虫剂（如万寿菊、孔雀草）	
	天然酸（如食醋、木醋和竹醋等）	
	蘑菇的提取物	
	牛奶及其奶制品	
	蜂蜡	
	蜂胶	
	明胶	
	卵磷脂	
Ⅱ.矿物来源	铜盐（如硫酸铜、氢氧化铜、氯氧化铜、辛酸铜等）	不得对土壤造成污染
	石灰硫黄（多硫化钙）	
	波尔多液	
	石灰	
	硫黄	
	高锰酸钾	
	碳酸氢钾	
	碳酸氢钠	
	轻矿物油（液状石蜡）	
	氯化钙	
	硅藻土	
	黏土（如：斑脱土、珍珠岩、蛭石、沸石等）	
	硅酸盐（硅酸钠，石英）	

物质类别	物质名称、组分要求	使用条件
Ⅲ.微生物来源	真菌及真菌制剂（如白僵菌、轮枝菌）	
	细菌及细菌制剂（如苏云金杆菌,即 BT）	
	释放寄生、捕食、绝育型的害虫天敌	
	病毒及病毒制剂（如:颗粒体病毒等）	
Ⅳ.其他	氢氧化钙	
	二氧化碳	
	乙醇	
	海盐和盐水	
	苏打	
	软皂(钾肥皂)	
	二氧化硫	
Ⅴ.诱捕器、屏障、驱避剂	物理措施(如色彩诱捕器、机械诱捕器等)	
	覆盖物(网)	
	昆虫性外激素	仅用于诱捕器和散发皿内
	四聚乙醛制剂	驱避高等动物

项目8 园艺产品安全生产全程质量控制体系

项目描述

本项目主要介绍我国开展的园艺产品安全生产全程质量控制体系概况,分别介绍了良好农业规范和危害分析和关键控制点两种质量控制体系,通过学习使学生具有在生产中开展良好农业规范和危害分析和关键控制点管理的能力。

学习目标

- 了解良好农业规范和危害分析和关键控制点产生的背景及发展情况。
- 掌握我国良好农业规范和危害分析和关键控制点认证和管理要求。

能力目标

- 具有开展良好农业规范和危害分析和关键控制点管理的能力。

知识点

良好农业规范、危害分析和关键控制点的概念;开展良好农业规范、危害分析和关键控制点认证的意义;良好农业规范、危害分析和关键控制点的认证程序等。

□ 案例导入

什么是良好农业规范?

良好农业规范简称"GAP",是 Good Agricultural Practices 的缩写。它作为一种适用方法和体系,通过经济的、环境的和社会的可持续发展措施,来保障食品安全和食品质量。GAP 主要针对未加工和最简单加工(生的)出售给消费者和加工企业的大多数果蔬的种植、采收、清洗、摆放、包装和运输过程中常见的微生物的危害控制,其关注的是新鲜果蔬的生产和包装,但不限于农场,包含从农场到餐桌的整个食品链的所有步骤。

任务8.1 园艺产品安全生产的GAP体系

8.1.1 良好农业规范体系概述

1)良好农业规范产生的背景

近三四十年,农业繁荣得益于化肥、农药、良种、拖拉机等增产要素的产生。而随着整个农业生产水平的提高和各种农业生产要素的日益成熟,这些要素对增产的贡献率趋减。由于农业生产经营不当导致的生态灾难,以及大量化学物质和能源投入对环境的严重伤害,导致土壤板结、土壤肥力下降、农产品农药残留超标等现象的出现。1991年联合国粮农组织(FAO)召开了部长级的"农业与环境会议",发表了著名的"博斯登宣言",提出了"可持续农业和农村发展"的概念,得到联合国和各国的广泛支持。"可持续"已成为世界农业发展的时代要求。"自然农业""生态农业"和"再生农业",已经成为当今世界农业生产的替代方式。在保证农产品产量的同时,要求更好地配置资源,寻求农业生产和环境保护之间平衡,而良好农业规范是可持续农业发展的关键。

2)良好农业规范的发展概况

(1)FAO《农业管理规范框单》

2003年3月,FAO在意大利罗马召开的农业委员会第十七届会议上,提出了良好农业规范应遵循的四项原则和基本内容要求,指导各国和相关组织良好农业规范的制定和实施。

 知识链接)))

FAO《农业管理规范框单》四项原则和基本内容要求

四项原则是:经济而有效地生产充足、安全而富有营养的食物;保持和加强自然资源基础;保持有活力的农业企业和促进可持续生计;满足社会的文化和社会需求。

基本内容要求包括:与土壤有关的良好规范;与水有关的良好规范;与作物和饲料生产有关的良好规范;与作物保护有关的良好规范;与家畜生产有关的良好规范;与家畜健康和福利有关的良好规范;与收获和农场加工及储存有关的良好规范;与能源和废物管理有关的良好规范;与人的福利、健康和安全有关的良好规范;与野生生物和地貌有关的良好规范。

(2)政府的GAP规范

美国、加拿大、法国、澳大利亚、马来西亚、新西兰、乌拉圭等国家都制定了本国良好农业规范标准或法规;拉脱维亚、立陶宛和波兰采用了与波罗的海农业径流计划有关的良好方法;澳大利亚于2000年5月由农林水产部制定GAP指南,该指南有助于评估新鲜农产品田间生产中所产生的食品安全危害的风险,并提供在良好农业规范中需预防、减少和消除危害的信息。巴西的国家农业研究组织与粮农组织合作,以GAP规范为基础为香瓜、芒果、水果和蔬菜、大田作物、乳制品、牛肉、猪肉和禽肉等制定一系列具体的技术准则,供中、小生产者和大型生产者使用,GAP认证已经被世界范围的61个国家的农业生产者所接受,并有越来越多的国家加入。

案例

美国的 GAP

1998年,美国食品药品监督管理局(FDA)和美国农业部(USDA)联合发布了《关于降低新鲜水果与蔬菜微生物危害的企业指南》。在该指南中,首次提出良好农业规范概念。

美国GAP阐述了针对未加工或最简单加工(生的)出售给消费者的或加工企业的大多数果蔬的种植、采收、分类、清洗、摆放、包装、运输和销售过程中常见微生物危害控制及其相关的科学依据和降低微生物污染的农业管理规范,其关注的是新鲜果蔬的生产和包装,但不仅仅限于农场,而且还包含从农场到餐桌的整个食品链的所有步骤。

《关于降低新鲜水果与蔬菜微生物危害的企业指南》关注的焦点是新鲜农产品的微生物危害,列出了微生物污染的风险分析,包括五个主要领域方面的评估,分别是:水质,肥料/生物固体废弃物,人员卫生,农田、设施和运输卫生,可追溯性。

(3)工业加工商/零售商的GAP标准/规范

农产品生产经营企业零售商,为实现农产品质量安全保证和消费者满意,也制定了相关良好农业规范要求。如欧洲零售商组织制定的EUREPGAP标准、美国零售商组织制定的SQF/1000标准等。

EUREPGAP所建立的良好农业规范框架,采用危害分析与关键控制点方法,从生产者到零售商的供应链中的各个环节确定了良好农业规范的控制点和符合性规范。EUREPGAP在控制食品安全危害的同时,兼顾了可持续发展的要求,以及区域文化和法律法规的要求。其覆盖产品种类较全,标准体系较为完整、成熟。

3)中国良好农业规范(ChinaGAP)的发展

(1)ChinaGAP系列标准的发布

我国良好农业规范国家标准以国际相关GAP标准为基础、遵循FAO确定的基本原则、与国际接轨,符合中国国情和法律法规为原则制定,于2006年5月1日起正式实施。我国良好农业规范国家标准包括了认证实施规则和系列标准,目前标准共有26部分,分别对良好农业规范术语、农场基础控制点、作物基础控制点、大田作物控制点、果蔬控制点、畜禽基础控制点、牛羊控制点、奶牛控制点、生猪控制点、家禽控制点、畜禽公路运输控制点等进行了符合性规范。

(2)ChinaGAP系列标准基本内容

ChinaGAP系列标准基本内容包括:食品安全危害的管理要求,采用危害分析与关键控制点方法识别、评价和控制食品安全危害。在种植业生产过程中,针对不同作物生产特点,对作物管理、土壤肥力保持、田间操作、植物保护组织管理等提出了要求。

农业可持续发展的环境保护要求,通过要求生产者遵守环境保护的法规和标准,营造农产品生产过程的良性生态环境,协调农产品生产和环境保护的关系。

系列标准从可追溯性、食品安全、动物福利、环境保护,以及工人健康、安全和福利等方面,在控制食品安全危害的同时,兼顾了可持续发展的要求,以及我国法律法规的要求,并以第三方认证的方式来推广实施。

4) 实施良好农业规范的要点

(1) 生产用水与农业用水的良好规范

与水有关的良好规范包括:尽量增加小流域地表水渗透率和减少无效外流;适当利用并避免排水来管理地下水和土壤水分;改善土壤结构,增加土壤有机质含量;利用避免水资源污染的方法如使用生产投入物,包括有机、无机和人造废物或循环产品;采用监测作物和土壤水分状况的方法精确地安排灌溉,通过采用节水措施或进行水再循环来防止土壤盐渍化;通过建立永久性植被或需要时保持或恢复湿地来加强水文循环的功能;管理水位以防止抽水或积水过多,以及为牲畜提供充足、安全、清洁的饮水点。

(2) 肥料使用的良好规范

与肥料有关的良好规范包括:利用适当的作物轮作、施用肥料、牧草管理和其他土地利用方法以及合理的机械、保护性耕作方法,通过利用调整碳氮比的方法,保持或增加土壤有机质;保持土层以便为土壤中的生物提供有利的生存环境,尽量减少因风或水造成的土壤侵蚀流失;使有机肥和矿物肥料以及其他农用化学物的施用量、时间和方法适合农学、环境和人体健康的需要。

合理处理的农家肥是有效和安全的肥料,未经处理或不正确处理的再污染农家肥,可能携带影响公共健康的病原菌,并导致农产品污染。因此,生产者应根据农作物特点、农时、收割时间间隔、气候特点,制定适合自己操作的处理、保管、运输和使用农家肥的规范,尽可能减少粪肥与农产品的直接或间接接触,以降低微生物危害。

(3) 农药使用的良好操作规范

与作物保护有关的良好规范包括:采用具有抗性的栽培品种、作物种植顺序和栽培方法,加强对有害生物和疾病进行生物防治;对有害生物和疾病与所有受益作物之间的平衡状况定期进行定量评价;适时适地采用有机防治方法;可能时使用有害生物和疾病预报方法;在考虑到所有可能的方法及其对农场生产率的短期和长期影响以及环境影响之后再确定其处理策略,以便尽量减少农用化学物使用量,特别是促进病虫害综合防治;按照法规要求储存农用化学物并按照用量和时间以及收获前的停用期规定使用农用化学物;使用者须受过专门训练并掌握有关知识;确保施用设备符合确定的安全和保养标准;对农用化学物的使用保持准确的记录。

在采用化学防治措施防治作物病虫害时,正确选择合适的农药品种是非常重要的关键控制点。第一,必须选择国家正式注册的农药,不得使用国家有关规定禁止使用的农药;第二,尽可能地选用那些专门作用于目标害虫和病原体、对有益生物种群影响最小、对环境没有破坏作用的农药;第三,在植物保护预测预报技术的支撑下,在最佳防治适期用药,提高防治效果;第四,在重复使用某种农药时,必须考虑避免目标害虫和病原体产生抗药性。

在使用农药时,生产人员必须按照标签或使用说明书规定的条件和方法,用合适的器械施药。商品化的农药,在标签和说明书上,在标明有效成分及其含量、说明农药性质的同时,一般都规定了稀释倍数、单位面积用量、施药后到采收前的安全间隔期等重要参数,按照这些条件标准化使用农药,就可以将该种农药在作物产品中的残留控制在安全水平之下。

(4)作物生产的良好规范

与作物生产有关的良好规范包括:根据对栽培品种的特性安排生产,这些特性包括对播种和栽种时间的反应、生产率、质量、市场可接收性和营养价值、疾病及抗逆性、土壤和气候适应性,以及对化肥和农用化学物的反应等;设计作物种植制度以优化劳力和设备的使用,利用机械、生物和除草剂备选办法、提供非寄主作物以尽量减少疾病,如利用豆类作物进行生物固氮等。利用适当的方法和设备,按照适当的时间间隔,平衡施用有机和无机肥料,以补充收获所提取的或生产过程中失去的养分;利用作物和其他有机残茬的循环维持土壤、养分稳定存在和提高;遵守作物生产设备和机械使用安全标准。

(5)收获、加工及储存良好规范

与收获、加工及储存有关的良好规范包括:按照有关的收获前停用期和停药期收获产品;为产品的加工规定清洁安全处理方式。清洗使用清洁剂和清洁水;在卫生和适宜的环境条件下储存产品;使用清洁和适宜的容器包装产品以便运出农场;使用人道的适当的屠宰前处理和屠宰方法;重视监督、人员培训和设备的正常保养。

(6)工人健康和卫生良好规范

确保所有人员,包括非直接参与操作的人员,如设备操作工、潜在的买主和害虫控制作业人员符合卫生规范。生产者应建立培训计划以使所有相关人员遵守良好卫生规范,了解良好卫生控制的重要性和技巧,以及使用厕所设施的重要性等相关的清洁卫生方面的知识。

(7)卫生设施良好规范

人类活动和其他废弃物的处理或包装设施操作管理不善,会增加污染农产品的风险。要求厕所、洗手设施的位置应适当、配备应齐全、应保持清洁,并应易于使用和方便使用。

(8)田地卫生良好规范

田地内人类活动和其他废弃物的不良管理能显著增加农产品污染的风险,采收应使用清洁的采收储藏设备、保持装运储存设备卫生、放弃那些无法清洁的容器以尽可能地减少新鲜农产品被微生物污染。在农产品被运离田地之前应尽可能地去除农产品表面的泥土,建立设备的维修保养制度,指派专人负责设备的管理,适当使用设备并尽可能地保持清洁,防止农产品的交叉污染。

(9)包装设备卫生良好规范

保持包装区域的厂房、设备和其他设施以及地面等处于良好状态,以减少微生物污染农产品的可能。制定包装工人的良好卫生操作程序以维持对包装操作过程的控制。在包装设施或包装区域外应尽可能地去除农产品泥土,修补或弃用损坏的包装容器,用于运输农产品的工器具使用前必须清洗,在储存中防止未使用的干净的和新的包装容器被污染。包装和储存设施应保持清洁状态,用于存放、分级和包装鲜农产品的设备必须用易于清洗材料制成,设备的设计、建造、使用和一般清洁能降低产品交叉污染的风险。

(10)运输良好规范

应制定运输规范,以确保在运输的每个环节,包括从田地到冷却器、包装设备、分发至批发市场或零售中心的运输卫生,操作者和其他与农产品运输相关的员工应细心操作。无论在什么情况下运输和处理农产品,都应进行卫生状态的评估。运输者应把农产品与其他的食品或非食品的病原菌源相隔离,以防止运输操作对农产品的污染。

(11)溯源良好规范

要求生产者建立有效的溯源系统,相关的种植者、运输者和其他人员应提供资料,建立产品的采收时间、农场、从种植者到接收者的管理者的档案和标识等,追踪从农场到包装者、配送者和零售商等所有环节,以便识别和减少危害,防止食品安全事故发生。一个有效的追踪系统至少应包括能说明产品来源的文件记录、标识和鉴别产品的机制。

8.1.2 我国良好农业规范认证

1)我国实施良好农业规范标准化与认证的意义

(1)实施 GAP 是从生产源头上控制农产品质量安全的重要措施

GAP 标准是现代农业标准、法律和行业新技术的提炼,代表了行业发展的方向。其内容涵盖了农业生产安全、质量、环保、社会责任四个方面的基本要求,全面而精练。

(2)实施 GAP 能够帮助农业生产者建立起基本的质量控制体系

为农业生产者提供基本的质量控制框架,GAP 按照"防范优于纠偏"的要求,构建了一个基本的农业生产质量控制框架;为农业生产者建立质量追溯体系提供指南,GAP 标准对农业生产过程提出规范、全面的农业生产记录要求,为建立质量可追溯体系奠定基础;GAP标准特别强调生产经营者组织要建立其完善的内部管理体系。一是要求生产经营者组织具有书面的质量手册和体系程序文件,建立追溯体系。二是要集中管理。所有注册成员的生产场所在相同的经营、控制和规章制度下运行,即实行统一的行政管理、审核和经营评价。三是规定了协议期限。要求至少有一整年的协议期限。四是建立内部审核程序。通过建立这样畅通的交流渠道、统一的操作程序、完善的监督管理,确保了已注册产品可追溯到终端;为农业生产者提供生产动态监督控制措施,对于申请 GAP 认证的农业生产者,在认证机构外部检查前,每年至少进行一次内部检查;对于生产经营者组织,在申请外部检查前每年要执行至少两次内部检查,一次由生产经营者组织的各成员来执行,一次由生产经营者组织来统一执行。

内部检查和外部检查相结合形成了 GAP 标准动态有效的质量监控措施。

(3)实施 GAP 能够促进我国农业生产组织化程度的提高

GAP 标准充分考虑了我国当前农业生产特点,将认证申请人分为两种:一种是农业生产经营者(即单个农场或农户),可以是法人或自然人;另一种是农业生产经营组织,囊括了各种农业合作组织形式,并对这种农业生产合作组织提出了具体的内部质量管理体系要求,对于提高我国农业生产组织化程度,指导我国农业合作组织建设,实施农产品质量安全有效控制提供了重要的方式。

(4)实施 GAP 有助于提高我国农产品国际竞争能力

可以从根本上解决出口农产品源头污染问题,帮助农产品生产企业跨越国外技术贸易壁垒。2005 年 5 月,国家认监委与 EUREPGAP/FOODFULS 正式签署《中国国家认证认可监督管理委员会与 EUREPGAP/FoodPLUS 技术合作备忘录》,根据备忘录的规定,China-GAP 与 EUREPGAP 经过基准性比较后,良好农业规范一级认证等同于 EUREPGAP 认证,ChinaGAP 认证结果将得到国际组织和国际零售商的承认。我国农产品生产经营者获得ChinaGAP 认证后,可以把其农产品供应的信誉转化为得到 ChinaGAP 认可的资源,因为ChinaGAP 认证是对农产品安全生产的一种商业保证,这样有更多机会进入国际市场。

2)我国良好农业规范 ChinaGAP 认证概况

(1)认证依据

认证依据是良好农业规范系列国家标准,良好农业规范标准分为农场基础标准、种类标准和产品模块标准三类。在实施认证时,应将农场基础标准、种类标准与产品模块标准结合使用。例如,对果蔬的认证应当依据农场基础、种植类、果蔬模块三个标准进行检查/审核。

(2)认证申请人和认证方式

认证申请人为农业生产经营者或农业生产经营者组织。申请人可以选择农业生产经营者或农业生产经营者组织不同的方式进行认证。

(3)认证级别

认证级别分为一级认证和二级认证,如图 8.1 所示。

一级认证   二级认证

图 8.1　中国良好农业规范认证标志

①一级认证　要求应符合适用良好农业规范相关技术规范中所有适用一级控制点的要求;应至少符合所有适用良好农业规范相关技术规范中适用的二级控制点总数 95% 的要求;不设定三级控制点的最低符合百分比。

②二级认证要求　应至少符合所有适用良好农业规范相关技术规范中适用的一级控制点总数 95% 的要求。不设定二级控制点、三级控制点的最低符合百分比。

③符合性判定要求　不论申请一级还是二级认证,所有适用的控制点(包括一级、二级和三级控制点)都必须审核/检查,并应在检查表的备注栏中对所有不符合进行描述。在审核/检查中应收集对每个控制点的审核和检查证据。一级控制点的审核/检查证据应在检查表的备注栏中记录,以便追溯。良好农业规范相关技术规范中被标记为"全部适用"的控制点,除非特别指出,都必须经过审核和(或)检查。只有经国家认监委特许的例外可免除该条款的审核/检查,这些例外由国家认监委发布。

3）认证程序

（1）申请

申请文件应包括以下内容：申请人的名称；联系人的姓名；最新的地址（地址和邮编）；其他身份证明（营业执照等）；联络方式（电话传真及电子邮件地址）；产品名称；当年的生产面积；申请的和不准备申请的作物名称；一次收获还是多次收获；申请选项（农业生产经营者或农业生产经营者组织）、申请级别（一级或二级）；申请认证的标准名称和版本；原认证注册号；认证机构要求提交的信息，包括如果不进行产品处理，则声明不包含产品处理；如果是在农场范围外进行产品处理，则声明产品处理者的认证注册号码，如果产品需进行处理，生产者应说明是否同时处理来自其他获证生产者的产品，这种情况下在标准中关于农产品处理的所有适用的二级控制点都必须按照一级控制点来检查；产品可能的消费国家/地区的声明。产品符合产品消费国家/地区的相关法律法规要求的声明和产品消费国家/地区适用的法律法规清单（包括申请认证产品适用的最大农药残留量 MRL 法规）。

（2）合同

申请人向认证机构申请认证后，应与认证机构签署认证合同。

申请人与认证机构签署合同后，认证机构应授予申请人一个认证申请的注册号码。

（3）检查/审核程序

①农业生产经营者认证的检查/审核程序

内部检查，应进行完整的基于良好农业规范相关技术规范要求的内部检查，在外部检查时必须将内部检查记录提供给外部检查员进行审核。每年至少进行一次内部检查。

外部检查，认证机构对已获证的农业生产经营者及其所有适用模块的生产场所，按所有适用控制点的要求每年至少实施一次通知检查。

不通知监督检查，认证机构每年应至少对其认证的农业生产经营者按不低于10%的比例实施不通知检查。当发证的数量少于 10 家时，不通知检查数量不得少于 1 家。

现场确认：作为审核活动的一部分，必须检查农场及其模块的生产场所。

②农业生产经营者组织认证的检查/审核程序

内部质量管理体系审核，农业生产经营者组织应每年按照农业生产经营者组织质量管理体系的要求，进行内部质量管理体系审核。

内部检查，农业生产经营者组织每年应对每个成员及其生产场所至少实施一次内部检查，内部检查由农业生产经营者组织的内部检查员实施，或转包给外部检查员实施，每年的内部检查应按照良好农业规范相关技术规范所有适用控制点的要求进行。

质量管理体系外部通知审核，认证机构每年应对申请人的质量管理体系进行一次通知审核。

质量管理体系外部不通知审核，认证机构每年至少对其认证的农业生产经营者组织按不低于10%的比例增加实施一次不通知审核。当发证的数量少于 10 家时，不通知审核数量不得少于 1 家。

外部检查，每年应对所有获证的农业生产经营者组织实施一次通知的外部检查和一次不通知的外部检查。检查采取对农业生产经营者组织内成员随机抽样方式进行。初次认证、良好农业规范相关技术规范更新或获证的农业生产经营者组织更换认证机构时，抽样数不能少于农业生产经营者组织成员数量的平方根。获证农业生产经营者组织每年进行的不通知检查抽样数量,可以是初次认证抽样数量的 50%。如果检查没有发现不符合,下一次通知检查时抽样数量可以减为成员数平方根的 50%。如果在不通知检查中出现不符合,则在下一次通知检查时抽样数量按照初次检查要求对待。每年的外部检查应按照良好农业规范相关技术规范所有适用控制点的要求进行。

(4)检查/审核时间安排

①初次认证检查　初次检查要求申请人提供获得注册号之后,收获日期之前的 3 个月的记录。其中收获和生产处理过程必须在申请注册之后实施,注册之前的收获和生产处理的记录无效。

初次认证检查时间安排,宜选择在收获期间安排初次检查,以便对与收获相关的控制点(如最大农残限量、收获期间的卫生除害等)进行查证。

初次认证检查时间调整,在收获期间无法实施检查时,可以调整检查时间,但认证机构应对此作出说明。如果检查在作物收获之前进行,致使部分适用的控制点无法检查,认证机构应当做后续跟踪检查或者由生产者以传真、照片或其他可接受(由农业生产者和认证机构进行协商确定)的形式提交证据;如果检查是在作物收获之后进行,生产者必须保留有关收获的适用控制点符合性的证据。认证机构应适当增加对未在收获期进行检查的生产者在收获期进行不通知检查的概率。

颁发认证证书前应保证所有未被检查控制点得到验证,并保证超出规定比例的不符合项已经关闭。

多种作物认证检查时间安排,申请一种以上作物的认证,如果生产期同步或相近的,检查时间宜靠近收获期;如果生产期不同步或不相近的,初次认证检查应选择在最早收获作物的收获期间进行,其他产品只有在通过现场检查或者由生产者提供可接受的证据,验证了适用控制点的符合性后,方可将其加入到认证证书的覆盖范围。

②复评　如果在规定的复评时间内,没有当季作物供检查,认证机构可以将原证书有效期再延长 3 个月(认证证书有效期的延长必须在证书有效期之前提出,并被认证机构批准,否则认证证书将被撤销);复评应在上一次检查 6 个月后,证书有效期之前完成。现场至少必须有一种证书覆盖范围内的当季作物(指在尚未收获阶段或已收获且尚在仓库中)能使认证机构相信,任何其他当时不在种植状态的证书覆盖范围的作物(如果有)也按照相关要求进行控制。

认证机构应当根据认证产品模块的风险程度,制订适宜的产品抽样程序和检验方案,实施相应的抽样检验,以验证认证产品符合消费国家/地区的相关法律法规要求。

(5)认证的批准

认证证书由认证机构颁发,有效期为 12 个月。证书持有人若要延长证书的有效期,在证书失效前应向认证机构进行年度再注册,否则,证书状态将由"有效"变为"证书未更新或未再注册"。

认证机构和申请人的认证合同期限最长为 3 年,到期后可续签或延长 3 年。

当颁发或再次颁发认证证书时,证书上的颁证日期是认证机构做出认证决定的日期。

4)认证证书的保持

(1)确认

认证机构每年必须对认证证书持有人以及相关认证范围内的产品重新确认。

认证机构每年必须按良好农业规范相关技术规范的要求实施检查/审核和确认。

（2）制裁

①告诫　认证机构检查出的所有不符合的都可作出告诫的制裁。允许在一段时间内消除引起告诫的起因，在此之后如果告诫仍未解除，则予以暂停；所允许的纠正时间将由认证机构和认证证书持有人协商决定，最长纠正期限为从告诫之日起28天止。

②暂停　在一段时期内，认证证书持有人将被禁止使用认证标志、证书或其他任何与良好农业规范有关的文件，暂停的持续时间将由认证机构决定，最长为6个月。暂停期满之后，如果暂停仍然没有解除，将撤销证书，并解除认证机构和认证证书持有人之间的合同。如果暂停是自行要求的，那么由农业生产经营者或农业生产经营者组织自行确定为达到符合所需的整改措施和时限，且必须与认证机构达成一致，但必须在暂停解除之前关闭。

暂停的解除，暂停将会持续到有证据证明引起暂停的原因已经整改，由认证机构来完成一次预先通知的或不通知的确认检查/审核，符合要求后暂停才能解除。

暂停的类型，延期暂停：在允许纠正的期限内即28天，不会强制实行立即暂停。如果28天之后问题仍然没有纠正，则实施立即暂停。立即暂停可以是下列任意一项：部分暂停，仅仅是被认证产品范围内的某一部分被暂停，被暂停产品将被禁止使用认证标志、证书或其他任何与良好农业规范有关的文件；完全暂停，对被认证产品范围内的所有产品暂停。

如果所有农场基础或种类的良好农业规范相关技术规范出现了导致暂停的不符合，则其覆盖的所有模块的产品，将被完全暂停。

③撤销　解除合同，全面禁止使用与良好农业规范相关的文件、证书、认证标志等；证书已被撤销的认证证书持有人，只有在引起撤销的起因消除12个月后，才能向认证机构提出再次认证申请。

（3）不符合的处置

①一级控制点不符合　一级认证的一级控制点不符合，如果认证机构发现并证实认证证书持有人出现良好农业规范相关技术规范一级控制点不符合，认证证书持有人也未采取适当的纠正措施，且未告知直接客户和认证机构，证书将立即完全暂停，最长期限为6个月。如果在以后的审核/检查中发现重复出现同样的问题，则证书会被撤销。

如果在一个农业生产经营者组织的一个成员处发现一级控制点不符合，则认证机构必须进一步调查，增加取样数（最大为其成员总数平方根的4倍），以确定农业生产经营者组织不符合的严重性，从而确定是否需要对农业生产经营者组织实施暂停制裁，或是仅对该成员暂停制裁6个月。

如果认证证书持有人在认证机构发现之前，告知直接客户和认证机构其不符合良好农业规范相关技术规范某一级控制点，并采取适当的纠正措施避免该不符合项的再次发生，证书应当被立即部分暂停，其范围由认证机构决定。立即部分暂停的范围可限定到某种产品（地块、温室）的可清楚识别的、可追踪的部分，同时农场应有清楚的、可识别的追踪系统。

当出现一级控制点的不符合，检查员应对不符合对环境和消费者安全影响程度进行评估。如果不符合不会对环境和消费者安全形成严重危害，且可在28天内完成不符合的整改，认证机构可延期暂停；如果不符合会对环境和消费者安全形成严重危害，则应立即暂停。

二级认证的一级控制点不符合，如果超过5%的适用一级控制点不符合，证书会被立即完全暂停。在最长期限6个月内,认证机构必须确认纠正措施的有效性(通过现场访问或其他形式的文件核查进行),否则撤销证书,并解除合同。

②二级控制点不符合(仅适用于一级认证) 延期暂停,如果超过5%的适用二级控制点不符合,证书会被延期暂停。在需要时,最长28天内认证机构必须确认纠正措施的有效性(通过现场访问或其他形式的文件核查进行)。

③合同性不符合,次要条款不符合 当认证机构和认证证书持有人的合同的次要条款出现不符合时,将对其进行告诫。允许的纠正时间由认证机构和认证证书持有人商议决定。认证机构将要求其提交书面的证明作为已符合的证据。最长纠正期限为28天。

技术性不符合,在检查过程中发现认证机构和认证证书持有人之间合同签订的协议出现不符合,或发现与认证证书持有人有关的生产性技术疑问,将导致立即完全暂停。

当认证证书持有人未在规定时间内满足先前告诫提出的要求、未按合同约定付款、未按认证机构传达的良好农业规范相关技术规范、认证规则及相关法律法规等最新要求进行修正、变更或调整时,将立即完全暂停。

主要条款不符合,当因未履行认证机构和认证申请人签订的合同中的协定而出现的不符合,这种不符合客观表现为认证证书持有人相关方面的管理不善,则合同解除。

认证证书持有人破产或者农场场所所有权或使用权关系发生改变则合同解除。

出现以下情况之一的合同不符合时,将给予撤销的制裁,农业生产经营者或农业生产经营者组织经历了部分或全部暂停的6个月之后,仍无法证明实施了充分的整改措施且有效;在某一范围内的不符合导致认证机构对生产的完整性产生怀疑;当发现主要合同不符合时。

5) 认证证书、认证标志的使用

(1) 证书信息

认证证书应包括以下信息:中国良好农业规范认证标志;签发证书的认证机构名称和认证机构的标识;认可该认证机构的认可机构的名称和/或标识;认证证书持有人的名称和地址;农场名称和地址。如果获证的是农业生产经营者组织,应在证书或附件中列出农业生产经营者组织的所有成员/农场场所名称和地址;认证选项、认证级别;注册号;证书号;认证产品范围;果蔬产品如未经处理,应声明(适用时);认证依据的良好农业规范相关技术规范名称及版本号;发证时间;证书有效期。

(2) 认证证书、认证标志的使用

认证证书、认证标志的使用应符合《认证证书和认证标志管理办法》的规定。

申请人在获得认证机构颁发的认证证书后可以在非零售产品的包装、产品宣传材料、商务活动中使用认证标志。认证标志使用时可以等比例放大或缩小,但不允许变形、变色;在使用认证标志时,必须在认证标志下标认证证书号。

认证证书持有人应对认证证书和认证标志的使用和展示进行有效的控制。

认证证书持有人不得利用认证证书或认证标志混淆认证产品与非认证产品误导公众。

6) 申诉和投诉

申请人如对认证机构的认证决定有异议,可在10个工作日内向认证机构申诉。认证机构自收到申诉之日起,应在30日内进行处理,并将处理结果书面通知申诉人。申请人对处理结果仍有异议的,可以向国家认证认可监督管理委员会投诉。

申请人认为认证机构行为严重侵害了自身合法权益的,可以直接向国家认证认可监督管理委员会投诉。

□ **案例导入**

什么是 HACCP 技术体系?

HACCP 是 Hazard Analysis and Critical Control Point 的缩写,即危害分析和关键控制点。是生产(加工)安全食品的一种控制手段;通过对原料、关键生产工序及影响产品安全的人为因素进行分析,确定加工过程中的关键环节,建立、完善监控程序和监控标准,采取规范的纠正措施。

任务8.2　园艺产品安全生产的 HACCP 技术体系

8.2.1　HACCP 体系概述

1)HACCP 的含义

危害分析和关键控制点。是一种为国际认可的、保证食品免受生物性、化学性及物理性危害的预防体系,是一种食品安全的全程控制方案,其根本目的是由企业自身通过对生产体系进行系统的分析和控制来预防食品安全问题的发生。通过食品的危害分析和关键控制点控制,分析和查找食品生产过程的危害,确定具体的控制措施和关键控制点并实施,有效监控将食品安全预防、消除、降低到可接受水平。HACCP 体系是涉及食品安全的所有方面(从原材料种植、收获和购买到最终产品使用)的一种体系化方法,使用 HACCP 体系可将食品安全控制方法从滞后型的最终产品检验方法转变为预防性的质量保证方法。HACCP 体系是涉及从农田到餐桌全过程食品安全卫生的预防体系。

2)HACCP 体系的起源及应用

最早提出 HACCP 体系的是 1959 年美国皮尔斯柏利公司与美国航空和航天局(NASA)纳蒂克实验室,他们在联合开发航天食品时形成了 HACCP 食品安全管理体系,用于太空食品生产。

HACCP 安全保证体系已经在以美国为首的包括欧盟各国、日本、加拿大、澳大利亚、新西兰等世界主要发达国家中广泛应用,纷纷在本国企业自主采用 HACCP 体系的基础上,通过立法的形式对本国和出口到本国的外国企业强制执行该安全保证体系。为了适应社会的需求、国际市场的变化,我国政府于 2002 年 5 月 20 日起,由国家技术监督检验总局开始强制推行 HACCP 体系,要求凡是从事罐头、水产品(活品、冰鲜、晾晒、腌制品除外),肉及其制品、速冻蔬菜、果蔬汁、含肉或水产品的速冻方便食品的生产企业在新申请卫生注册登记时,必须先通过 HACCP 体系评审,而目前已经获得卫生注册登记许可的企业,必须在规定时间内完成 HACCP 体系建立并通过评审。

3)HACCP 体系基本原理及特点

（1）HACCP 体系的基本原理

HACCP 方法现已成为世界性的食品质量控制管理的有效办法。其原理 1999 年经国际食品法典委员会（CAC）确定，由进行危害分析、确定关键控制点、建立关键限值、建立关键体系、确立纠偏行为、建立验证程序、建立 HACCP 计划档案及保管制度 7 个基本原理组成。

 知识链接)))

HACCP 体系的基本原理

原理1:进行危害分析。拟定工艺中各工序的流程图,确定与食品生产各阶段(从原料生产到消费)有关的潜在危害性及其程度,鉴定并列出各有关危害并规定具体有效的控制措施,包括危害发生的可能性及发生后的严重性估计。这里的"危害"是一种使食品在食用时可能产生不安全的生物、化学或物理方面的特征。

原理2:确定关键控制点(CPP)。使用判定树鉴别各工序中的关键控制点 CCP。CCP 是指能进行有效控制的某一个工序、步骤或程序,如原料生产收获与选择、加工、产品配方、设备清洗、贮运、雇员与环境卫生等都可能是 CCP,且每一个 CCP 所产生的危害都可以被控制、防止或将之降至可接受的水平。

原理3:建立关键限值。即制定为保证各 CCP 处于控制之下的而必须达到的安全水平和极限。安全水平数的内涵,包括温度、时间、物理尺寸、湿度、水活度、pH 值、有效氯、细菌总数等。

原理4:建立监控体系。通过有计划或观察,以保证 CCP 处于被控制状态,其中测试或观察要有记录。监控应尽可能采用连续的理化方法,如无法连续监控,也要求有足够的间隙频率次数来观察测定每一个 CCP 的变化规律,以保证监控的有效性。

原理5:确立纠偏行为。当监控过程发现某一特定 CCP 正超出控制范围时应采取纠偏措施,因为任何 HACCP 方案要完全避免偏差是几乎不可能的。因此,需要预先确定纠偏行为计划,来对已产生偏差的食品进行处置,纠正产生偏差,使之确保 CCP 再次处于控制之下,同时要做好此纠偏过程的记录。

原理6:建立验证程序。审核 HACCP 计划的准确性,包括适当的补充试验和总结,以确认 HACCP 是否在正常运转,确保计划在准确执行。

原理7:建立 HACCP 计划档案及保管制度。HACCP 具体方案在实施中,都要求做例行的、规定的各种记录,同时还要求建立有关适于这些原理及应用的所有操作程序和记录的档案制度,包括计划准备、执行、监控、记录及相关信息与数据文件等都要准确和完整地保存。

（2）HACCP 体系的特点

HACCP 是一种质量保证体系,是一种预防性策略,是一种简便、易行、合理、有效的食品安全保证系统,为实行食品安全管理提供了实际内容和程序。其具体特点如下:HACCP体系不是一个孤立的体系,而是建立在企业良好的食品卫生管理传统的基础上的管理体系。如良好生产规范(GMP)、职工培训、设备维护保养、产品标识、批次管理等都是HACCP体系实施的基础。如果企业的卫生条件很差,那么便不适应实施HACCP管理体系,而首先需要企业建立良好的卫生管理规范;HACCP体系是预防性的食品安全控制体系,要对所有潜在的生物的、物理的、化学的危害进行分析,确定预防措施,防止危害发生;HACCP体系是根据不同食品加工过程来确定的,要反映出某一种食品从原材料到成品、从加工厂到加工设施、从加工人员到消费者方式等到各方面的特性,其原则是具体问题具体分析,实事求是;HACCP体系强调关键控制点的控制,在对所有潜在的生物的、物理的、化学的危害进行分析的基础上来确定哪些是显著危害,找出关键控制点,在食品生产中将精力集中在解决关键问题上,而不是面面俱到;HACCP体系是一个基于科学分析建立的体系,需要强有力的技术支持,当然也可以寻找外援,吸收和利用他人的科学研究成果,但最重要的还是企业根据自身情况所作的实验和数据分析;HACCP体系并不是没有风险,只是能减少或者降低食品安全中的风险。作为食品生产企业,光有HACCP体系是不够的,还要有具备相关的检验、卫生管理等手段来配合共同控制食品生产安全;HACCP体系不是一种僵硬的、一成不变的、理论教条的、一劳永逸的模式,而是与实际工作密切相关的发展变化和不断完善的体系;HACCP体系是一个进行实践—认识—再实践—再认识的过程,而不是搞形式主义,走过场。企业在制定HACCP体系计划后,要积极推行,认真实施,不断对其有效性进行验证,在实践中加以完善和提高。

4)实施HACCP的意义

HACCP作为一种与传统食品安全质量管理体系截然不同的崭新的食品安全保障模式,它的实施对保障食品安全具有广泛而深远的意义。

(1)对食品工业企业

减少法律和保险支出,若消费者因食用食品而致病,可能向企业投诉或向法院起诉该企业,既影响消费者信心,也增加企业的法律和保险支出;增加市场机会,良好的产品质量将不断增强消费者信心,特别是在政府的不断抽查中,总是保持良好的企业,将受到消费者的青睐,形成良好的市场机会;降低生产成本,可以减少回收不合格产品,提高产品合格率;提高产品质量的一致性,HACCP的实施使生产过程更规范,在提高产品安全性的同时,也大大提高了产品质量的均匀性;提高员工对食品安全的参与,HACCP的实施使生产操作更规范,并促进员工对提高公司产品安全的全面参与;降低商业风险,食品安全是食品生产企业的生存保证。

(2)对消费者

减少食源性疾病的危害,良好的食品质量可显著提高食品安全的水平,更充分地保障公众健康;增强卫生意识,HACCP的实施和推广,可提高公众对食品安全体系的认识,并增强自我卫生和自我保护的意识;增强对食品供应的信心,HACCP的实施,使公众更加了解食品企业所建立的食品安全体系,对社会的食品供应和保障更有信心;提高生活质量(健康和社会经济)良好的公众健康对提高大众生活质量,促进社会经济的良性发展具有重要意义。

（3）对政府

改善公众健康，HACCP 的实施将使政府在提高和改善公众健康方面，能发挥更积极的影响；更有效和有目的的食品监控，HACCP 的实施将改变传统的食品监管方式，使政府从被动的市场抽检，变为政府主动地参与企业食品安全体系的建立，促进企业更积极地实施安全控制的手段，并将政府对食品安全的监管，从市场转向企业；减少公众健康支出，公众良好的健康，将减少政府在公众健康上的支出，使资金能流向更需要的地方；确保贸易畅通，非关税壁垒已成为国际贸易中重要的手段。为保障贸易的畅通，对国际上其他国家已强制性实施的管理规范，须学习和掌握，并灵活地加以应用，减少其成为国际贸易的障碍；提高公众对食品供应的信心，政府的参与将更能提高公众对食品供应的信心，增强国内企业竞争力。

8.2.2　HACCP 的基础与一般步骤

1）HACCP 的基础

良好生产规范和卫生标准操作规程是建立 HACCP 的前提性条件或基础程序。HAC-CP 的基础程序一般都要符合政府的卫生法规，各类行业的作业规范规程等。通常 HACCP 的支持程序主要涉及生产区域的清洁，检测器具的准确度，虫害控制和监控岗位人员的专门培训等内容。如果一企业达不到良好生产规范法规的要求或没有制定有效的、具有可操作性的卫生标准操作规程或没有有效的实施卫生标准操作规程，则实施 HACCP 计划将成为一句空话。

良好生产规范、卫生标准操作规程与 HACCP 的关系，实际上是一个三角关系，即良好生产规范是整个食品安全控制体系的基础，卫生标准操作规程计划是根据良好生产规范中有关卫生方面的要求制定的卫生控制程序，HACCP 计划则是控制食品安全的关键程序。这里需要强调的是，任何一个食品企业都必须首先遵守良好生产规范法规，然后建立并有效实施卫生标准操作规程计划，良好生产规范与卫生标准操作规程是互相依赖的，只强调满足卫生方面的卫生标准操作规程及其对应的良好生产规范条款而不遵守良好生产规范其他条款也是错误的。

2）实施 HACCP 的一般步骤

（1）成立 HACCP 小组

HACCP 计划在拟定时，需要事先搜集资料，了解分析国内外先进的控制办法。HACCP 小组应由具有不同专业知识的人员组成，必须熟悉企业产品的实际情况，有对不安全因素及其危害分析的知识和能力，能够提出防止危害的方法技术，并采取可行的实施监控措施。

（2）描述产品

对产品及其特性，规格与安全性进行全面描述，内容应包括产品具体成分，物理或化学特性、包装、安全信息、加工方法、贮存方法和食用方法等。

（3）确定产品用途及消费对象

实施 HACCP 计划的食品应确定其最终消费者，特别要关注特殊消费人群，如老人、儿童、妇女、体弱者或免疫系统有缺陷的人。食品的使用说明书要明示由何类人群消费、食用目的和如何食用等内容。

（4）编制工艺流程图

工艺流程图要包括从始至终整个 HACCP 计划的范围。流程图应包括环节操作步骤，不可含糊不清，在制作流程图和进行系统规划的时候，应有现场工作人员参加，为潜在污染的确定提出控制措施提供便利条件。

（5）现场验证工艺流程图

HACCP 小组成员在整个生产过程中以"边走边谈"的方式，对生产工艺流程图进行确认。如果有误，应加以修改调整。如改变操作控制条件、调整配方、改进设备等，应对偏离的地方加以纠正，以确保流程图的准确性、适用性和完整性。工艺流程图是危害分析的基础，不经过现场验证，难以确定其的准确性和科学性。

（6）危害分析及确定控制措施

在 HACCP 方案中，HACCP 小组应识别生产安全卫生食品必须排除或要减少到可以接受水平的危害。危害分析是 HACCP 最重要的一环。按食品生产的流程图，HACCP 小组要列出各工艺步骤可能会发生的所有危害及其控制措施，包括有些可能发生的事，如突然停电而延迟加工，半成品临时储存等。危害包括生物性（微生物、昆虫及人为的）、化学性（农药、毒素、化学污染物、药物残留、合成添加剂等）和物理性（杂质、软硬度）的危害。在生产过程中，危害可能是来自于原辅料的、加工工艺的、设备的、包装贮运的、人为的等方面。在危害中尤其是不能允许致病菌的存在与增殖及不可接受的毒素和化学物质的产生。因而危害分析强调要对危害的出现可能、分类、程度进行定性与定量评估。

对食品生产过程中每一个危害都要有对应的、有效的预防措施。这些措施和办法可以排除或减少危害出现，使其达到可接受水平。

（7）确定关键控制点

尽量减少危害是实施 HACCP 的最终目标。可用一个关键控制点去控制多个危害，同样，一种危害也可能需几个关键点去控制，决定关键点是否可以控制主要看是防止、排除或减少到消费者能否接受的水平。CCP 的数量取决于产品工艺的复杂性和性质范围。HAC-CP 执行人员常采用判断树来认定 CCP，即对工艺流程图中确定的各控制点使用判断树按先后回答每一个问题，按次序进行审定。

（8）确定关键控制限值

关键控制限值是一个区别能否接受的标准，即保证食品安全的允许限值。关键控制限值决定了产品的安全与不安全、质量好与坏的区别。关键限值的确定，一般可参考有关法规、标准、文献、实验结果，如果一时找不到适合的限值，实际中应选用一个保守的参数值。在生产实践中，一般不用微生物指标作为关键限值，可考虑用温度、时间、流速、pH 值、水分含量、盐度、密度等参数。所有用于限值的数据、资料应存档，以作为 HACCP 计划的支持性文件。

（9）关键控制点的监控制度

建立监控程序，目的是跟踪加工操作，识别可能出现的偏差，提出加工控制的书面文件，以便应用监控结果进行加工调整和保持控制，从而确保所有 CCP 都在规定的条件下运行。监控有两种形式：现场监控和非现场监控。监控可以是连续的，也可以是非连续的，即在线监控和离线监控。最佳的方法是连续的即在线监控。非连续监控是点控制，对样品及测定点应有代表性。监控内容应明确,监控制度应可行,监控人员应掌握监控所具有的知识和技能,正确使用好温、湿度计、自动温度控制仪、pH 计、水分活度计及其他生化测定设备。监控过程所获数据、资料应由专门人员进行评价。

（10）建立纠偏措施

纠偏措施是针对关键控制点控制限值所出现的偏差而采取的行动。纠偏行动要解决两类问题。一类是制定使工艺重新处于控制之中的措施;一类是拟定好 CCP 失控时期生产出的食品的处理办法。对每次所施行的这两类纠偏行为都要记入 HACCP 记录档案,并应明确产生的原因及责任所在。

（11）建立审核程序

审核的目的是确认制定的 HACCP 方案的准确性,通过审核得到的信息可以用来改进HACCP 体系。通过审核可以了解所规定并实施的 HACGP 系统是否处于准确的工作状态中,能否做到确保食品安全。内容包括两个方面:验证所应用的 HACCP 操作程序,是否还适合产品,对工艺危害的控制是否正常、充分和有效;验证所拟定的监控措施和纠偏措施是否仍然适用。

审核时要复查整个 HACCP 计划及其记录档案。验证方法与具体内容包括:要求原辅料、半成品供货方提供产品合格证证明;检测仪器标准,并对仪器表校正的记录进行审查;复查 HACCP 计划制定及其记录和有关文件;审查 HACCP 内容体系及工作日记与记录;复查偏差情况和产品处理情况;CCP 记录及其控制是否正常检查;对中间产品和最终产品的微生物检验;评价所制订的目标限值和容差,不合格产品淘汰记录;调查市场供应中与产品有关的意想不到的卫生和腐败问题;复查已知的、假想的消费者对产品的使用情况及反应记录。

（12）建立记录和文件管理系统

记录是采取措施的书面证据,没有记录等于什么都没有做。因此,认真及时和精确的记录及资料保存是不可缺少的。HACCP 程序应文件化,文件和记录的保存应合乎操作种类和规范。保存的文件有:说明 HACCP 系统的各种措施(手段);用于危害分析采用的数据;与产品安全有关的所作出的决定;监控方法及记录;用于危害分析采用的数据;与产品、安全有关的所作出的决定;监控方法及记录;由操作者签名和审核者签名的监控记录;偏差与纠偏记录;审定报告等及 HACCP 计划表;危害分析工作表;HACCP 执行小组会上报告及总结等。

各项记录在归档前要经严格审核,CCP 监控记录、限值偏差与纠正记录、验证记录、卫生管理记录等所有记录内容,要在规定的时间(一般在下、交班前)内及时由工厂管理代表审核,如通过审核,审核员要在记录上签字并写上当时的时间。所有的 HACCP 记录归档后妥善保管,美国对海产品的规定是生产之日起至少要保存 1 年,冷冻与耐保藏产品要保存 2 年。

在完成整个 HACCP 计划后,要尽快以草案形式成文,并在 HACCP 小组成员中传阅修改,或寄给有关专家征求意见,吸纳对草案有益的修改意见并编入草案中,经 HACCP 小组成员一次审核修改后成为最终版本,供上报有关部门审批或在企业质量管理中应用。

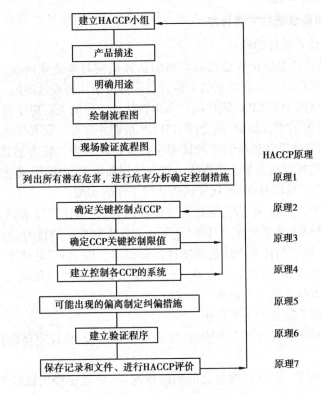

图 8.2　实施 HACCP 流程图

8.2.3 HACCP 体系认证与管理

1) 企业 HACCP 管理体系建立和运行的基本要求

（1）卫生要求

建立 HACCP 管理体系企业必须建立和实施卫生标准操作程序，达到以下卫生要求：接触食品（包括原料、半成品、成品）或与食品有接触的物品的水和冰应当符合安全、卫生要求；接触食品的器具、手套和内外包装材料等必须清洁、卫生和安全；确保食品免受交叉污染；保证操作人员手的清洗消毒，保持洗手间设施的清洁；防止润滑剂、燃料、清洗消毒用品、冷凝水及其他化学、物理和生物等污染物对食品造成安全危害；正确标注、存放和使用各类有毒化学物质；保证与食品接触的员工的身体健康和卫生；清除和预防鼠害、虫害。

（2）HACCP 原理的基本要求

进行危害分析、提出预防措施；确定关键控制点；确定关键控制限值；建立监控程序；建立纠偏行动计划；建立记录保持程序；建立验证程序。

企业实施 HACCP 管理体系时，必须由本企业接受过 HACCP 培训或者其工作能力等效于经过 HACCP 培训的人员承担相应工作。

企业负有执行职责的最高管理者负责批准 HACCP 计划。HACCP 管理体系的运行必须有效保证食品符合安全卫生要求。企业在执行中应当定期或者根据需要及时对 HACCP

计划进行内部审核和调整。

2）HACCP 体系认证的主要程序

（1）HACCP 体系认证的性质

HACCP 体系认证是指企业委托有资格的认证机构对本企业所建立和实施的 HACCP 管理体系进行认证的活动。该活动的审核方是获得国家认监委批准的,并按有关规定取得国家认可机构资格的 HACCP 认证机构。从事该认证工作的人员应是获得食品相关专业学历,有食品工艺方面的实践经验,接受过 HACCP 培训并取得认证人员注册机构注册的专业评审人员。HACCP 体系认证所取得的证书由认证机构颁发。官方验证与 HACCP 体系认证都由国家认可监督管理委员会负责统一监督管理和协调,中国国家进出口企业认证认可委员会（CNAB）负责我国 HACCP 认证机构认可工作的实施。

对一般食品生产企业,申请认证是企业的自愿行为,认证可以起到监督和认可食品企业建立和实施 HACCP 体系的作用,同时还能达到宣传和推广的目的,为强制性的官方验证打下基础,但国家规定的食品产品是强制性认证要求。以 HACCP 体系为基础的食品安全体系审核为第三方审核,由独立于企业,与企业无行政隶属及其他相关关系的认证组织进行。认证机构的审核为第三方审核。

（2）HACCP 体系认证的主要程序

认证的基本程序一般包括 4 个阶段,即企业申请阶段、认证审核阶段、证书保持阶段、复审换证阶段。

①企业申请阶段　企业根据自己的实际情况,按照规定提出认证申请,填写《HACCP 体系认证申请书》。在提出申请的同时应按认证机构的要求提交相关资料。认证机构对申请企业所递交的资料进行初步审核,决定是否受理其认证申请。认证文件资料的审核简称文审。文审是进行现场审核的基础。经资料初审可接受申请的,双方须签订认证合同,不予受理认证的,认证机构应发放不予接受申请的通知书。

②认证审核阶段　签订认证合同后,认证机构组建审核小组,进入资料技术审核阶段。文件资料审核主要是对其符合性、系统性、充分性、适宜性、协调性进行的审核。根据审核情况,决定是否赴企业进行初访,初步了解企业 HACCP 体系运作情况,为审核的可靠性收集信息。在文件资料审核、初访的基础上,编制 HACCP 体系现场审核计划。

现场审核结束,审核小组将根据审核情况向申请方提交不符合项报告,申请方应在规定时间内采取有效纠正措施,并经审核小组验证后关闭不符合项,同时,审核小组将最终审核结果提交认证机构作出认证决定,认证机构将向申请人颁发认证证书。

③证书保持阶段　HACCP 认证证书有效期通常最多为一年,获证企业应在证书有效期内保证 HACCP 体系的持续运行,同时必须接受认证机构至少每半年一次的监督审核。如果获证供方在证书有效期内对其以 HACCP 为基础的食品安全体系进行了重大更改,应通知认证机构,认证机构将视情况增加监督认证频次或安排复审。

④复审换证阶段　认证机构将在获证企业 HACCP 证书有效期结束前安排体系的复审,通过复审认证机构将向获证企业换发新的认证证书。此外,根据法规及顾客的要求,在证书有效期内,获证方还可能接受官方及顾客对 HACCP 体系的验证。

认证机构可确定对获证企业的以 HACCP 为基础的食品安全体系进行监督审核,通常为半年一次（季节性生产在生产季节至少每季度一次）,如果获证企业对其 HACCP 为基础的食品安全体系进行了重大的更改,或者发生了影响到其认证基础的更改,还需增加监督频次。复评是又一次完整的审核,对 HACCP 为基础的食品安全体系在过去的认证有效期内的运行进行评审,认证机构每年对供方全部质量体系进行一次复评。

3)监督管理

国家认监委对企业建立并实施 HACCP 管理体系实施监督,对出入境检验检疫机构的 HACCP 验证工作进行业务指导和监督检查。

国家认监委监督、管理全国的 HACCP 认证认可工作,监督、规范 HACCP 认证活动。从事 HACCP 认证的认证机构、认证咨询和培训机构(含中外合资、合作、外商独资机构)的设立应当符合国家的有关规定。

国家认监委负责国外食品卫生管理机构及其他相关机构对我国企业 HACCP 验证的管理和协调工作,受理有关的投诉、申诉,并组织调查和处理。

出入境检验检疫机构在 HACCP 验证中,发现认证机构(含中外合资、合作、外商独资机构)的 HACCP 认证工作达不到规定要求及虚假认证和买证、卖证的,应当报国家认监委进行查处。

项目小结)))

本项目主要介绍园艺产品安全生产全程质量控制体系的良好农业规范和危害分析和关键控制点技术体系,分别介绍了两种技术体系产业的背景、发展应用情况,在我国的开展应用、实施的意义及认证的程序和步骤等内容。通过本项目的完成,使学生对目前我国开展的园艺产品安全全程质量控制体系有一个清晰的认识,为今后开展相关工作打下良好的基础。

案例分析)))

良好农业规范:水果和蔬菜控制点与符合性规范

1 繁殖材料

1.1 品种或根茎的选择

控制点	符合性要求	等级
农场生产经营者应意识到注册产品"亲本作物"有效管理的重要性(即种子作物)	对"亲本作物"采取栽培技术和措施,以减少植保产品和肥料在注册产品的用量	3级

2 土壤和基质的管理

2.1 土壤熏蒸(无土壤熏蒸时不适用)

控制点	符合性要求	等级
应有使用土壤熏蒸剂的书面记录	熏蒸记录包括熏蒸地点、日期、活性成分、剂量、使用方法和操作人员。不允许使用溴化钾进行土壤熏蒸	2级
应遵守种植前熏蒸剂使用的时间间隔	种植前的熏蒸间隔时间应记录	2级

2.2 基质(无基质使用时不适用)

控制点	符合性要求	等级
在使用基质时,农业生产经营者应参与基质再循环计划	农业生产经营者保存包括基质循环数量及日期的记录。收货发票或装载记录也可接受。如果没有参与基质循环计划,应做出合理的评估	3级
若使用化学品对基质消毒以使其被再利用,应记录消毒地点、消毒日期,所用化学品的类别,消毒方式和操作人员的名字	如果在农场进行基质消毒,应记录农田、果园温室的名称或编号。如果是在农场外进行消毒,应记录对基质消毒的公司名称及地点。应正确记录:消毒日期(年/月/日)、化学品名称及有效成分、机械类型(如:1 000立升罐等)、消毒方式(如:浸透、喷雾等)和操作人员(实际使用化学品和实施消毒操作的人员)的名字等	1级
天然来源的基质可溯源,不来自指定的保护区域	有记录证实正在使用的天然基质的来源,且不来自于指定的保护区域	3级

3 灌溉/施肥

3.1 灌溉水质

控制点	符合性要求	等级
依据《良好农业规范第3部分:作物基础控制点与符合性规范》中每年应对灌溉和(或)施肥用水进行风险评估。进行的风险评估应考虑微生物污染	依据风险评估若存在微生物污染的风险应提供经实验室分析的微生物污染的相关书面记录	2级
如果要求进行风险评估,应对已得出的否定的结论采取措施	有纠正措施或纠偏行动的记录	2级

4 采收

4.1 通则

控制点	符合性要求	等级
应对采收和离开农场前的运输过程进行卫生的风险分析	应有书面且每年评审更新的,针对产品进行的风险评估,其中包括物理、化学、微生物污染和人类传播的疾病,还应包括通则中其他的全部内容。风险评估应适合农产品预期用途的要求。全部适用	1级
采收过程应执行卫生规程	农场管理者或其他推荐的人员负责执行了卫生规程	1级
员工应在处理农产品前,接受基础的卫生培训	有证据表明员工接受了培训,其中包括个人卫生、着装和个人行为等	1级

续表

控制点	符合性要求	等级
员工应执行产品卫生处理规程	有证据表明员工遵守了卫生处理规程,包装员工应培训,可使用文字(用适当的语种)或图表规程,防止包装过程的物理危害(如:钉子、石头、昆虫、刀具、水果残渣、手表、手机等)、生物危害和化学危害	1级
应对用于农产品处理的容器和工具进行清洁保养,以避免污染	制定防止产品被污染的清洁和消毒方案(每年至少一次),重复使用的采收容器、工具(如:剪子、刀、修枝剪等)和采用的设备(机械)应得到清洁和维护	1级
用于运输采收后农产品的车辆应保持清洁	农场运输采收后农产品的车辆,同时还用于其他目的时,应清洁保养,并有防止农产品被土壤、灰尘、有机肥、泄漏等污染的清洁计划	1级
采收作业的员工应能在工作地点就近找到洗手设施	采收作业的员工附近至多500 m内,应有固定的或移动的洗手设施,且卫生状况良好。全部适用	1级
采收作业的员工应能在工作地点附近用到干净的厕所	固定或移动的卫生间(包括深坑式公共厕所)应距离采收员工500 m范围内,且建设材料易于清洁,有收集装置避免污染农田,卫生状况良好。采收员工单独作业时,卫生间可以在500 m范围以外,但应给员工提供合理的交通工具	2级
存放农产品的容器应专用	存放农产品的容器是专用的(即不存放农用化学品、润滑油、汽油、清洁剂、其他植物或废物、餐盒、工具等),当使用多的拖车、手推车盛放农产品时,使用前应清洁	1级

4.2 在采收点进行农产品的最终包装

控制点	符合性要求	等级
采收中的卫生规程应考虑在农田、果园或温室里直接包装、处理和收获的农产品	根据采收卫生风险评估结果,所有直接从农田、果园或温室里包装和处理的农产品应当日运出。所有在农田包装的农产品应有遮盖物,以避免包装后受到污染	1级
应有书面的检验规程和品质检验记录,保证符合确定的品质标准	有书面的检验规程和品质检验相关记录,保证包装的产品符合确定的品质标准	2级
包装后产品应能避免污染	所有在采收点包装后的产品应避免污染	1级
所有直接从采收点里收集、储存和配送的包装农产品,应保持清洁和卫生	储存在农田、果园或温室区域内包装后的农产品应保持清洁	1级
用于采收点的包装物料的储存应有防护避免污染	包装物料的储存应有防护避免污染	1级
包装物料碎片和其他非生产性废物应被清理出采收点	包装物料碎片和其他非生产性废物应被清理出采收点	2级

续表

控制点	符合性要求	等级
如果包装后的农产品储存在农场,(适用时)应有温度和湿度控制并记录	适用时,根据卫生风险评估的结论和包装后的农产品储存在农场的品质要求,应保持温度和湿度控制并记录	1级
如果在农产品采收点使用水和冰,这些冰应使用饮用水制成且在卫生条件下处理,以免对农作物的污染	所有在采收点使用的冰来源于饮用水,且在卫生条件下处理,以免农产品受到污染	2级

5 农产品的处理
5.1 卫生评估

控制点	符合性要求	等级
应对采收后农产品处理的程序,包括操作卫生方面进行卫生的风险分析和评估	应有书面且每年更新的风险评估,其中包括可能的物理、化学、微生物污染和人类传播的疾病风险,风险发生的可能性和严重性,针对包装车间的产品和操作流程制定	1级
采收后处理过程应执行书面的卫生规程	根据采收后农产品处理卫生的风险分析的结论,农场管理者或其他推荐的人员负责执行了卫生规程	2级

5.2 个人卫生

控制点	符合性要求	等级
员工应在处理农产品前,接受基础卫生培训	有证据表明员工接受了培训,包括:传播人畜共患的疾病、个人卫生、着装和个人行为等	1级
员工应在处理农产品时,执行农产品处理卫生规程	有证据表明员工在处理农产品时,执行了农产品处理卫生规程(登记的农产品有采收后不进行处理是声明时,不适用)	2级
员工的工作服应清洁、便于操作并防止污染产品	依据产品和操作的风险分析,所有员工的工作服(包括衣服、围裙、套袖、手套等)保持清洁,便于操作,防止污染产品	3级
应将吸烟、饮食、嚼口香糖和喝饮料限定在特定区域内,与农产品隔离	吸烟、饮食、嚼口香糖和喝饮料限定在特定区域内,不允许在农产品处理和存放区(喝水除外)	2级
针对员工和参观者的主要卫生规程的信息,应在包装车间内清晰可见	主要卫生规程的信息,在包装车间内清晰可见	2级

5.3　卫生设施

控制点	符合性要求	等级
员工在其工作场所附近应有方便使用的清洁厕所和洗手设施	卫生间的卫生条件良好,若无自闭的门则门不能开向农产品处理区域。卫生间周围必要的洗手设施包括:无香料的肥皂、清洗和消毒的用水和干手设施(尽量接近卫生间,防止潜在的交叉污染)	1级
应有明显标识指导员工洗手后返回工作岗位	标识应清晰可见,指示员工应洗手后才能处理农产品	1级
应为员工准备适当的更衣设施	更衣设施应用于更衣,应穿着保护性工作服	3级
应为员工准备带锁的储藏柜	更衣室应提供安全的储存设施,保障员工个人用品的安全	3级

5.4　包装与储存区域

控制点	符合性要求	等级
应对农产品处理和储存的设施和设备进行清洁和保养,以避免污染	为避免污染农产品处理和储存的设施和设备(如:加工流水线和设备、墙、地面、储存区和托盘等),应按照清洁和保养规程制定的频率保持清洁,应有书面的清洁保养记录	2级
清洁剂、润滑剂等应存放在专设区,避免对农产品造成化学污染	清洁剂、润滑剂等存放在专设区,与农产品包装区隔离,以避免农产品受到化学品污染	2级
可能与农产品接触的清洁剂、润滑剂等应被批准在食品加工使用时,使用的剂量应正确	有文件(即:特别的标签提示或技术数据表)证实可能与农产品接触的清洁剂、润滑剂等允许用于食品加工	2级
所有的铲车等运输工具应经清洁和保养,且型号适合,避免车辆喷出的废气污染产品	内部运输要保证避免污染产品,应特别关注尾气。铲车和其他驾驶的运输车辆等应为电动或气动	3级
包装场所的废弃农产品和废物应储存于定期清洗消毒的特定区域	废弃农产品和废物储存于避免污染产品的特定区域,按照清洁规程定期清洗和消毒该区域	2级
在分级、称量和储存区域易碎的安全灯或照明灯应有保护灯罩	悬挂在农作物上方的灯泡、设备和其他用于农作物处理的材料应是安全的,且应有防护或加固措施以防破碎时污染产品	1级
应有玻璃和透明硬塑料的管理规程	在产品处理、准备和储存区域,张贴了玻璃和透明硬塑料的破碎处理规程	2级
包装物料应清洁且储存于清洁卫生的环境中	包装物料(包括重复使用的周转箱)清洁储存于清洁卫生的环境中,避免使用时污染农产品	2级
应防止动物进入	有防止动物进入的措施	2级

5.5 品质控制

控制点	符合性要求	等级
应有书面的检验规程和产品品质检验记录,保证符合确定的品质标准	有书面的检验规程和品质检验的相关记录保证产品依据确定的品质标准进行了包装	2级
如果包装后的农产品储存在农场,(适用时)应有温度和湿度控制并记录	根据卫生风险评估的结论,包装后的农产品储存在农场时,温度和湿度控制(适用时且包括气调控制)应保持并记录	1级
应对光敏感的农产品(如:马铃薯)有避光措施,防止光照进入长期储存的设施中	经检查无光线进入	1级
应考虑轮储	为最大限度地保证产品品质和安全,应考虑轮储	3级
应有温度控制设施的验证检测规程	称量和温度控制设施应定期验证,保证设备按照风险分析进行了校准	2级

5.6 啮齿动物和鸟类的控制

控制点	符合性要求	等级
所有设施和设备与外界相连的入口应有适当防护,防止啮齿动物和鸟类进入	感官评估,全部适用	2级
应有设置诱捕点(或)陷阱点的计划	应有设置啮齿动物诱捕点的计划,全部适用。未申请产品处理场所进行良好农业规范检查的除外	2级
诱饵放置的方式应防止非目标生物的进入	感官评估,诱饵放置的方式防止了非目标生物的进入,全部适用。未申请产品处理场所进行良好农业规范检查的除外	2级
应有虫害控制检查和虫害处理的详细记录并保存	生产者有虫害控制检查和虫害处理的详细记录,有虫害发生时应有检查,生产者应有虫害防治专家的联系号码或证明有能力控制虫害	2级

5.7 采收后的清洗(采收后不清洗的则不适用)

控制点	符合性要求	等级
清洗最终农产品的水源应符合国家饮用水相关要求	在最近12个月内,对清洗农产品的水源进行水质分析。水质报告分析结果达到国家饮用水的限量要求,或被有资质的权威机构认定在食品业中是安全的	1级
如果清洗最终产品的水是循环使用的,水应被过滤,平时应定期监测其pH值、纯度和消毒液的暴露水平等	当清洗最终产品的水是循环使用时,应经过滤和消毒,有记录表明其参数,如pH值、纯度和消毒液的暴露水平等是被经常监测的,过滤时应有有效去除固体及悬浮物质的系统,有文件记录显示根据水的使用情况和用量采取了日常清洁方案	1级

续表

控制点	符合性要求	等级
进行水质分析的实验室应符合有关规定	对清洗产品的用水进行分析的实验室已得到国家标准《检测和校准实验室能力的通用要求》的认可,或国家同等标准的认可,或有文件证实其正处于接受认可的过程中	3级

5.8 采收后的处理(采收后不处理的则不适用)

控制点	符合性要求	等级
应遵守所有标签中的说明	有清楚的规程和书面记录,包括采收后生物杀灭剂、蜡和植物保护产品使用记录,证明遵守了标签上化学品使用的说明	1级
任何在采收后用于保护农产品的生物杀灭剂、蜡和植物保护产品应都经过国家的正式注册	所有采收后用在农产品上的生物杀灭剂、蜡和植物保护产品都有官方注册或得到相关的政府机构许可,能用于其标签上标注的农产品。在未实施官方注册的地区,参见 FAO《国际农药供销和使用行为守则》	1级
将销售的农产品上不得使用消费地国家和地区禁止的生物杀灭剂、蜡和植物保护产品	有文件记录显示,在最近 12 个月中未使用消费地国家和地区禁止的生物杀灭剂、蜡和植物保护产品	1级
应保存一份适时更新的目前使用或是被考虑以后将使用在采收后农产品上的、或批准的生物杀灭剂、蜡和植物保护产品清单	在最近 12 个月有一份适时更新,考虑了当地和国际法规在生物杀灭剂、蜡和植物保护产品方面的变化的书面清单,列出所有当前和以后将被考虑用于处理采收后农产品的或用于良好农业规范基地、经过注册的生物杀灭剂、蜡和植物保护产品的商品名和有效成分。全部适用	2级
处理农作物的技术人员应具备使用生物杀灭剂、蜡和植物保护产品的技能	技术人员应有国家认可的证书或经过正式培训以证明其有能力使用农作物生物杀灭剂、蜡和植物保护产品	1级
应记录采后生物杀灭剂、蜡和植物保护产品的使用情况,包括农作物的标识[即农作物的批次和(或)批号]	在采后生物杀灭剂、蜡和植物保护产品的使用记录应包括所有经处理的农作物的批次和(或)批号	1级
应记录采后生物杀灭剂、蜡和植物保护产品的使用地点	记录所有采收后使用生物杀灭剂、蜡和植物保护产品的农场的地理位置、名称、基本情况或农作物处理地点	1级
应记录采后生物杀灭剂、蜡和植物保护产品的使用日期	记录所有采收后使用的生物杀灭剂、蜡和植物保护产品的准确日期	1级
应记录采后所用的生物杀灭剂、蜡和植物保护产品的处理方式	记录采后生物杀灭剂、蜡和植物保护产品用于农作物时的处理方式,如:喷洒、浸透、气体处理等	1级

续表

控制点	符合性要求	等级
应记录采后所用的生物杀灭剂、蜡和植物保护产品的商品名	记录采后生物杀灭剂、蜡和植物保护产品的商品名和有效成分	1级
应记录采后使用在产品上的生物杀灭剂、蜡和植物保护产品的使用量	记录使用在农作物上的采后生物杀灭剂、蜡和植物保护产品的使用量,如在每升水或其他溶剂中加入的质量或体积	1级
应记录采后使用生物杀灭剂、蜡和植物保护产品的操作人员的姓名	记录使用采收后生物杀灭剂、蜡和植物保护产品的操作人员的姓名	2级
应记录采后使用生物杀灭剂、蜡和植物保护产品的原因	记录采后生物杀灭剂、蜡和植物保护产品的所处理的病、虫害的名称	2级
所有的采收后植物保护产品应考虑到《良好农业规范第3部分:作物基础控制点与符合性规范》中植保产品的残留分析的要求	有记录来证明采后所用的生物杀灭剂和植物保护产品都满足了《良好农业规范第3部分:作物基础控制点与符合性规范》中植保产品的残留分析的要求	1级

案例讨论题)))

1. 良好农业规范控制项目选择有何特点?
2. 良好农业规范1级认证与绿色食品认证要求有何区别?

复习思考题)))

1. 什么是良好农业规范?
2. 在我国开展农业良好规范有何意义?
3. 简述良好农业规范的认证程序。
4. 什么是危害分析和关键控制点?
5. 危害分析和关键控制点的原理有哪些?
6. 试述危害分析和关键控制点实施的一般步骤。
7. 简述危害分析和关键控制点认证的主要程序。

参考文献

[1] 马爱国.无公害农产品管理与技术[M].北京:中国农业出版社,2006.

[2] 杜相革,等.农产品安全生产技术[M].北京:中国农业大学出版社,2008.

[3] 谭济才.绿色食品生产原理与技术[M].北京:中国农业出版社,2009.

[4] 朱彧,孙志永.农产品质量安全控制体系 GAP、HACCP 探索与实践[M].北京:中国农业大学出版社,2006.

[5] 国家质检总局,国家标准化委员会.GB/T 19630.1—19630.4—2011《有机产品》.国家标准,2011.

[6] 国家质检总局,国家标准化委员会.GB/T 15618—2009《土壤环境质量标准》.国家标准,2009.

[7] 国家质检总局,国家标准化委员会.GB 3095—2012《环境空气质量标准》.国家标准,2012.

[8] 国家质检总局,国家标准化委员会.GB 5084—2005《农田灌溉水质标准》.国家标准,2005.

[9] 国家质检总局,国家标准化委员会.GB 18406.1—2001《农产品安全质量　无公害蔬菜安全要求》.国家标准,2001.

[10] 国家质检总局,国家标准化委员会.GB 18406.2—2001《农产品安全质量　无公害水果安全要求》.国家标准,2001.

[11] 国家质检总局,国家标准化委员会.GB/T 18407.1—2001《农产品安全质量　无公害蔬菜产地环境要求》.国家标准,2001.

[12] 国家质检总局,国家标准化委员会.GB/T 18407.2—2001《农产品安全质量　无公害水果产地环境要求》.国家标准,2001.

[13] 农业部.NY/391—2000《绿色食品　产地环境技术条件》.北京:农业出版社,最新绿色食品标准 2010 版.

[14] 农业部.NY/393—2000《绿色食品　农药使用准则》.北京:农业出版社,最新绿色食品标准 2010 版.

[15] 农业部.NY/394—2000《绿色食品　肥料使用准则》.北京:农业出版社,最新绿色食品标准 2010 版.

[16] 农业部.NY/743—2003《绿色食品　绿叶菜营养指标》.北京:农业出版社,最新绿色食品标准 2010 版.

[17] 农业部.NY/1326—2007《绿色食品　多年生蔬菜卫生指标》.北京:农业出版社,最新绿色食品标准 2010 版.

[18] 农业部.NY/T658—2002《绿色食品　包装通用准则》.北京:农业出版社,最新绿色

食品标准 2010 版.

[19] 农业部. NY/T 1056—2006《绿色食品　贮藏运输准则》. 北京：农业出版社，最新绿色食品标准 2010 版.

[20] 农业部. NY/T 896—2004《绿色食品　产品抽样准则》. 北京：农业出版社，最新绿色食品标准 2010 版.

[21] 农业部. NY/T 1054—2006《绿色食品　产地环境调查、监测与评价导则》. 北京：农业出版社，最新绿色食品标准 2010 版.

[22] 农业部. NY/T 1055—2006《绿色食品　产品检验规则》. 北京：农业出版社，最新绿色食品标准 2010 版.

[23] 农业部.《绿色食品标志管理办法》.

[24] 农业部.《绿色食品标志市场监察实施办法》(试行).

[25] 农业部. NY/5340—2006《无公害食品　产品检验规范》. 北京：农业出版社，无公害农产品标准汇编. 2006.

[26] 农业部. NY/5341—2006《无公害食品　认定认证现场检查规范》. 北京：农业出版社，无公害农产品标准汇编. 2006.

[27] 农业部. NY/5342—2006《无公害食品　产品认证规范》. 北京：农业出版社，无公害农产品标准汇编. 2006

[28] 农业部. NY/5343—2006《无公害食品　产地认证规范》. 北京：农业出版社，无公害农产品标准汇编. 2006.

[29] 农业部. NY/5344—2006《无公害食品　产品抽样规范》. 北京：农业出版社，无公害农产品标准汇编. 2006.

[30] 农业部. NY/5295—2004《无公害食品　产地环境评价准则》. 北京：农业出版社，无公害农产品标准汇编. 2006.

[31] 农业部. NY/5335—2006《无公害食品　产地环境调查规范》. 北京：农业出版社，无公害农产品标准汇编. 2006.

[32] 农业部. NY/396—2000《农用水源环境质量监测技术规范》. 农业行业标准，2000.

[33] 农业部. NY/397—2000《农区环境空气质量监测技术规范》. 农业行业标准，2000.

[34] 农业部. NY/395—2012《农田土壤环境质量监测技术规范》. 农业行业标准，2012.

[35] 国家质检总局.《有机产品认证管理办法》.